U0181331

陆地环境通行分析
理论与方法

陈占龙　赵军利　曹　里　王力哲　编著

中国地质大学（武汉）地质探测与评估
教育部重点实验室主任基金（GLAB2022ZR06）
和中央高校基本科研业务费资助

科 学 出 版 社

北 京

内 容 简 介

对地观测遥感技术、深度学习等先进技术快速发展，为陆地环境通行分析提供了空间数据与模型算法基础。本书首先对陆地环境通行分析理论与方法进行介绍，详细阐述陆地环境通行影响要素并构建陆地环境通行的指标体系，深入介绍陆地环境通行量化与评价分析模型，以及陆地环境通行要素与通行分析制图理论技术与方法，详细介绍陆地环境通行路径规划算法，概述当前陆地环境通行分析仿真系统与应用情况，并对陆地环境通行分析发展趋势及应用前景进行展望。陆地环境通行分析理论与方法，可为构建精准、逼近现实的陆地环境系统模型，优化传统通行路径规划算法，以及国民经济建设和国防军事行动提供有力的理论与方法支撑。

本书可供无人驾驶、机器人导航、地形仿真、军事地形应用分析等相关领域研究人员参考和使用，也可作为相关专业学生的参考书。

图书在版编目（CIP）数据

陆地环境通行分析理论与方法/陈占龙等编著. —北京：科学出版社，2023.10
ISBN 978-7-03-076343-3

Ⅰ.① 陆⋯　Ⅱ.① 陈⋯　Ⅲ.① 遥感地面调查　Ⅳ.① TP79

中国国家版本馆 CIP 数据核字（2023）第 178233 号

责任编辑：杨光华　徐雁秋　刘　畅/责任校对：高　嵘
责任印制：吴兆东/封面设计：苏　波

科 学 出 版 社 出版
北京东黄城根北街 16 号
邮政编码：100717
http://www.sciencep.com

北京凌奇印刷有限责任公司印刷
科学出版社发行　各地新华书店经销
*
开本：787×1092　1/16
2023 年 10 月第 一 版　印张：15 1/2
2024 年 6 月第二次印刷　字数：366 000
定价：149.00 元
（如有印装质量问题，我社负责调换）

前言

陆地环境通行分析理论与方法研究是在结构化道路环境通行路径规划分析、越野环境通行与路径规划分析相关研究基础上，在无人驾驶和智能移动机器人技术迅猛发展的背景下，针对轮式、履带式车辆装备在陆地环境下自适应安全通行提出的。为此，本书基于地理信息科学对车辆装备通行路径规划进行深入探索研究，使涉及的科学问题与现实问题结合得更紧密。

本书的内容基于中国地质大学（武汉）陈占龙教授团队承担的 20 余项国家级、省部级科研项目和工程任务成果，以及国内外相关重要研究成果的总结。本书不仅系统地阐述陆地环境通行分析涉及的相关陆地环境建模、路径规划、要素制图和仿真系统的基本理论与方法，还介绍影响通行分析的陆地环境要素及指标体系，也十分注重国内外相关研究成果与关键应用技术的介绍，通过具体示例展示陆地环境通行分析基本流程与关键操作。

本书共 8 章：第 1 章主要介绍陆地环境通行分析相关概念、研究进展与作用及研究内容；第 2、3 章重点介绍陆地环境通行的影响要素及相应指标体系，主要从地理、地质、自然灾害、气象和水文 5 个方面展开；第 4 章重点介绍陆地环境通行量化与评价分析，主要包括通行量化模型与方法、数据存储格式与通行能力评价方法；第 5 章主要简述陆地环境通行要素与通行分析制图相关理论与方法，包括制图相关概念和地图制图关键操作等；第 6 章重点介绍通行路径规划算法，主要包括传统的路径规划算法、智能优化的路径规划算法及本团队优化改进的路径规划算法等；第 7 章重点介绍陆地环境通行分析仿真系统及其设计与验证，主要涉及应用需求、系统概述、原型设计与验证分析等；第 8 章为陆地环境通行分析展望，包括发展趋势和应用前景。

本书由王力哲教授主审，他提出了许多宝贵意见，对此谨表衷心的谢意。由衷地感谢研究团队的历届研究生，大家辛勤的努力和丰富的成果为本书的编撰提供了大量珍贵的素材，也共同参与并见证了陆地环境通行分析研究发展进程。

受研究领域的局限，书中不可避免地存在不足之处，敬请读者指正。

陈占龙

2023 年 5 月

目录

第1章 绪论 ·· 1

1.1 陆地环境通行分析相关概念 ··· 1

1.1.1 陆地环境相关概念 ··· 1

1.1.2 通行分析相关概念 ··· 2

1.1.3 环境建模相关概念 ··· 5

1.2 陆地环境通行分析基本理论与方法研究进展·············· 7

1.2.1 基于地理信息系统的陆地环境通行分析············ 7

1.2.2 基于路径规划的陆地环境通行分析·················· 8

1.2.3 陆地环境通行分析相关理论与技术················· 11

1.3 陆地环境通行分析的作用与研究内容······················ 15

参考文献 ·· 17

第2章 陆地环境通行影响要素 ··· 22

2.1 地理要素 ·· 22

2.1.1 地形 ··· 22

2.1.2 地貌 ··· 23

2.1.3 地表覆盖 ··· 25

2.2 地质要素 ·· 27

2.2.1 土体 ··· 27

2.2.2 岩体 ··· 36

2.3 自然灾害要素 ·· 37

2.3.1 滑坡 ··· 37

2.3.2 崩塌 ··· 38

2.3.3 泥石流 ·· 39

2.3.4 裂隙 ··· 40

2.3.5 地面塌陷 ··· 42

2.3.6 山洪 ··· 44

2.4 气象要素 ·· 46

2.4.1 气温 ··· 46

2.4.2 风 ··· 47

2.4.3 降雨 ··· 48

2.4.4　降雪 ………………………………………………………………… 50

2.4.5　雾 …………………………………………………………………… 51

2.5　水文要素 ……………………………………………………………………… 53

2.5.1　水位 ………………………………………………………………… 53

2.5.2　流量 ………………………………………………………………… 54

2.5.3　沙情 ………………………………………………………………… 54

2.5.4　冰情 ………………………………………………………………… 54

参考文献 …………………………………………………………………………… 54

第 3 章　陆地环境通行指标体系 ………………………………………………… 57

3.1　地理因子 ……………………………………………………………………… 57

3.1.1　地形参数 ……………………………………………………………… 57

3.1.2　地貌参数 ……………………………………………………………… 60

3.1.3　地表覆盖参数 ………………………………………………………… 61

3.2　地质因子 ……………………………………………………………………… 64

3.2.1　土壤参数 ……………………………………………………………… 64

3.2.2　岩体参数 ……………………………………………………………… 73

3.3　自然灾害因子 ………………………………………………………………… 75

3.3.1　历史灾害参数 ………………………………………………………… 76

3.3.2　地质灾害易发性评价模型及参数 …………………………………… 76

3.4　气象因子 ……………………………………………………………………… 80

3.4.1　温度参数 ……………………………………………………………… 80

3.4.2　风力参数 ……………………………………………………………… 80

3.4.3　降雨参数 ……………………………………………………………… 80

3.4.4　降雪参数 ……………………………………………………………… 81

3.4.5　雾天参数 ……………………………………………………………… 82

3.5　水文因子 ……………………………………………………………………… 82

参考文献 …………………………………………………………………………… 83

第 4 章　陆地环境通行量化与评价分析 ………………………………………… 86

4.1　陆地环境通行量化模型与方法 ……………………………………………… 86

4.1.1　三角格网量化模型 …………………………………………………… 87

4.1.2　四角格网量化模型 …………………………………………………… 89

4.1.3　六角格网量化模型 …………………………………………………… 92

4.1.4　陆地环境通行量化空间统计法 ……………………………………… 97

4.2　陆地环境量化数据存储格式 ………………………………………………… 102

4.2.1　MAPTBL 量化数据格式 ……………………………………………… 102

4.2.2　栅格量化数据格式 …………………………………………………… 107

4.2.3 矢量量化数据格式 ·· 110

4.3 陆地环境通行能力评价方法 ··· 116
    4.3.1 单因子评价方法 ·· 116
    4.3.2 多因子综合评价方法 ·· 118
    4.3.3 基于机器学习的通行评价方法 ·································· 121

参考文献 ·· 122

第 5 章 陆地环境通行要素与通行分析制图 ···························· 126
5.1 陆地环境通行制图相关概念 ··· 126
    5.1.1 坐标系统及坐标变换 ·· 126
    5.1.2 GIS 空间分析 ··· 138

5.2 陆地环境通行要素制图 ·· 153
    5.2.1 基于地形特征制图 ·· 153
    5.2.2 基于土壤类型和容重制图 ······································ 157
    5.2.3 基于土壤水分制图 ·· 160
    5.2.4 基于地表覆盖制图 ·· 161

5.3 陆地环境通行分析制图 ·· 163
    5.3.1 基于量化模型的通行能力制图 ································· 163
    5.3.2 基于机动装备性能的通行速度制图 ·························· 163
    5.3.3 基于全局分析的路径规划制图 ································· 165
    5.3.4 基于要素分析的不可通行原因制图 ·························· 166

参考文献 ·· 168

第 6 章 陆地环境通行路径规划算法 ·································· 169
6.1 传统路径规划算法 ··· 169
    6.1.1 Dijkstra 算法 ··· 169
    6.1.2 Floyd 算法 ·· 171
    6.1.3 A*算法 ·· 173
    6.1.4 LPA*算法 ··· 175
    6.1.5 D*算法 ·· 177
    6.1.6 D* Lite 算法 ·· 178

6.2 智能优化路径规划算法 ·· 180
    6.2.1 模拟退火算法 ·· 180
    6.2.2 蚁群优化算法 ·· 182
    6.2.3 粒子群优化算法 ··· 183
    6.2.4 遗传算法 ··· 184

6.3 越野路径规划模型优化算法 ··· 187
    6.3.1 基于六角格网改进的优化遗传算法 ·························· 187

      6.3.2   基于多层次六角格网通行模型的优化 A*算法 ·············· 193

      6.3.3   越野路径轨迹优化方法 ················ 196

  参考文献 ·· 200

第 7 章   陆地环境通行分析仿真系统及其设计与验证·············· 202

  7.1   陆地环境通行分析仿真技术应用需求 ················ 202

      7.1.1   通行分析应用需求 ·················· 202

      7.1.2   机动装备仿真需求 ·················· 203

      7.1.3   全局路径规划需求 ·················· 205

  7.2   陆地环境通行分析仿真系统概述 ·················· 206

      7.2.1   AVT194 ························ 206

      7.2.2   IVRESS/DIS ····················· 207

      7.2.3   RecurDyn ······················ 208

      7.2.4   MSC ADAMS ···················· 209

      7.2.5   Chrono ························ 209

      7.2.6   NTVPM/NTWPM ·················· 210

      7.2.7   Vortex Studio ···················· 211

  7.3   陆地环境通行分析系统原型设计 ·················· 212

      7.3.1   总体设计思路 ····················· 212

      7.3.2   层级结构划分 ····················· 212

      7.3.3   功能模块设计 ····················· 213

  7.4   陆地环境通行路径规划验证分析 ·················· 220

      7.4.1   通行环境分析关键过程 ················ 220

      7.4.2   通行路径规划算法 ·················· 228

  参考文献 ·· 234

第 8 章   陆地环境通行分析展望······················ 236

  8.1   发展趋势 ································ 236

  8.2   应用前景 ································ 237

      8.2.1   军事领域 ······················· 237

      8.2.2   农业领域 ······················· 237

      8.2.3   应急救灾 ······················· 238

      8.2.4   探月工程 ······················· 238

  参考文献 ·· 239

第1章 绪 论

1886 年，世界上第一辆现代汽车雏形问世，之后随着人们不断改进，汽车的性能和功能不断被优化，对人类社会发展产生了巨大的影响。汽车作为交通系统中的重要组成部分，为人类提供了高效的移动服务，不断拓宽人类的生活空间；直至现在，汽车仍然是人们出行最为便利的交通工具。在军事领域，汽车的使用不仅使战争样式和作战方式发生重大变革，而且还推动了军事战略的演变。汽车作为陆地环境中最常见、应用最广泛的交通运输工具，在当前人类基本生活、经济建设和国防安全等领域发展中占据十分重要的地位。深入了解和分析车辆装备在陆地环境中的通行状况，能够有助于更好地发挥车辆装备对人类社会发展的重要作用，推动我国相关领域的研究。本章主要介绍陆地环境通行分析相关概念、基本理论与方法研究现状和地位作用。

1.1 陆地环境通行分析相关概念

陆地环境通行分析主要研究陆地地形地貌、土壤、地表覆盖等自然因素对车辆通行的影响，针对不同环境条件、车辆类型和应用需求，分析和评价车辆通行的可行性和效果，为车辆路径规划提供科学依据。

1.1.1 陆地环境相关概念

陆地环境由气候、土壤、地貌（地形）、水文、生物等要素构成。1989 年，国际航空联合会将人类生存环境分为 4 类，依次是陆地环境、海洋环境、空中环境、外层环境（张为华 等，2013）。陆地环境是人类赖以生存和发展的"第一环境"。人类劳动、生息、繁衍都要从陆地环境获取所需资源。

人类社会发展历程与对自然理解的深度紧密相连。人类社会发展历经了无数次战争的洗礼，自然环境因素，特别是陆地环境要素在每次战争中发挥了重要作用，为此，人类社会在每个发展阶段对陆地环境的认识与理解都十分关注。进入信息化时代后，计算机为人们认识和理解陆地环境提供了很大帮助，促使人们将陆地环境相关要素转换为人类社会发展、国防军队建设的有利要素，实现了概念理解推断型向可视化分析的数字化方向转变。孙国兵（2009）从战场环境仿真研究角度，指出地球表面没有被海洋覆盖的部分，含内陆水域，不包括海洋、大气及沿地面运动的非永久性物体，都是陆地环境的范畴。他的观点是重点关注地形、空间位置信息及地表温度、地表湿度指数、太阳辐射度、地表阻力指数和地表坚固程度等其他环境信息。随着科技迅速发展，战场环境概念进一步延伸。针对信息化条件下战场环境研究，池亚军等（2010）和张为华等（2013）

认为陆战场环境主要包括地形、气象、水文等基本要素。陆战场自然地理环境地形主要包括：地貌的起伏状态，如山地、丘陵地、平原地、开阔地、谷地、沟坎、洼地、海岸等；各种地物，如村庄、居民地、高地、岛礁及独立物体的性质、数量与分布；植被的分布和生长茂密状况；道路与土壤和地质条件的状况等。地形主要关注山地、丘陵、平原和荒漠。气象是天气状态的物理量和物理现象，主要包括气温、云雾、降水、风等要素。水文主要是指江河水文，包括河流流向、长度、河面宽度、水深、流速、水质、岸滩性质、渡口、桥梁、河床底质等要素。特别是进入现代化社会，计算机、遥感、物联网、大数据挖掘、人工智能、数字孪生等先进技术快速迭代，人们对陆地环境的认识也逐渐深入。

陆地环境是影响车辆通行的基础因素，涉及地理、地质、地形与地表覆盖等各类要素。云贵高原的岩溶地貌形成于湿热的气候条件下，由于洞穴和地下暗河等因素威胁地表的稳定性，地表容易塌陷，给车辆安全通行带来风险，尤其对重型特种车辆影响最大。在我国长江平原地区，水资源丰富，空气中水汽含量高，热带气旋活动频繁，遇到暖湿气流会形成季风性降水，每年5～8月降雨量大，大量降雨直接导致部分路面积水，出现湿滑现象，对车辆安全通行产生不利影响，同时，过多降水也会导致土壤含水量增加，在野外容易出现泥泞现象，增加了车辆通行的难度。在地形平坦的陆地上，如平原地区，建设道路容易，路网发达，条件良好，便于通行。综合陆地环境各要素对车辆装备通行情况的影响，主要体现在以下4个方面。

（1）风险性：陆地环境构成要素类型丰富，地形类型多变，地表覆盖复杂交错，地质地貌点多面广，且各要素对车辆通行作用表现不一，使得陆地环境通行状况难以准确评估，车辆通行过程中存在各种潜在风险。

（2）通达性：陆地环境地面通达能力表现不一。相同陆地环境下，由于车辆装备不同，通达能力往往表现出较为明显的差异。影响车辆装备通达性的陆地环境因素主要涉及地形、地质、地貌等自然要素和陆地交通、居民地及其他各种人工设施要素。

（3）障碍性：障碍性与通达性相反，陆地环境障碍程度与车辆装备关系密切。障碍性具体受地域结构、气象、水文、植被等因素影响。

（4）机动性：机动性主要反映车辆装备在陆地环境中快速、灵活的移动与操控能力，是陆地环境与车辆装备有机结合、共同影响的结果。

1.1.2 通行分析相关概念

通行分析是陆地环境通行研究的核心内容，涉及通行、通行能力、通行能力分析、通行区域分析、地形可通行性、机动和路径规划相关概念。

1. 通行

《现代汉语词典（第7版）》中对"通行"有明确的解释，通行是指（行人、车马等）在交通线上通过。

2. 通行能力

通行能力，即道路通行能力，又称道路容量（road capacity）。对车辆装备而言，道路通行能力是指道路的某一断面在单位时间内所能通过的最大车辆数。各国实际情况不同，对通行能力定义也有差异：日本的定义为在一定时间内能通过道路某截面的最大车辆数；美国的定义为一定时段和通常的道路、交通与管制条件下，能合情合理地希望人或车辆通过道路或车行道的一点或均匀路段的最大流率，通常以人/h 或辆/h 表示；我国的定义为道路的某一断面的最大车辆数（刘爽，2007；李正宜 等，1992）。当道路上的交通量接近道路的通行能力时，就会出现交通拥挤现象。当道路上的交通量小于道路通行能力时，驾驶员驱车前进就有一定的自由度，有变换车速和超车的机会。通行能力按照作用分为三种。

（1）基本通行能力：指交通设施在理想的道路、交通、控制及环境条件下，该组成部分某一条车道或某一车行道的均匀段上或横断面上，不论服务水平如何，1 h 所能通过标准汽车的最大辆数（最大小时流率）。

（2）可能通行能力：指已知交通设施的某一组成部分在实际或预测的道路、交通、控制及环境条件下，该组成部分一条车道或一车行道对上述诸条件有代表性的均匀段上或一横断面上，不论服务水平如何，1 h 所能通过的车辆（在混合交通公路上为标准汽车）的最大辆数。

（3）设计通行能力：指一设计中的交通设施的某一组成部分在预测的道路、交通、控制及环境条件下，该组成部分一条车道或一车行道对上述诸条件有代表性的均匀段上或一横断面上，在所选用的设计服务水平下，1 h 所能通过的车辆（在混合交通公路上为标准汽车）的最大辆数。

基本通行能力是在理想条件下道路具有的通行能力，也称为理想通行能力；可能通行能力则是在具体条件的约束下道路具有的通行能力，其值通常小于基本通行能力；设计通行能力则是指在设计道路时，为保持交通流处于良好的运行状况所采用的特定设计服务水平对应的通行能力，该通行能力不是道路所能提供服务的极限。因此，可以得出：基本通行能力≥可能通行能力≥设计通行能力。

3. 通行能力分析

通行能力分析是指在特定道路、交通、管制、环境、气候、规定运行等条件下，分析某道路设施所能容纳的最大交通量。

4. 通行区域分析

通行区域，即可通行的区域，主要是指在行驶环境中除去障碍物外，车辆或其他装备可以安全通过的位置或区域。

通行区域分析，即可通行的区域分析，主要是基于某区域的地理空间信息数据、地质数据及其他影响车辆通行的参数数据，应用相关分析技术，最终获得可通行的区域或属性数据。

5. 地形可通行性

地形可通行性的概念最早是由 Langer 等（1994）为描述机器人能否通过特定的区域引入。Uğur 等（2010）将可通行性定义为机器人可以通过的能供性。张萌（2020）认为地形可通行性指地形的各种条件（高程、坡度、起伏度等），在地质、植被、水系等各因素共同影响下，对通行的支持程度。地形可通行性分析和评价研究是地理信息系统（geographic information system，GIS）研究领域的一个重要课题，在军事作战指挥、区域条件评估、路径规划、车辆装备导航等方面具有十分重要的研究价值。

研究地形可通行地图或地形建模生成，是为了车辆装备感知周围的环境信息，存储地形特征信息，应用地形信息数据分析确定可通行区域，为车辆装备安全通行提供规划路径。其研究价值主要体现在：一是为车辆装备通行环境感知、导航等提供必要地形环境信息；二是确保车辆装备通行安全，提供可通行区域边界，避免出现碰撞或损坏等意外。目前，国内外基于地形可通行地图或地形建模，主要开展以轮式、履带式机器人与车辆装备等平台为服务对象的通行分析研究，为轮式、履带式车辆装备通行分析提供了一定的研究基础。

Langer 等（1994）提出了一个基于地形可穿越性早期评估的导航系统，采用"0"和"非0"的阈值分类法，将地形简单地划分为"可通行"区域和"不可通行（障碍区）"区域，将地形环境以简单的二维可通行性数字化地图进行表达，并以一辆无人工干预的轮式车辆完成了 1 km 的环行测试。Gennery（1999）研究了三维立体环境的地形可通行性，以高程、坡度和粗糙度 3 个参数表达平滑的地形环境，通过内插构建了成本函数，应用最小代价路径的并行搜索算法，进行轮式车辆的路径规划。以上两种基于地形通行性研究仅仅考虑地形因素，并未将地表覆盖（如植被）要素进行考虑。Howard 等（2006）在地形可通行分析中，还额外增加地表植被要素特征输入神经网络模型，用来评价地形的可通行程度。Kim 等（2006）提出了一种基于单目图像和里程计信息的类人机器人可通过区域估计方法，并在户外进行了试验验证。Ye（2007）提出一种基于势场方法的城市环境中轮式移动机器人的自主地形导航系统，该系统采用二维激光测距仪进行地形测绘，构建可穿越场直方图，定义地形可通行性的描述函数，计算格网可通行性。Suzuki 等（2010）提出了一种应用立体摄像机观测到的几何信息和图像外观的远程视觉地图构建可通行性分析方法，并在室外环境下进行试验测试。Kostavelis 等（2012）在室内外环境下，针对轮式机器人提出基于支持向量机分类器地形特征检测地形可通行性的分类方法和碰撞风险评估方法。Tanaka 等（2015）提出了一种新的移动机器人导航粗糙地形可通行性分析方法，该方法基于在灾难环境下通过传感器有限的数据为机器人实时生成场景地图，通过粗糙度和坡度模糊推理分析周围环境的地形信息，为机器人提供可通行性信息。以上相关研究，均为陆地环境通行分析理论与方法研究提供了理论基础。

6. 机动

机动，常指利用机器开动或驱动，或视情况做适宜的变动。在军事领域中，机动指作战中有组织地转移兵力或火力的行动。机动是战场主动权的象征，是战争永恒的主题（张真，2006）。

越野机动是在不可能利用现有道路的情况下，人员和车辆装备能够到达目的地的运动。越野机动分析的目的是在越野环境条件下寻找最佳机动路线，确保人员和车辆通行安全。越野机动区域通行性分析是地形分析的一项重要研究内容，用于辨别机动路径，规划行进路线，划定通行区域范围（张德 等，2017）。

道路通道分析主要是针对特定区域整个道路网络，选择最优路径。在军事领域，道路通道分析主要是针对作战区域的整个道路网络，从距离最近、所需机动时间最短、隐蔽性最好等方面，选择最优路径。越野通道分析是军事地形分析的一个重要内容，主要是研究作战区域内地形对机动的影响，为机动选取最优通行路线。

7. 路径规划

路径规划是陆地环境通行分析的一个核心内容，是指移动物体按照某一性能指标（如距离长度最短、时间花费最少、能量消耗最少等）搜索一条从起始状态到目标状态的最优或次优路径（Goel et al.，1992）。该问题从 20 世纪 70 年代就已有学者研究，涉及学科门类众多、扩展性强、覆盖领域广，已成为很多领域的重要研究方向。近几十年来，随着机器人控制、交通规划、机器学习、人工智能等理论与技术广泛研究和应用，路径规划取得了巨大突破。在路径规划研究中，学者主要关注在有障碍物的环境中按照一定的评价标准（如工作代价最小、行走路线最短、行走时间最短等），寻找一条从起始状态（包括位置和姿态）到目标状态的无碰撞路径（肖南峰，2008）。

路径规划是陆地环境通行分析的核心理论之一，能够为车辆装备、智能移动机器人等移动平台在电子地图上搜索从始发地到目的地的最优通行路径。在科学研究和工程应用中，评价最优路径的标准有很多，如距离最短、时间最少、费用最低等，且距离、时间、费用信息都存储在路网某个特征属性中。为此，可以根据路网数据模型，将路网转换为带权值的有向图，这样无论采取什么标准，计算路网中两点的最优路径问题，都能转换为求解带权有向图的最短路径问题。

最短路径问题一直是运筹学、地理信息科学、数学、计算机科学等学科的研究热点（田明星，2009）。从图论的角度来看，如果把权值看成路段的长度属性，最短路径问题就是在带权有向图中，寻找到一条从起点到终点权值最小的路径。最短路径的相关算法不仅是自主式导航系统应用的主要路径规划算法，也是中心式导航应用的动态路径规划算法的基础。目前，最短路径问题研究已有许多成熟的算法，常见的路径规划算法有Dijkstra 算法（Dijkstra，1959）、Floyd 算法（Floyd，1962）、A*算法（Hart et al.，1968）等；此外，还有优化改进算法，如遗传算法、基于神经网络的算法等。

1.1.3　环境建模相关概念

环境建模在陆地环境通行分析中扮演着重要的角色。环境建模是将实际陆地环境转换为计算机程序可以理解的数学模型的抽象过程，为陆地环境通行分析提供必要的数据基础，能够更好地理解陆地环境构成要素对装备车辆通行分析的影响，能够准确地表达车辆装备通行结果。现实中陆地环境要素构成复杂，通过建立陆地环境模型再进行陆地环境通行分析，具有明显的优势：可对输出结果不断优化改进，可根据需求进行多次重复试验验证，可操作性强；可通过模型参数设置，快速完成试验任务，便捷高效；建模产品不是仅被某一领域所独有，而是可以在多个应用领域中使用，节约时间，降低成本，普适性强；能够通过多次试验验证，获得各要素对陆地环境通行分析的影响情况，灵敏度高。

在陆地环境通行分析中，环境建模方法很多，合理的环境建模方法可以极大提高路径搜索效率和避障精准度（郭银景 等，2020）。因此，选择最佳的建模方法有助于对陆地环境的理解，也有利于降低陆地环境通行分析的计算量，从而减少不必要的消耗。陆地环境建模绝大多数是将实际的陆地环境信息转换为地图的问题，通过数学抽象描述陆地环境的空间特性（成伟明 等，2008）。综合当前相关研究，陆地环境建模方法主要分为可视图法、Voronoi 图法、栅格法、自由空间法等。

（1）可视图法是 Nilsson 于 1969 年提出的。该方法在通行分析中，将移动平台等效地看成一个活动质点，保证起始点、目标点及障碍物中的每一个顶点可进行连接操作，且连线均不与障碍物相交，构成一张无向图（Fox et al.，2000）。可视图法基于障碍物顶点连线，适用于多边形多顶点的障碍物，不适用于无顶点的圆形障碍物。可视图法求解最短路径问题简单易懂，被广泛应用。但是，该方法缺点也很明显，若陆地环境发生变化，障碍物数目改变，就必须重新构建环境视图，该方法灵活性和实时性将受到很大影响，位置误差也会影响通行移动对象的无碰撞安全状况。

（2）Voronoi 图法由俄国数学家 Voronoi 最早提出，概念来源于图论领域的计算几何，是对可视图法的改进，能有效地减少搜索时间，并从安全性角度考虑，设计具有独特的几何特性（Takahashi et al.，1989）。1975 年，Shamos 等发表 "Closest-point Problem" 是 Voronoi 图法研究的里程碑（张旋，2020；Chen et al.，2013）。基于 Voronoi 图法的路径规划设计思路主要分为两种：一是如果障碍物可以看成质点，那么无人移动平台沿着障碍物的 Voronoi 边行走，碰到障碍物概率最小；二是如果障碍物不能看成质点，就采用扩展的 Voronoi 图理论进行环境建模。与可视图法比较，Voronoi 图法的实时性较好，生成的路径也比较平滑，但是不能获得最短路径。

（3）栅格法是 Howden 于 1968 年首次提出的。栅格法是构型空间法中具有代表性的一种，将通行分析的工作空间剖分为多个简单的区域，称为栅格。这些栅格构成一个连通图，在其上搜索一条从起始栅格到目标栅格的路径，该路径以栅格序号表示。栅格法包括确切的栅格剖分法和不确切的栅格剖分法两种。确切的栅格剖分法用来描述整个自由空间。由于复杂的多边形可能需要与障碍物的边界相匹配，复杂环境的解耦速度将会变慢。该方法可保证只要起始点到目标点之间存在路径，就完全能搜索到这条路径。在不确切的栅格剖分法中，所有的栅格都是预定的形状，为方便假设全部为矩形，每个矩形之间都是连续的，它将通行分析工作环境分解成一系列具有二值信息的网络单元。通常多采用四叉树或八叉树来表示，并通过优化算法完成路径搜索。

（4）自由空间法是把陆地环境空间中的障碍物抽象为二维平面内的各种凸多边形，在该空间内构造连通图，完成自由空间法环境建模（Habib et al.，1991）。其优点是灵活性好，即使环境空间发生局部变化，也不用重新建模。不足之处是障碍物的密集度高时，程序的复杂性增加，且由该方法建模的空间环境中的路径规划精度不高，只能粗略估计路程情况（李满，2012）。

以上 4 种建模方法都是基于图形学的理论与方法，各种方法均有优缺点，在陆地环境通行分析相关研究和应用中，应结合实际情况和研究需求，合理选择最优的建模方法，提高陆地环境通行分析应用系统的精度和效率。

1.2 陆地环境通行分析基本理论与方法研究现状

1.2.1 基于地理信息系统的陆地环境通行分析

陆地环境通行分析是地理信息系统与遥感、计算机、人工智能、系统仿真等相关理论与方法进行深度交叉融合后形成的地理信息系统研究领域的一个新的应用方向。陆地环境通行分析主要是为轮式或履带式车辆在未知环境下，大多是在野外复杂条件（地形多变，地质种类多样）及其他自然环境因素综合影响下，为保证车辆安全通行提供最优路径规划。在军事作战或应急救灾等应用领域，执行紧急任务时，按上级组织要求相关车辆装备应迅速到达指定位置，确保任务中车辆装备选择路线最安全、时间最短的最优路线，这是陆地环境通行分析的主要应用场景，也是陆地环境通行分析与地理信息系统深度融合的具体体现。

20 世纪 90 年代，国内外无人车研发团队开始将地理信息系统相关技术应用于无人车研发中。美国国防部高级研究计划局（Defense Advanced Research Projects Agency，DARPA）负责实施的"联合机器人计划"研制了 DEMO III 产品，开发了设备独立接口，结合当时技术构建了虚拟地理信息系统（virtual geographical information system，VGIS），把地形信息显示在二维平面或三维空间中（Shoemaker et al.，1998）。近年来，越来越多的无人车团队开始运用地理信息系统技术辅助无人车自主行驶，研究工作主要集中在无人车的即时定位（方彦军 等，2012；Bonnifait et al.，2008）、地图构建（Rackliffe et al.，2011）和路径规划（彭湘 等，2021；Weng et al.，2005）等方面。

地理信息系统具有能够高效地管理和使用空间数据的巨大优势，在军事、环境研究、交通管理、灾害预测、资源管理、城市规划等领域中发挥着十分重要的作用（赵芊，2016）。特别是近些年来，随着遥感技术、计算机技术和人工智能技术等融合发展，地理信息系统技术被广泛应用于突发事件的迅速精准定位、事故分析评估和规划最佳救援路线等领域。

陆地环境通行分析与地理信息系统方法和技术深度融合，使得陆地环境通行分析系统更加实用、更加智能。

（1）地理空间数据及可关联数据的组织管理。在陆地环境通行分析中，管理组织的数据不仅有地形、地貌等环境要素的空间数据，还包括地质、自然灾害、气象、水文等要素数据。这些数据集成统一组织管理，面临要素种类多、数据结构不一致等问题，成为陆地环境通行分析理论与方法研究中亟须解决的第一难题。而且这些数据通常涉及矢量与栅格两种不同的数据格式，需要进行大量的数据处理计算，才能实现矢量-栅格数据格式转换，而这些相关数据操作处理又是地理信息系统的基本核心功能。此外，地理信息系统能够运用数据库高效地组织、管理、更新数据，能够实现快速查询检索等。

（2）强大的综合分析评价与模拟预测评估。陆地环境通行分析中，可借助地理信息系统空间分析功能，对不同区域、不同数据类型、不同车辆装备进行通行状况分析评估，实现最优路径规划功能。陆地环境通行分析与地理信息系统融合，能够完成传统数据库很难完成的任务，实现数据空间基准统一、数据格式转换等，进而大大提高陆地环境通行分析的综合分析评价与模拟预测的能力。此外，还能够实现空间查询与量测、叠置分析、缓冲区分析、网络分析和空间统计聚类分析等。地理信息系统空间分析方法主要分为空间基本分析与空间模拟分析两大类。空间基本分析是基于空间图形数据的分析计算，发展比较成熟，主要包括空间信息量算、缓冲区分析、叠置分析、网络分析、复合分析、邻近分析及空间连接、空间统计分析等。空间模拟分析主要集合空间基本分析技术，解决陆地环境通行分析实际应用问题。

（3）能够实现陆地环境通行分析可视化表达。可视化表达是地理信息系统优于其他数据管理系统的一个特点，使人们更加方便地理解陆地环境通行数据。地理信息系统发展始于地图制图，因此，其具有较为完备的地图数据库建库功能。陆地环境通行分析相关系统与地理信息系统相关技术集成，能够实现地图数据快速更新，缩短陆地环境通行分析地图制图周期，为用户输出全要素地图，或用户自定义分层输出各种专题地图，如行政区划图、土地利用图、道路交通图等。此外，还能够集成地图快速缩放、漫游等基础操作。

（4）具备强大二次开发功能。当前地理信息系统相关软件如 ArcGIS、MapGIS、QGIS 等，都具备强大的二次开发功能。陆地环境通行分析相关系统，是基于相关软件系统开发的。为此，陆地环境通行分析相关系统能够与不同领域的专题信息系统和区域信息系统集成，如当前广泛应用的智慧交通系统（intelligent traffic system，ITS）、军事地理信息系统（military geographic information system，MGIS）等。

（5）能够与遥感（remote sensing，RS）数据、全球定位系统（global positioning system，GPS）广泛集成。陆地环境通行分析系统作为地理信息系统二次开发的软件系统，具备与 RS 数据和 GPS 数据广泛集成的能力。遥感数据是陆地环境通行分析要素数据的主要信息源，GPS 空间定位使得陆地环境通行分析的空间数据位置精度大大提高。当前陆地环境通行分析相关系统已集成遥感图像处理、空间定位和地图显示等功能，且将其作为基础功能模块。

（6）可实现要素属性数据综合分析和融合处理。陆地环境通行分析中，若属性数据只是用于检索查询或简单的统计，难以实现通行分析，发掘其隐含规律；通常需要对众多要素数据进行综合分析，才能实现其特定的意义。这种综合不是对现有数据属性数值的简单反映，也不是简单的组合，而是经过研究人员深思熟虑，通过模型综合分析，以数值表达某一专题特征信息。多源数据融合、人工智能和深度学习技术不断快速发展，推动陆地环境通行分析系统实现复杂要素数据的综合分析与预测评估。

1.2.2 基于路径规划的陆地环境通行分析

陆地环境通行分析理论与方法研究或应用对象主要是车辆装备。特别是可自主导航的车辆装备。目前，车辆装备行驶的环境主要分为基于结构化道路环境和越野环境两个主要场景。结构化道路环境与越野环境最明显的差异主要体现在是否具有完整结构的道路元素。结构化道路环境更多表现的是人为因素对陆地环境通行分析的影响,而越野环境主要表现的是自然环境因素对陆地环境通行分析的影响。

1. 结构化道路环境下通行分析

结构化道路环境主要分为高速公路环境和城市道路环境两种。

1)高速公路环境下通行分析

高速公路环境是一种典型的结构化道路环境,道路环境较为简单,具有良好的车道线标识及道路边界特征。在该环境下开展通行分析研究的重点是关于道路标识的识别与跟踪、车辆识别、道路边界特征检测及车辆控制等。1987 年,德国慕尼黑国防大学和奔驰公司联合研发了 VaMoRs 测试车(Dickmanns et al.,1996)。VaMoRs 测试车在高速公路上最高车速可达 96 km/h(黄岩 等,2010)。1995 年,美国卡耐基梅隆大学研制的 NavLab-5 系统进行了全程 4 587 km 的横穿美国试验,其中无人驾驶占 98.2%,平均车速为 102.72 km/h(Pomerleau et al.,1996)。1999 年,意大利的帕尔玛大学研制的 ARGO 无人自主车在高速公路上进行自主驾驶试验,里程长达 1 000 余 km,最高车速达 112 km/h(Broggi et al.,1999)。2003 年,国防科学技术大学和一汽集团合作研发的红旗车自主驾驶系统完成了高速道路车道跟踪驾驶测试,最高车速达 170 km/h(孙振平,2004)。2012 年,军事交通学院研发的地面无人车辆完成了从北京台湖收费站到天津东丽收费站的 114 km 高速公路测试,平均车速为 79.06 km/h。2015 年 12 月,在北京高速公路上,百度无人驾驶车成功实现了全自动驾驶。2022 年 7 月 21 日,百度创始人、董事长兼首席执行官在百度世界 2022 大会上宣布 Apollo RT6 无人汽车将进行量产。这充分表明,我国的无人汽车驾驶已具备自主导航能力,在高速公路环境下通行已取得良好的研究基础。

2)城市道路环境下通行分析

城市交通设施建设速度不断加快,交通规模也越来越庞大且复杂。当路网规模建设达到一定程度时,传统的城市路径规划导航算法效率难以满足在线地图的计算速度需求(Bast et al.,2007)。Goldberg 等(2005)提出 ALT(A* search,landmarks,and the triangle inequality)算法,在北美的局部路网应用时,应对大型网络表现出了较快的计算速度和较强的计算能力。Schultes(2008)提出了高速公路层次算法(highway hierarchies algorithms)、高速公路节点路由算法(highway node routing algorithms)和交通节点路由算法(transit node routing algorithms),可以处理千万级节点和路段的大型路网,处理时间只花费了 4.3 μs。特别是近年来,我国城市化进程加快,虽然城市交通基础设施建设取得了飞速发展,但是各类交通工具数量迅猛增加,交通拥堵已成为人们出行绕不开的话题。交通拥堵问题使城市交通状态变化极不稳定,严重影响人们的生活质量,为此亟须加快解决交通拥堵问题。

Cooke 等(1966)首先提出了基于时变路网的路径规划问题。Dreyfus(1969)应用 Dijkstra 算法实现了在给定出发时间情况下时变路网的路径规划。此后,学者们对 Dreyfus 提出的算法进行了改进(Orda et al.,1996)。进入 21 世纪,计算机技术快速发展,也带动交通领域越发智能。学者们开始关注在大规模城市路网中动态路径规划的实用性。

Chabini 等（2002）改进了 A*算法，试验证明，改进 A*算法平均搜索节点数少了一半。He 等（2004）将神经网络算法应用于时变路网中。Lefebvre 等（2007）为了适用于时变路网，改进了 ALT 算法，解决了大规模时变路网的计算效率低下的问题。田鹏飞等（2007）基于时变的路阻信息数据开展研究，通过改进 A*算法解决了时变网络问题。

随着技术不断发展，城市交通路网研究不再仅仅只关注行驶时间最短和行驶路程最短两个主题，而是综合考虑，选择最优路径。Wellman 等（2013）优化了 A*算法，研究时间相关不确定性下的路径规划。Su 等（2017）顾及了能源车充电需求，基于 Dijkstra 算法和蒙特卡罗抽样方法改进了最优路径规划算法。Zhu 等（2021）顾及交叉口花费的时间，提出了反向标号 Dijkstra 算法。

城市交通相关研究的不断发展，对实时交通状态预测精度要求越来越高。根据预测结果出行，能及时规避交通拥堵，实时获取最优路径。De Souza 等（2016）基于交通分类机制与重路由算法规避选择拥堵路段，进行路径规划。Xiao（2017）提出了一种基于蚁群算法的预测与路径规划算法，通过不断地删除经过的路径节点，降低计算复杂度。Xu 等（2019）基于大量出行计划和实时交通流数据，构建顾及未来交通流信息的交通流时间序列模型，采用改进的 Hoyd 算法求解最短路径。Yao 等（2019）以短期交通量预测结果为基础，并引入安全威胁因素作为对道路交通状况的影响，计算动态路径规划。总体上，关于城市道路环境下的车辆路径规划研究近年来也取得了突飞猛进的发展，为陆地环境通行分析相关理论与方法研究奠定了良好的基础。

2. 越野环境下通行分析

与结构化高速公路环境及城市道路环境相比，越野环境复杂度更高。对于越野环境下路径规划，国际上一些学者提出了很多经典算法和模型，并进行优化，满足越野环境下路径规划需求。Huang 等（1999）提出了一种基于三维空间可见图的新方法进行最短路径分析研究。Manduchi 等（2005）提出了一种适用于越野自主导航的传感器处理算法，通过识别地形和障碍物的不同类别，为越野路径规划提供数据基础。Sood 等（2012）将粒子群优化算法与蜂群优化算法结合进行越野环境下路径规划，同时基于遥感影像数据进行障碍物检测，计算最短路径。Ji 等（2016）基于道路三角函数与障碍物指数函数叠加，构造虚拟三维危险势场，生成理想的避障轨迹，进行路径规划研究。Chen 等（2017）基于传统蚁群算法在二维空间进行路径规划，解决了障碍规避问题。Roy 等（2018）提出了基于全局路径规划和局部路径规划相结合的框架模型，降低了越野路径规划中高分辨率地图的计算成本。Ning 等（2018）引入多重信息素的概念，改进蚁群路径规划算法。Ji 等（2018）基于越野地形信息，采用随机采样方法，构建越野路径规划评价函数，进行越野环境下无人车路径规划。

此外，国内学者也十分关注越野环境下通行分析中的路径规划研究。常之森等（1989）对自主机器人野外导航问题进行了探索性研究，并指出地形分析系统、规划系统的结构是越野导航规划的核心。蒋永林等（1999）基于美国陆军工程兵团水道试验站（U.S. army crops of engineers waterways experiment station，WES）法预测松软地面轮式越野汽车的通过性，指出强土壤特性有助于实现车辆通过性预测的准确判断。宋彩云（2005）基于模拟退火算法优化，开展了陆地自主车（autonomous land vehicle，ALV）越野路径规划研究。刘华军等（2006）提出了越野高程地形的相对不变性概念，并提取出一定尺度范围内地形的相对不变特征，最后基于特征模糊规则集对地形的可通行性进行评估。张真（2006）开展了作战区域内地形对机动的影响研究，并为机动选取适宜的通行路线。宋琪（2008）建立基于图连接模式的栅格地图，利用改进的启发式路径搜索算法开展了全局越野环境地图的最短路径研究。张小波等（2011）针对越野环境下的地图创建问题，提出了一种自动创建自主车导航地图的方法，满足自主车实时导航需求，提高了路径规划效率。肖强（2015）研发了一套针对越野环境的多要素合成可通行区域检测系统。蒋键（2016）提出了基于全局加局部的规划策略，规避越野环境中危险的路面区域，实现无人车在越野环境的安全通行。张德等（2017）提出了基于单要素通行性的数字越野机动区域通行性分析方法。范林林（2017）采用"理论研究—技术方法—试验验证"的技术路线开展了基于六角格网的越野路径规划研究。袁伟（2017）提出了基于快速搜索随机树的三维越野环境路径规划方法。李坤伟等（2018）基于多源环境数据，以圆锥指数为指标对土壤通行性进行了定量分析研究。王坤等（2020）以履带式车辆为例，顾及实际地形、土壤对越野性能的影响，进行了基于禁忌表的越野路径规划算法研究，结果表明该算法不仅有效减小了搜索范围，还提高了算法运行效率，能够快速有效地规划出符合越野环境的最优路径。孙玉泽（2020）在长春周边地区开展了无人越野汽车的路径规划与轨迹跟踪方法研究。田洪清等（2021）基于势能场模型开展了越野环境下智能车概率图路径规划方法研究，为智能车提供了一种多目标优化路径规划算法。闫星宇等（2022）设计了基于通行性分析的分层越野路径规划方法，能够有效提升算法效率，越野路径规划结果合理可行。郭宏伟（2022）在顾及军事地质要素的基础上，建立越野路径规划影响体系，基于六角格网相关理论和技术，构建基于多尺度六角格网越野通行因素量化模型，并优化改进 A*算法，试验结果表明，该研究方法能够提高越野路径规划的效率。以上越野环境下车辆装备通行分析研究，既提出了新的路径规划导航算法，也对已有的算法模型进行了改进优化，极大地丰富了陆地环境通行分析理论与方法研究成果。

1.2.3 陆地环境通行分析相关理论与技术

陆地环境通行分析理论与方法研究主要基于地理空间信息数据基础框架，综合地理、地质、灾害、气象和水文等要素构建数字陆地环境系统模型，应用地理信息系统理论与方法开展轮式或履带式车辆的通行分析研究。特别是遥感技术、计算机技术、人工智能、深度学习、系统仿真等先进技术快速迭代并深度交叉融合，使智慧交通、智能导航、无人驾驶等先进技术与产品被广泛应用于社会生产、生活及国防建设，不断提升人们生活的便利度，减少各种意外事故造成的生命和财产的损失，减少战场上前线士兵的伤亡。为此，陆地环境通行分析理论与方法研究逐渐受到各国相关领域学者广泛关注。国外相关研究开始较早，在军事领域应用较多，发展程度相对较高。

1. 地形分析建模

地形作为陆地环境通行分析理论与方法中一个重要影响因素，在军事活动中发挥重要作用。因此，在军事活动中，人们十分重视地形分析研究。根据科学技术发展与地形模型生成相关过程等因素，地形分析模型被划分为地形分析数学模型和地形分析人工智能模型。根据在军事应用中的层次，地形分析模型又可划分为地形基本作战性能分析模型、地形战役性能分析模型和地形战术性能分析模型（王飞 等，2002）。

地形分析模型研究在美国起步较早，发展较为迅速，并已经广泛应用于军事活动中。美国相关研究人员以地形分析为主要任务研制地形分析系统，并构建了大量的地形分析模型，且在不断完善。

20 世纪 70 年代，美国工程兵研究所研制了陆军地形情报系统（army terrain information system，ARTINS），主要分析地形要素对军事行动的影响，获取越野行动、交通线路等作战关联要素。80 年代，该所研制了数字地形分析系统（digital terrain analysis system，DTAS），其主要功能是通过构建目标搜索、遮蔽区域、越野运动等模型进行通视分析和通行分析。到了 90 年代，美国陆军研发战斗地形信息系统（combat terrain information system，CTIS），实现了地形信息的自动更新、地形分析产品自动存储和处理。同期，美国将手工兵棋作为原型，结合运筹学分析方法，构建了联合战区级模拟系统（joint theater level simulation system，JTLS）。21 世纪初，美国将 JTLS 出售给我国台湾地区，后发展演变为汉光兵棋推演平台，进行作战过程中的逻辑推演研究，实现战场态势模拟等主要功能。

相比美国，我国在地形分析建模领域研究起步稍晚。20 世纪 80 年代，我国相关学者开始关注地形分析模型构建研究，取得了一些成果和进展。90 年代，相关学者以数字高程模型（digital elevation model，DEM）为基础，研制了新一代地形保障系统，用于战场环境支援保障。在我国，军事地理信息系统（MGIS）是军事地理科学与信息技术相结合的产物，是一个经典的军事地形应用系统。军事地理信息系统能够为作战指挥提供战区地形、地貌、水文、地质、植被、道路、人口、经济等综合的数字环境信息，是指挥自动化、数字化战场等关键军事技术的重要组成部分，为以大纵深、快节奏、高技术装备多、协调紧密性强等为特点的现代化高科技战争实现真实、快捷、高效的战场环境分析应用提供决策支持。黄鲁峰（2008）设计了基于地理格网的多因子数据模型，运用多要素叠置分析和模糊综合评判技术，基于地理信息系统开展战场自然环境因子综合分析研究。范林林（2017）提出了基于六角格网的几何信息和属性信息地形量化方法，确定了每一类地形因素影响下的六角格元通行等级和六角格边的障碍类型。张萌（2020）在高程、坡度、起伏度、地质、植被、水系等多因素综合影响下，进行了地形可通行性分析和评价研究。彭湘等（2021）定义了一种 2.5 维栅格地图，引入半自由栅格表达不平坦地形陆地环境，开展多地形约束条件下的移动机器人路径规划研究。

以上地形分析建模相关研究，为陆地环境建模分析应用奠定了良好的理论基础，提供了丰富的案例。

2. 陆地环境建模与仿真技术

仿真技术是应用计算机建立模型进行科学试验的一门多学科综合性技术（徐礼辉，2016）。20 世纪初期，仿真技术已得到初步应用；50 年代，航空航天等领域快速发展推动了仿真技术快速进步；60 年代，计算机技术迅猛发展，加速了仿真技术发展进程；80

年代，美军将仿真技术应用于军事训练中，使仿真技术发展成一项国防关键技术。由于环境建模与仿真技术的迫切需求和重要意义，美国等西方发达国家资助了大量的相关科研项目和工程任务，不断完善相关理论与方法研究，取得了丰硕的研究成果，指明了环境建模与仿真技术研究发展方向。总体而言，环境建模与仿真技术的发展主要经历了两个阶段。

（1）20 世纪 90 年代中期前，是环境建模与仿真技术领域知识、标准和技术的初始积累阶段。相关研究内容比较分散，研究方向和成果差异大，研究成果主要集中在数据交换、地形数据库的生成、可视化仿真和动态地形表达等方面。

（2）20 世纪 90 年代中期至今，是环境建模与仿真技术领域先进技术、方法、工具和标准的形成阶段。该阶段研究成果主要包括环境数据表示与交换技术、环境数据模型（environment data model，EDM）的建模方法、环境模型和数据的生成和重用技术及动态自然环境的仿真技术（郭刚，2004）。该阶段开始的标志事件是：1995 年，美国国防部建模与仿真办公室（Department of Defense Modeling and Simulation Office，DMSO）发布建模与仿真计划，成立了专门的建模与仿真执行机构，负责陆地、海洋、大气及太空领域建模与仿真计划的组织和实施。DMSO 明确了模型与仿真的关联关系，模型是对系统、实体、过程或现象的物理、数学或其他逻辑表达；仿真是在时间轴上实现模型的方法。模型是仿真的基础，建立系统、实体、过程或现象模型的过程就必然要求抓住事物或对象的本质特征进行抽象。

进入 21 世纪，信息技术、网络技术、遥感探测技术、可视化技术等与仿真技术交叉融合，拓宽了仿真技术的应用领域，细化了仿真技术应用场景。陆地环境建模技术是陆地环境通行分析的基础，仿真技术能够实现陆地环境通行分析可视化表达，增强用户真实场景体验感，加深陆地环境理解，为陆地环境通行分析理论与方法研究提供辅助决策。仿真技术发展逐步成熟，应用领域不断拓展，环境建模与仿真已逐渐成为仿真领域的一个重要分支。数据获取的精度提升和数据采集尺度更加详细，深化了环境建模和仿真技术在陆地环境通行分析中的应用程度，增强了陆地环境可视化表达的逼真度。

学者不断探索开展环境建模与仿真技术相关研究，研制了多种仿真软件。1974 年密歇根大学开始研究商品化仿真软件，直至 1980 年，密歇根大学与 MDI 公司共同开发了三维机构运动分析系统商品化软件——机械系统动力学自动分析软件（automatic dynamic analysis of mechanical systems，ADAMS），2002 年，MDI 公司被 MSC Software 收购。如今，MSC ADAMS 是全球十大原创软件之一，也是世界上应用最广泛的多体动力学系统分析和仿真软件，该软件主要能够实现多体系统动力学分析建模和求解两个关键技术，包括几何模型至物理模型的物理建模、物理模型至数学模型的数学建模，可根据运动学/动力学、静平衡、特征值分析等求解类型选取相应的求解器进行数值运算和求解。1998年，Alessandro Tasora 教授开发了机器人和生物力学应用的多体仿真工具 Chrono 软件，它是一个独立平台开源设计的多物理场建模和仿真引擎。20 世纪 60 年代，北大西洋公约组织（North Atlantic Treaty Organization，NATO，简称北约）专家团队研发了北约参考机动性模型（NATO reference mobility model，NRMM），经过 50 年的发展，2017 年，该组织又发起了下一代北约参考机动性模型（next-generation NATO reference mobility model，NG-NRMM）研发工作，开发了尼庞轮式车辆性能模型（Nepean wheeled vehicle performance model，NWVPM）、尼庞履带式车辆性能模型（Nepean tracked vehicle performance model，NTVPM）(Bradbury et al.，2016)。自 1998 年起，美国 ASA 公司开始研发综合和仿真集成虚拟环境软件（integrated virtual reality environment simulation software，IVRESS），为物理系统的建模、仿真和设计优化提供服务。韩国 FunctionBay 公司开发了多体系统动力学仿真软件 RecurDyn，应用相对坐标系运动方程理论和完全递归算法，能够很好地求解大规模的多体系统动力学问题，实现与有限元软件、离散元软件和 CAD 软件数据的无缝交换（黄铁球 等，2010）。CM Labs 经过 20 多年的研发，开发了高级实时仿真和可视化软件套装 Vortex Studio Platform，它是一个高保真平台，可用于快节奏、以用户为中心的机械原型设计、简化的产品设计，以及为在环境中的人部署沉浸式虚拟体验测试、沉浸式培训等。以上这些国外多体系统动力学仿真软件能够很好地解决多体系统动力学分析建模和求解两个关键问题，能够实现通行对象的数字模型构建，有利于通行分析可视化表达，提高陆地环境通行分析相关成果的解译，而国内这方面相关成熟软件却很少。

3. 可通行性地图创建

在陆地环境通行分析中，可通行性地图是通行分析的基础，也是陆地环境可视化表达的最基本样式。目前，可通行性地图通常主要是以电子地图的形式体现。20 世纪 90 年代初，电子地图的应用就已经开始（杜清运 等，2000）。电子地图以数字形式记录、存储。电子地图的出现使得位置和路径的查找效率大大提高，这种基于电子地图的快速检索方式为人们出行及后来的车辆通行导航提供了极大便利。导航电子地图作为电子地图中的一种，包含全面的道路、兴趣点及其他相关的电子地图信息（李德仁 等，2000）。而陆地环境通行分析中的可通行性地图除导航电子地图相关要素属性信息数据外，还增加通行区域的地质环境信息、气象环境信息等要素因子参数，使得可通行性地图内容更加丰富，也导致可通行性地图内容更加复杂。陆地环境可通行性地图不仅能够集成矢量数据集，还能够集成各种栅格数据集，因此，陆地环境通行分析系统须集成栅格与矢量数据自动格式转换功能，为数据快速转换、集成与应用提供便利。

可通行性地图创建是陆地环境中各通行要素数据集按照一定规则，构建车辆的可通行性导航数字地图。该地图能够为陆地环境中各种通行车辆提供导航、实时避障、路径规划等功能。基于陆地环境通行分析的可通行性地图研究，是以通行移动对象地图创建为起点。学者经过 20 多年不懈努力，在室内结构环境的移动机器人地图创建领域取得了相当好的成果（张小波 等，2011；Thompson，2008；Thrun，2002）。但是，在室外，甚至在野外环境下，机器人可通行性地图创建的效率与准确度在导航定位、信息传递与处理、可视化表达等方面还需要进一步研究（Guivant et al.，2004）。特别是在陆地环境条件下，开展可通行性地图创建研究，显得十分必要（王璐 等，2004）。此外，国内也有相关学者进行可通行性地图创建的研究。王可定（1998）在判断地理环境通行条件时，将其分为土质、地貌、植被、道路、水系 5 类因子。范林林（2017）根据地理环境对车辆行动的影响规律，将陆地环境中可通行性地图分为陆地地貌、植被、陆地水系、居民设施、陆地交通和陆地土质 6 个要素类进行创建。李朋等（2018）在面向地图构建的移动机器人局部路径自主规划研究中，提出了基于信息熵地图的实时机器人局部轨迹生成与跟踪方法，应用划分区域的边界特征动态生成待选的探索方向，结合转向平滑约束和避障约束获得最终的转向控制量，从而动态地实现局部路径的规划。李天琪（2021）在面向车辆野外路径规划的可通行区域建模与路径计算时，将陆地环境中可通行性地图按照高程因子、路面因子、自然因子、人为因子进行创建。郭宏伟（2022）在越野通行能力分析中，陆地环境可通行性地图创建顾及了军事地质要素中的土体、岩体、水体和地质灾害等要素。综上，关于可通行性地图创建，学者不仅在要素数据集方面进行了充分研究，而且对复杂的陆地环境数据的组织管理、处理分析及可视化表达进行了研究和探索。

1.3　陆地环境通行分析的作用与研究内容

陆地环境通行分析的理论与方法研究涉及陆地环境建模、地图创建、路径规划及地理信息系统等相关理论与方法，相关研究既可以服务于社会经济建设，也可以服务于国防与军队建设。

近年来，城市化进程不断加快，生活水平不断提高，人们对城市便利生活的美好需求也不断提升。城市化已经深入城市的各个角落，快速城市化不仅为生活带来了诸多便利，同时也产生了许多挑战，如交通拥堵、能源消耗、环境污染等成为社会焦点问题。人工智能、电子地图导航、大数据计算、物联网和遥感等先进技术快速优化迭代，促进了移动技术、数字城市快速发展，新型城市化建设不断向信息化城市高级形态发展演变。智慧城市是新型城市的一个主要发展方向，包含各种技术相互融合与信息数据相互作用。智慧城市的一个重要分支为智慧交通，是陆地环境通行分析的一个重要研究方向，属于城市结构化道路通行分析研究范畴。城市交通网是现代化城市的生命网，直接影响城市的正常运行与发展。当前，城市居民生活水平不断提升，城市居民的车辆保有量也不断增加。据《人民日报》报道，公安部统计，截至 2022 年 8 月 12 日，我国机动车保有量4.08 亿辆；截至 6 月底，全国有 81 个城市的汽车保有量超过 100 万辆，同比增加 7 个城市，37 个城市超过 200 万辆，20 个城市超过 300 万辆。《2021 年度中国城市交通报告》指出，重庆、保定、广州三城部署百度 AI 智能交通系统，交通缓堵效果明显，通勤高峰拥堵指数较 2020 年同期分别下降 11.25%、7.6%和 5.89%。由此可见，加强智慧交通建设，有利于缓解交通拥堵问题，为日常出行提供便利，为人们追求美好生活提升幸福指数。

现代战争节奏空前加快，战场环境复杂多变，部队能否根据上级指示快速、安全地机动到指定地点，关系着战争局势的走向（刘凯，2017）。传统依靠纸质地图寻求机动通行最短路径，不论是时效还是准确度都难以满足现代战争的要求。高科技信息化战争条件下，广泛采用计算机快速处理多种战场环境信息，以电子地图为载体进行战场态势可视化，运用准确、高效的最短路径算法，大大缩短为部队提供最佳机动路径的时间，进而极大地提高部队机动能力和战斗力。美军非常重视部队机动能力的建设与保障，20 世纪 70～90 年代，相继开发研制了 ARTINS、DTAS、CTIS、JTLS 等系统（范林林，2017）。我国也十分重视部队机动在军事作战中的重要性，将机动作战作为一条重要的作战指导思想写进了战役战斗条令。当前国际环境形势严峻，我国军队信息化系统处在建设发展阶段，国外持续加强对我国军事领域关键核心技术封锁管制，陆地环境通行分析理论与方法研究作为空间地理信息领域的一个重要研究内容，能够补齐我国地理信息产业相关理论与方法研究短板，主要体现在以下三个方面。

（1）通行路网数据来源广泛、数据量大、要素属性类型复杂、数据组织管理难度大。过去传统的作战样式主要是各级指战员通过沙盘或地图等进行战场态势分析与评估，制订各种作战计划与方案，这种基于静态"一张图"的保障形式表达有限的战场环境信息已难以满足当前信息化时代战场保障需求。当前，作战单元部署的车辆装备型号多样、数量多，战场形势瞬息万变，机动要求高，此外，通行陆地环境情况复杂，需要综合考虑道路的承重能力、桥梁隧道的通行能力、道路的过弯半径等属性条件，制订安全的最佳机动路线，传统"一张图"的信息载荷量已难以满足部队现实机动的实际需求。

（2）信息化支撑手段不足，依靠经验因素大。目前，部队任务行动规划与评估系统建设不完备，各级指战员主要依靠经验积累对相关行动进行分析评判，缺乏可操作的、明确的评估分析模型为其提供可靠的决策依据，存在各种不确定性隐患风险，影响各级指战员下达、执行任务的信心。

（3）协同作业效率不高，行动方案制订过程复杂。当前，部队的行动方案制订仍是依靠在地图上进行"图上作业"与前出侦察手绘等方式相结合，方案制订现势性差，受人为因素影响大，精度准确性难以保障，很难满足现代化战争准确性高、时效性强的要求。

针对以上问题，研究陆地环境通行分析理论与方法，综合陆地环境相关要素数据，实现陆战场环境空间信息数据统一管理，按照作战机动评价模型制订作战方案，依靠可视化分析技术实时动态显示部队机动情况，辅助指挥员分析评估战场态势、机动方式和路线选择等，科学、合理、迅速地进行任务方案决策，提高部队作战行动效率，增强部队的战斗力，对提升我军信息化作战条件下的部队机动能力具有重要的实践意义。

为此，开展基于陆地环境通行分析理论与方法研究，应重点关注以下三个方面的内容。

（1）陆地环境数据管理与建模技术，高效管理陆地环境通行分析的各类数据集。针对陆地环境通行分析理论与方法，尤其是越野环境下的机动通行分析的特殊要求，针对复杂要素数据集、实现数据统一组织管理、建立动态通行模型，进行定性定量综合分析，辅助各类通行车辆装备的自主路线规划，提升通行分析效能，确保装备车辆通行的可靠性与准确性。

（2）构建通行分析综合评估模型，强化车辆装备自主规划系统的决策支持。通过构建车辆装备通行分析综合评估模型，科学评估各因素对车辆装备通行规划的影响程度，综合评价各种通行规划方案的优劣，选择最佳通行路径模型，使车辆装备能够安全、顺利地完成其通行任务。

（3）遵循地理信息系统设计与开发相关理论与方法原则，按照系统设计科学、具有可扩展性，数据库设计合理、运行稳定、数据安全、代码规范等要求，不断完善陆地环境通行分析理论与方法，建立完整的理论与方法研究逻辑体系。

参 考 文 献

常之森, 贺汉根, 沈林成, 1989. 自主机器人在自然地形中的一种越野导航规划算法. 计算技术与自动化(2): 24-29, 43.

成伟明, 唐振民, 赵春霞, 等, 2008. 移动机器人路径规划中的图方法应用综述. 工程图学学报(4): 6-14.

池亚军, 薛兴林, 2010. 战场环境与信息化战争. 北京: 国防大学出版社.

杜清运, 邬国锋, 2000. 万维网电子地图. 测绘信息与工程(3): 17-19, 28.

范林林, 2017. 基于六角格网的越野路径规划技术方法研究. 郑州: 中国人民解放军战略支援部队信息工程大学.

方彦军, 周亭亭, 方源, 2012. 基于 GIS 和环境感知的无人车定位方法研究. 自动化与仪表, 27(5): 1-4.

郭宏伟, 2022. 顾及军事地质要素的越野路径规划研究. 郑州: 中国人民解放军战略支援部队信息工程大学.

郭刚, 2004. 综合自然环境建模与仿真研究. 长沙: 中国人民解放军国防科技大学.

郭银景, 孟庆良, 孔芳, 等, 2020. AUV 路径规划算法研究现状与展望. 计算机科学与探索, 14(12): 1981-1994.

黄鲁峰, 2008. 基于 GIS 的战场自然环境因子综合分析研究. 郑州: 中国人民解放军战略支援部队信息工程大学.

黄铁球, 果琳丽, 曾海波, 2010. 基于 RecurDyn 的动力学与控制一体化仿真模式研究. 航天控制, 28(3): 60-64.

黄岩, 吴军, 刘春明, 等, 2010. 自主车辆发展概况及关键技术. 兵工自动化, 29(11): 8-13, 26.

蒋键, 2016. 智能车辆越野环境路径规划. 北京: 北京理工大学.

蒋永林, 吴琦, 1999. 基于 WES 法的越野汽车松软地面通过性预测. 轻型汽车技术(4): 20-21.

李德仁, 郭丙轩, 王密, 等, 2000. 基于 GPS 与 GIS 集成的车辆导航系统设计与实现. 武汉测绘科技大学学报, 25(3): 208-211.

李坤伟, 游雄, 张欣, 等, 2018. 基于多源数据的土壤越野通行性评估. 测绘科学技术学报, 35(2): 206-210.

李满, 2012. 移动机器人环境建模与路径规划的研究. 秦皇岛: 燕山大学.

李朋, 杨彩云, 王硕, 2018. 面向地图构建的移动机器人局部路径自主规划. 控制理论与应用, 35(12): 1765-1771.

李天琪, 2021. 面向车辆野外路径规划的可通行区域建模与路径计算. 阜新: 辽宁工程技术大学.

李正宜, 张维全, 1992. 道路交通工程. 重庆: 重庆大学出版社.

刘华军, 陆建峰, 杨静宇, 2006. 基于相对特征的越野地形可通行性分析. 数据采集与处理, 21(1): 58-63.

刘凯, 2017. 部队机动中路径规划问题研究. 郑州: 中国人民解放军战略支援部队信息工程大学.

刘爽, 2007. 基于地理信息系统的战术活动路径规划算法研究. 哈尔滨: 哈尔滨工程大学.

彭湘, 向凤红, 毛剑琳, 2021. 多地形约束条件下的移动机器人路径规划方法. 小型微型计算机系统, 42(9): 1900-1905.

宋彩云, 2005. 基于模拟退火的 ALV 越野路径规划研究. 长沙: 中国人民解放军国防科技大学.

宋琪, 2008. 基于无人越野驾驶自主导航车辆的路径规划研究. 长春: 吉林大学.

孙国兵, 2009. 战场环境建模与环境数据评估方法. 哈尔滨: 哈尔滨工业大学.

孙玉泽, 2020. 无人轮式车辆越野路面全局路径规划与轨迹跟踪. 长春: 吉林大学.

孙振平, 2004. 自主驾驶汽车智能控制系统. 长沙: 中国人民解放军国防科技大学.

田洪清, 王建强, 黄荷叶, 等, 2021. 越野环境下基于势能场模型的智能车概率图路径规划方法. 兵工学报, 42(7): 1496-1505.

田明星, 2009. 路径规划在车辆导航系统中的应用研究. 北京: 北京交通大学.

田鹏飞, 王剑英, 2007. 动态最短路径算法及其仿真. 计算机仿真(6): 153-155, 206.

王飞, 曹启华, 2002. 军事地形分析建模与应用. 北京: 解放军出版社.

王可定, 1998. 作战模拟理论与方法. 长沙: 国防科技大学出版社.

王坤, 汪晗, 吴波, 2020. 基于禁忌表的最优越野路径规划//中国指挥与控制学会. 第八届中国指挥控制大会论文集. 北京: 兵器工业出版社: 380-385.

王璐, 蔡自兴, 2004. 未知环境中移动机器人并发建图与定位(CML)的研究进展. 机器人(4): 380-384.

肖南峰, 2008. 智能机器人. 广州: 华南理工大学出版社.

肖强, 2015. 地面无人车辆越野环境多要素合成可通行区域检测. 北京: 北京理工大学.

徐礼辉, 2016. 智能车仿真实验平台的研究与开发. 北京: 北京化工大学.

闫星宇, 杜伟伟, 石昊, 2022. 基于通行性分析的分层越野路径规划方法. 火力与指挥控制, 47(5): 153-158.

杨凌耀, 张爱华, 张洁, 等, 2021. 栅格地图环境下机器人速度势实时路径规划. 计算机工程与应用, 57(24): 290-295.

袁伟, 2017. 面向越野环境的无人车自主导航方法研究. 上海: 上海交通大学.

张德, 张跃鹏, 黄利民, 等, 2017. 数字越野机动区域通行性分析. 测绘科学与工程(2): 44-48.

张萌, 2020. 地形可通行性分析研究. 西安: 长安大学.

张为华, 汤国建, 文援兰, 等, 2013. 战场环境概论. 北京: 科学出版社.

张小波, 戴斌, 刘大学, 等, 2011. 越野环境下自主车辆导航地图自动创建方法研究. 计算机应用研究, 28(3): 984-987.

张旋, 2020. 非结构化场景下地面无人平台环境感知及三维路径规划研究. 南京: 南京理工大学.

张真, 2006. 越野机动的通道分析模型研究. 郑州: 中国人民解放军战略支援部队信息工程大学.

赵芊, 2016. 基于地理信息系统的全地形车路径规划技术研究. 北京: 中国航天科技集团有限公司第一研究院.

Bast H, Funk S, Sanders P, et al., 2007. Fast routing in road networks with transit nodes. Science, 316(5824): 566.

Bonnifait P, Jabbour M, Cherfaoui V, 2008. Autonomous navigation in urban areas using GIS-managed information. International Journal of Vehicle Autonomous Systems, 6(1-2): 83-103.

Bradbury M, Dasch J, Gonzalez R, et al., 2016. Next-generation NATO reference mobility model (NG-NRMM). Tank Automotive Research, Development and Engineering Center (TARDEC) Warren.

Broggi A, Bertozzi M, Fascioli A, et al., 1999. The ARGO autonomous vehicle's vision and control systems. International Journal of Intelligent Control and Systems, 3(4): 409-441.

Chabini I, Lan S, 2002. Adaptations of the A* algorithm for the computation of fastest paths in deterministic discrete-time dynamic networks. IEEE Transactions on Intelligent Transportation Systems, 3(1): 60-74.

Chen J, Ye F, Jiang T, 2017. Path planning under obstacle-avoidance constraints based on ant colony optimization algorithm. IEEE 17th International Conference on Communication Technology (ICCT), Chengdu: 1434-1438.

Chen P, Lu X, Dai J, et al., 2013. Research of path planning method based on the improved Voronoi diagram. 25th Chinese Control and Decision Conference (CCDC), Guiyang: 2940-2944.

Cooke K L, Halsey E, 1966. The shortest route through a network with time-dependent internodal transit times. Journal of Mathematical Analysis and Applications, 14(3): 493-498.

De Souza A M, Yokoyama R S, Maia G, et al., 2016. Real-time path planning to prevent traffic jam through an intelligent transportation system. IEEE Symposium on Computers and Communication (ISCC), Messina: 726-731.

Deo N, Pang C, 1984. Shortest-path algorithms: Taxonomy and annotation. Networks, 14(2): 275-323.

Dickmanns E D, Müller N, 1996. Scene recognition and navigation capabilities for lane changes and turns in vision-based vehicle guidance. Control Engineering Practice, 4(5): 589-599.

Dijkstra E W, 1959. A note on two problems in connexion with graphs. Numerische Mathematik, 1(1): 269-271.

Dreyfus S E, 1969. An appraisal of some shortest-path algorithms. Operations Research, 17(3): 395-412.

Floyd R W, 1962. Algorithm 97: Shortest path. Communications of the ACM, 5(6): 345.

Ford L R, Fulkerson D R, 1956. Maximal flow through a network. Canadian Journal of Mathematics, 8: 399-404.

Fox D, Burgard W, Kruppa H, et al., 2000. A probabilistic approach to collaborative multi-robot localization. Autonomous Robots, 8: 325-344.

Gennery D B, 1999. Traversability analysis and path planning for a planetary rover. Autonomous Robots, 6: 131-146.

Goel A K, Callantine T J, 1992. An experience-based approach to navigational route planning. Proceedings of the IEEE/RSJ International Conference on Intelligent Robots and Systems, 2: 705-710.

Goldberg A V, Harrelson C, 2005. Computing the shortest path: A* search meets graph theory. Proceedings of the Sixteenth Annual ACM-SIAM Symposium on Discrete Algorithms: 156-165.

Guivant J, Nebot E, Nieto J, et al., 2004. Navigation and mapping in large unstructured environments. The International Journal of Robotics Research, 23(4-5): 449-472.

Habib M K, Asama H, 1991. Efficient method to generate collision free paths for an autonomous mobile robot based on new free space structuring approach. Proceedings IROS'91: IEEE/RSJ International Workshop on Intelligent Robots and Systems, Osaka: 563-567.

Hart P E, Nilsson N J, Raphael B, 1968. A formal basis for the heuristic determination of minimum cost paths. IEEE transactions on Systems Science and Cybernetics, 4(2): 100-107.

He H, Zhu D, Ma S, 2004. A new algorithm for the shortest paths computation by neural networks on time-dependent networks. Journal of Fudan University (Natural Science), 5(43): 714-716.

Howard A, Turmon M, Matthies L, et al., 2006. Towards learned traversability for robot navigation: From underfoot to the far field. Journal of Field Robotics, 23(11-12): 1005-1017.

Howden W E, 1968. The sofa problem. The Computer Journal, 3(11): 299-301.

Huang S, Ren W, 1999. Use of neural fuzzy networks with mixed genetic/gradient algorithm in automated vehicle control. IEEE Transactions on Industrial Electronics, 46(6): 1090-1102.

Ji J, Khajepour A, Melek W W, et al., 2016. Path planning and tracking for vehicle collision avoidance based on model predictive control with multiconstraints. IEEE Transactions on Vehicular Technology, 66(2): 952-964.

Ji Y, Tanaka Y, Tamura Y, et al., 2018. Adaptive motion planning based on vehicle characteristics and regulations for off-road UGVs. IEEE Transactions on Industrial Informatics, 15(1): 599-611.

Kim D, Sun J, Oh S M, et al., 2006. Traversability classification using unsupervised on-line visual learning for outdoor robot navigation. Proceedings 2006 IEEE International Conference on Robotics and Automation, Orlando: 518-525.

Kostavelis I, Nalpantidis L, Gasteratos A, 2012. Collision risk assessment for autonomous robots by offline traversability learning. Robotics and Autonomous Systems, 60(11): 1367-1376.

Langer D, Rosenblatt J K, Hebert M, 1994. A behavior-based system for off-road navigation. IEEE Transactions on Robotics and Automation, 10(6): 776-783.

Lefebvre N, Balmer M, 2007. Fast shortest path computation in time-dependent traffic networks. ETH Zürich, 439: 1-27.

Manduchi R, Castano A, Talukder A, et al., 2005. Obstacle detection and terrain classification for autonomous off-road navigation. Autonomous Robots, 18: 81-102.

Nilsson N J, 1969. A mobile automaton: An application of artificial intelligence techniques. Proceedings of the 1st International Joint Conference on Artificial Intelligence (IJCAI'69). San Francisco: Morgan Kaufmann Publishers: 509-520.

Ning J, Zhang Q, Zhang C, et al., 2018. A best-path-updating information-guided ant colony optimization algorithm. Information Sciences, 433: 142-162.

Orda A, Rom R, 1996. Distributed shortest-path protocols for time-dependent networks. Distributed Computing, 10: 49-62.

Pomerleau D, Jochem T, 1996. Image processor drives across America one of the first steps toward fully autonomous vehicles. Photonics Spectra, 30(4): 80-86.

Rackliffe N, Yanco H A, Casper J, 2011. Using geographic information systems(GIS) for UAV landings and UGV navigation. 2011 IEEE Conference on Technologies for Practical Robot Applications, Woburn: 145-150.

Roy J, Wan N, Goswami A, et al., 2018. A hierarchical route guidance framework for off-road connected vehicles. Journal of Dynamic Systems, Measurement, and Control, 140(7): 071011.

Schultes D, 2008. Route planning in road networks. Weilburg: der Universität Fridericiana zu Karlsruhe (TH).

Shamos M I, Hoey D, 1975. Closest-point problems. 16th Annual Symposium on Foundations of Computer Science: 151-162.

Shoemaker C M, Bornstein J A, 1998. Overview of the Demo III UGV program. Robotic and Semi-Robotic Ground Vehicle Technology, 3366: 202-211.

Sood M, Kaplesh D, 2012 . Cross-country path finding using hybrid approach of PSO and BCO. International

Journal of Applied Information Systems, 2(1): 22-24.

Su S, Zhao H, Zhang H, et al., 2017. Forecast of electric vehicle charging demand based on traffic flow model and optimal path planning. 19th International Conference on Intelligent System Application to Power Systems (ISAP), San Antonio: 1-6.

Suzuki M, Terada E, Saitoh T, et al., 2010. Vision based far-range perception and traversability analysis using predictive probability of terrain classification. ISR 2010 (41st International Symposium on Robotics) and ROBOTIK 2010 (6th German Conference on Robotics), Munich: 1-6.

Takahashi O, Schilling R J, 1989. Motion planning in a plane using generalized Voronoi diagrams. IEEE Transactions on Robotics and Automation, 5(2): 143-150.

Tanaka Y, Ji Y, Yamashita A, et al., 2015. Fuzzy based traversability analysis for a mobile robot on rough terrain. IEEE International Conference on Robotics and Automation (ICRA), Seattle: 3965-3970.

Thompson D R, 2008. Intelligent mapping for autonomous robotic survey. Pittsburgh: Carnegie Mellon University.

Thrun S, 2002. Robotic mapping: A survey. Exploring Artificial Intelligence in the New Millennium. San Francisco: Morgan Kaufmann Publishers: 1-35.

Uğur E, Şahin E, 2010. Traversability: A case study for learning and perceiving affordances in robots. Adaptive Behavior, 18(3-4): 258-284.

Wellman M P, Ford M, Larson K, 2013. Path planning under time-dependent uncertainty. Arxiv Preprint Arxiv: 1302. 4987.

Weng L, Song D Y, 2005. Path planning and path tracking control of unmanned ground vehicles(UGVs). Proceedings of the Thirty-Seventh Southeastern Symposium on System Theory, Tuskegee: 262-266.

Xiao S, 2017. Optimal travel path planning and real time forecast system based on ant colony algorithm. IEEE 2nd Advanced Information Technology, Electronic and Automation Control Conference (IAEAC), Chongqing: 2223-2226.

Xu W, Zhao J, 2019. Research on traffic flow time series model and shortest path algorithm of urban traffic based on travel plans. International Conference on Intelligent Computing, Automation and Systems (ICICAS), Chongqing: 369-373.

Yao R, Ding Z, Cao Y, et al., 2019. A path planning model based on spatio-temporal state vector from vehicles trajectories. IEEE 4th International Conference on Big Data Analytics (ICBDA), Suzhou: 216-220.

Ye C, 2007. Navigating a mobile robot by a traversability field histogram. IEEE Transactions on Systems, Man, and Cybernetics, Part B (Cybernetics), 37(2): 361-372.

Zhu D D, Sun J Q, 2021. A new algorithm based on Dijkstra for vehicle path planning considering intersection attribute. IEEE Access, 9: 19761-19775.

第 2 章　陆地环境通行影响要素

> 陆地环境本身是一个复杂的、综合的巨系统，是车辆装备通行分析研究的基础。研究车辆装备的通行分析是一项复杂的工作，为此，进行陆地环境通行影响要素体系研究显得十分必要。本章将陆地环境通行要素分为地理要素、地质要素、自然灾害要素、气象要素和水文要素五大类。

2.1　地　理　要　素

陆地环境要素是研究影响陆地环境通行分析的必要条件。地理要素是影响陆地环境通行要素的首要条件，是存在于地球表面的各种自然和社会经济现象，如地貌、水系、植被和土壤、居民地、道路网、工农业设施、经济文化和行政标志等要素。地理要素是对空间位置的"地理"属性及该"位置"复杂的内部关系及自然和人文特征的描述（陈常松 等，1999；Tang et al.，1996）。地理要素作为陆地环境通行影响要素的基本要素之一，结合陆地环境通行约束条件，主要是研究地形、地貌和地表覆盖这三类。

2.1.1　地形

地形是指陆地表面高低起伏的形态，具体指地表以上分布的固定性物体共同呈现出高低起伏的各种状态（张为华 等，2013）。由于地表覆盖物不同及各种综合因素影响，地表形态呈现多样性。由于研究对象、研究目的、研究范围、研究方法等方面的不同，相关学者提出了上百种地形因子（周宇梦，2021）。陆地环境通行分析相关研究中，大多选用高程、坡度、坡向和地势起伏度等地形因子来描述研究区的地形情况。

1. 高程

高程是某点沿铅垂线方向到大地水准面的距离，是描述地表起伏形状最基本的几何量（周启鸣 等，2006）。研究发现，气压随着高程的增加而下降，呈现负相关，直接影响通行车辆的发动机效率，使其移动速度下降（胡允达，2015）。在陆地环境通行分析中，高程不会直接影响运行速度，但是高程变化引起气压变化，气压变化影响车辆发动机的效率，进而影响车辆在陆地环境中的通行性能。自然地形高程变化总体较为平缓，表现出地貌形态的渐变性，能够用严格的数学语言描述地面高程的连续性（赵卫东，2011）。1958 年，Miller 教授为了高速公路的自动设计，首次提出了关于数字地形表达的概念——数字地形模型（digital terrain model，DTM）（冯桂 等，2000）。

数字高程模型（DEM）作为 DTM 的一个分支，通过有限的地形高程数据实现对地形曲面的数字化模拟（汤国安，2014；汤国安 等，2010）。DEM 的数据结构表现形式较多，在应用中具有各自的优缺点，其数据结构类型主要包括离散点数据结构、不规则三角网数据结构、等高线的数据结构、规则格网 DEM、断面线 DEM 和混合式 DEM 数据结构 6 种（王家耀 等，2004）。规则格网 DEM 比较简单且应用最多，以离散均匀分布的一些点的坐标、高程构成规则的排列数据，表示地形起伏形态，常见的格网主要是矩形格网，如图 2.1（张为华 等，2013）所示。

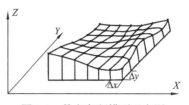

图 2.1　数字高程模型示意图

2. 坡度

坡度是地面某点法线与垂线之间的夹角（汤国安 等，2005）。地表各种地形都是由不同的坡面组成，而地形的变化实际上是由坡面的变化导致的，而坡面是由坡度来描述的。坡度是一个反映地形曲面倾斜程度的矢量，通常人们提到的坡度其实是坡度的标量值，以度数（°）表示，值在 0°～90° 的闭区间。基于陆地环境的地形通行分析研究中，坡度能够导致路线延长，坡度影响车辆的运行速度，进而对车辆的通行速度产生影响。

3. 坡向

坡向定义为坡面法线在水平面上的投影的方向（汤国安 等，2005）。坡向以度为单位按顺时针方向进行测量，角度介于 0°（正北）～360°（仍是正北，循环一周）。坡向的描述有定性和定量两种方式，定量是以东为 0° 顺时针递增，南为 90°、西为 180°、北为 270° 等，范围在 0°～359°59′59″。定性描述有 8 方向法，分为东、东南、南、西南、西、西北、北、东北。

4. 地势起伏度

地势起伏度，又称相对高差，是指在一定区域内高程最高点与最低点之间的高程差，衡量该区域内地形起伏程度（万晨，2017；高玄彧，2004）。该参数指标是以相对高程差和该区域地形起伏密度，综合反映地面起伏情况。相关研究表明，地势起伏度是表达地表形态特性的重要参数，并且是地貌类型划分的一个主要依据。根据地势起伏度这个地形特征因子的基本定义及相关研究统计分析得出，若统计单元尺度（即定义所指的某一确定区域的面积）发生变化，该区域内高程的差值范围也随之发生改变，进而影响整个研究区域内地势起伏度计算结果的有效性（蒋好忱 等，2014）。

2.1.2　地貌

地貌是自然地域综合体的主导要素，直接影响甚至决定着其他要素的空间分布特征，是最重要的地理要素之一（程维明 等，2022；汤国安，2014）。《地图学术语》（GB/T 16820—2009）中，地貌被定义为"地球表面起伏形态的总称"。地貌与人类的生产生活实践息息相关，在研究应用中，人们一般将地貌类型分为平原、山地、丘陵、盆地、高原。由于人们的认知水平与采用的方法手段不同，划分地貌类型的指标也不尽相同。准确划分各种地貌类型，对陆地环境通行分析的理论与方法研究具有较为重要的意义。

地貌形态空间特征描述，主要是基于面积、高程、深度、坡度、水平切割密度和规模指标因子进行地貌分类（刘晓煌 等，2018），详见表2.1。

表2.1　地貌分类特征表

序号	指标因子	地貌名称		具体指标
1	高程、深度/m	陆地地貌	低地貌	0~20
2			高地貌	>200
3		海洋地貌	浅海地貌	0~200
4			次深海地貌	200~3 000
5			深海地貌	3 000~6 000
6			超深海地貌	>6 000
7	垂直切割深度/m	平原		<50
8		丘陵		50~200
9		山地		>200
10	坡度/(°)	平坦平原		<0.5
11		波状平原		0.5~1
12		平原丘陵		1~4
13		丘陵		4~7
14		山地		7~24
15		高山		>24
16	水平切割密度/m	弱切割地貌		>1 000
17		中等切割地貌		500~1 000
18		显著切割地貌		100~500
19		强切割地貌		50~100
20		极强切割地貌		<50

按照地貌区划的方法、依据与原则，地学工作者对我国陆地基本地貌类型进行了系统划分，详见表2.2（李炳元 等，2013，2008）。

表2.2　我国陆地基本地貌类型

形态类型	类别	低海拔 <1 000 m	中海拔 1 000~2 000 m	高中海拔 2 000~4 000 m	高海拔 4 000~6 000 m	极高海拔 >6 000 m
平原	平原	低海拔平原	中海拔平原	高中海拔平原	高海拔平原	—
	台地	低海拔台地	中海拔台地	高中海拔台地	高海拔台地	
山地	丘陵（<200 m）	低海拔丘陵	中海拔丘陵	高中海拔丘陵	高海拔丘陵	
	小起伏山地（200~500 m）	小起伏山	小起伏中山	小起伏高中山	小起伏高山	—
	中起伏山地（500~1 000 m）	中起伏低山	中起伏中山	中起伏高中山	中起伏高山	中起伏极高山
	大起伏山地（1 000~2 500 m）	—	大起伏中山	大起伏高中山	大起伏高山	大起伏极高山
	极大起伏山地（>2 500 m）	—	—	极大起伏高中山	极大起伏高山	极大起伏极高山

2.1.3　地表覆盖

陆地环境通行不仅受地球表面各种高低起伏的地形地貌影响，还受到地球表面覆盖物（地表覆盖，land cover，LC）的影响，且不同的地表覆盖物特性对车辆通行分析的影响也不同。地表覆盖是自然营造物和人工建筑物所覆盖的地表诸多要素的综合体。地表覆盖包括地表所属的植被覆盖物（森林、草原、人工种植的耕作植被等）或非植被覆盖物（沙漠、水体、冰雪、建筑物等）的具体类型，具有特定的时间和空间特性，有些人工建造物还具有社会属性。地表覆盖类型由于其本身物理属性和特征不同，对车辆地面通行影响也不尽相同。在陆地环境通行分析中，有些地物作为障碍物须避开通行，避免横穿。例如，池塘对轮式车辆而言就是障碍物，完全无法通行；即使底质坚硬、具备车辆可通行性的河流地段，车辆通行的速度也会大大降低。但是，野外陆地环境下虽然没有人工修建的良好路网，在一些较为开阔的草地区域内，轮式车辆是完全可以通行的，甚至对车辆行进的速度影响不大。

在陆地环境通行分析中，陆地环境地表覆盖各要素对轮式或履带式车辆的通行影响情况不尽相同。根据陆地环境通行分析相关研究成果，地表覆盖主要分为 9 类，包括耕地、森林、草地、灌木地、湿地、水体、人造地表、裸地、冰川和永久积雪。

1. 耕地

耕地是指用于种植农作物的土地，由于地域不同，其形态分布与类型也不相同，进而导致其对车辆的通行产生不同的影响。

2. 森林

森林是指地表乔木覆盖且树冠盖度超过 30%（主要包括落叶阔叶林、常绿阔叶林、落叶针叶林、常绿针叶林、混交林），以及树冠盖度为 10%～30% 的疏林地。在森林地区，植物高大密集，车辆可通行性较差。车辆在森林的通行形式是在树木间隙中穿行，故影响可通行性的主要因素有株距（树木树干的间距）、胸径（树干距地面以上 1.3 m 处的直径）和郁闭度（乔木树冠垂直投影面积与森林面积之比）。在森林地区，直径 20～25 cm 的树木对坦克构成障碍，5 cm 以上直径的幼树可以阻止大部分的轮式车辆。

3. 草地

草地一般是被天然草本植被覆盖，且盖度大于 10% 的土地。草原地形平坦，略有起伏。温带草原夏季牧草繁茂，冬末春初草原枯黄，居民地稀少，水源不足。热带草原终年温暖，雨季草类生长繁茂，旱季草枯转为休眠。草原视界和射界开阔，但在荒草和灌木丛生的地带视线将受到一定影响。草原地区通行条件较好，各种车辆一般均可通行。

4. 灌木地

灌木地是指地表被灌木覆盖，且灌丛覆盖度大于 30% 的土地。灌木丛特点是植物群落呈丛生状态，以矮小耐旱灌木为主，植物高度小于 5 m（张萌，2020）。灌木按照枝叶形态可分为长枝灌木、短枝灌木、落叶灌木等；按照叶片特征可分为常绿灌木、季节性落叶灌木、半常绿灌木等；按生长环境可分为沙漠灌木、草原灌木、林缘灌木等；此外，灌丛还可分为有刺灌丛与无刺灌丛。陆地环境中，密集灌木丛（林）对车辆通行构成较大影响，轮式车辆一般不能通行，履带式车辆行动速度降低一半；在有刺密集灌木林中通行，装具很快会被划破，容易迷失方向。

5. 湿地

狭义的湿地是指地表过湿或经常积水，位于陆地和水域的交界带。湿地主要包括内陆沼泽、湖泊沼泽、河流洪泛湿地、森林/灌木湿地、泥炭沼泽、红树林、盐沼等。湿地环境下，无论是轮式车辆还是履带式车辆一般均难以通行。湿地中的沼泽地势低洼，渗透性差。沼泽土壤是年复一年植物残骸的堆积物，可生成泥炭。泥炭吸水量极高，干燥后体积收缩率极大，饱和时不易排水，不能作为天然地基，无论是轮式车辆还是履带式车辆，其通行都会受到严重影响，甚至成为障碍。但是在干旱或冰冻期间，其障碍作用可减轻。

6. 水体

陆地环境范围液态水覆盖的区域，主要是指河流、湖泊、水库、池塘等。水体作为陆地环境的重要组成因素，水体的类型及本身特性对不同类型的车辆通行会产生不同程度的阻碍作用。车辆在水体区域是否可通行取决于车辆的涉水能力，越野车辆的涉水深度通常在 1.2 m 左右，因此湖泊、水库均被视为不可通行，线状河流深度若小于车辆的最大涉水深度，则被视为可通行（李天琪，2021）。部分车辆装备在线状河流或湖塘可以通行，其通行条件一般受宽度、深度、流速和底质因子影响。

7. 人造地表

人造地表主要包括居民用地、交通设施用地、工矿企业用地、文化教育用地等由人工建造活动形成的地表，但不包括建设用地内部连片绿地和水体。其中，居民地是人们日常生活的载体，但在实际的车辆通行分析中，车辆一般都是在街区道路上通行，不能随意横穿。车辆在街区道路上的通行情况，主要受道路路基、铺面材料、道路宽度等条件制约；而非道路地表，为不可通行区域。陆地交通是指路网结构中的各种道路、桥梁、涵洞、隧道等，其通行条件与这些地物本身的结构和特性相关，如桥梁长度、宽度、载重吨数、铺面材料等。

8. 裸地

裸地是指植被覆盖度低于10%的自然覆盖土地，包括沙漠、戈壁、盐碱地等。沙漠是一种独特的地貌形态，是地表干燥气候的产物，该地区一般年平均降雨量小于250 mm，植被稀疏，地表径流少，风力作用明显。戈壁是一种地面由粗砂、砾石覆盖的荒漠地形，偶有耐旱的植物生长。沙漠主要是被松散的砂粒覆盖，戈壁主要是被碎砾石覆盖（张为华 等，2013）。沙漠地区地面松软，流沙多，车辆通行难；戈壁地区多砾石，地表平坦且坚硬，便于通行。

9. 冰川和永久积雪

冰川和永久积雪是水作为固态存在的一种表现形态，是雪经过一系列变化形成的。

冰川和永久积雪表面光滑，质地坚硬，车辆在其上运动非常容易打滑，并且转向时易横滑，比较难以操控。转向时，车辆出现明显横滑和甩尾造成的打转现象，转向半径、运动方向和运动轨迹严重失控。车辆在其表面上的制动距离明显增大，制动距离与车速、轮胎（或履带）的防滑情况等有关，一般情况下比正常制动距离增大约 2 倍。

2.2　地　质　要　素

除地理要素基本条件外，各种地质要素及其属性特征和土壤载重能力等也都对车辆通行产生影响。地质要素是陆地环境要素中的一个重要部分。刘晓煌等（2018）研究认为，松散堆积物对陆地环境下野战机动通行的影响效果显著。土体和岩体是影响陆地环境通行分析中两个关键的地质要素，不同类型的土体和岩体承载力具有明显的差异。

2.2.1　土体

土体是指在陆地环境地表形成的各种未黏结或弱黏结的固体颗粒集合体，是具有一定规模和工程地质特征的土层和（或）土层综合体，是覆盖于地球表面基岩上一定厚度的物质，是车辆在陆地环境通行的直接载体（路彦明 等，2019；孔思丽，2001）。土体作为陆地环境通行分析中地质要素的一个关键要素，主要受其物理性质影响，如黏性土可塑性、颗粒组成和砂土的密实度、透水性、击实性、承载比及含水量、相对密度、质量密度、重度、干密度、孔隙比、孔隙率、饱和度等。

参照相关国家标准，结合地质应用需求及易于野外鉴别，对地质要素土体进行分类，按颗粒级配和塑性指数分为岩块、砾石、砂土（砂）、粉土（粉砂）、黏土和特殊土 6 个小类，根据物理力学性质及工程地质特性，可进一步划分为 20 个子类。

1. 岩块

岩块通常是指地表或地下粒径大于 256 mm 的大石块，颗粒质量超过总质量 50%的土体（沉积物），常存在于砂卵石地层或其他土层中，其空间分布具有较大的随机性，大粒径孤石块（漂石）粒径大、分布随机性较强，石块强度高、不易破碎。岩块基本特性如下。

1）岩块的物理性质

岩块主要包括颗粒级配、颗粒形状、颗粒排列、母岩成分、风化程度、充填物性质和充填程度、密实性等物理性质。

2）岩块分类

岩块根据颗粒形状可分为漂石和块石，漂石以圆形和亚圆形为主，块石以棱角形为主。

3）岩块颗粒排列

岩块颗粒排列包括颗粒形状、排列形式、排列密度和接触方式 4 种。

4）岩块母岩成分类型

岩块母岩成分类型为3种：①以玄武岩、花岗岩、流纹岩、辉绿岩等为代表的岩浆岩；②以泥岩、砂岩、页岩、灰岩、砾岩等为代表的沉积岩；③以千枚岩、板岩、片麻岩等为代表的变质岩。

5）岩块风化程度类型

岩块风化程度类型有5种：①未风化，岩质新鲜，偶见风化痕迹；②微风化，结构基本未变，仅节理面有渲染或略有变色，有少量风化裂隙，用手锤不易击碎；③中等风化，结构部分破坏，沿节理有次生矿物，风化裂隙发育，岩体被切割成岩块，用镐难挖，用手锤易击碎，岩心钻方可钻进；④强风化，结构大部分破坏，矿物成分显著变化，风化裂隙很发育，岩体破碎，用镐可挖，手可折断，干钻不易钻进；⑤残积土，组织结构全部破坏，已风化成土状，锹、镐易挖掘，干钻易钻进，具可塑性，充填物一般主要为黏性土、粉土、砂土等。

6）岩块的密实性

岩块的密实性依据骨架颗粒含量和排列、可挖性、可钻性指标分为松散、中密、密实三类。①松散：骨架颗粒质量分数小于60%，排列混乱，大部分不接触；锹可以挖掘，井壁易坍塌，从井壁取出大颗粒后立即塌落；钻进较容易，钻杆稍有跳动，孔壁易坍塌。②中密：骨架颗粒质量分数为60%～70%，呈交错排列，大部分接触；锹、镐可挖掘，井壁有掉块现象，从井壁取出大颗粒处能保持凹面形；钻进较困难，钻杆、吊锤跳动不剧烈，孔壁有坍塌现象。③密实：骨架颗粒质量分数大于70%，呈交错排列，连续接触；锹、镐挖掘困难，用撬棍方能松动，井壁较稳定；钻进困难，钻杆、吊锤跳动剧烈，孔壁较稳定。

7）岩块的承载力

岩块的承载力较大，主要与状态、母岩的风化程度和硬度有关。①中密-密实、中微风化硬质岩组成的岩块承载力基本容许值为900 kPa；②中密-密实、强风化较软质岩组成的岩块承载力基本容许值为550 kPa；③中密-密实、全风化软质岩组成的岩块承载力基本容许值为450 kPa。

在陆地环境通行中，岩块因颗粒较大，黏着力小，内摩擦角较大，压缩模量较大，地面承载力中等，甚至成为障碍物，不利于通行。

2. 砾石

砾石是指粒径2～256 mm的颗粒质量分数超过50%的土体（沉积物）。为了更加深入地研究，地质学者根据粒径大小，将砾石进一步划分为粗砾、中砾、细砾三个子类。其中：粗砾是指粒径64～256 mm、颗粒质量分数超过50%的砾石；中砾是指粒径8～64 mm、颗粒质量分数超过50%的砾石；细砾是指粒径2～8 mm、颗粒质量分数超过50%的砾石。

砾石的特性主要表现在其工程特性，如不均匀性、渗透性、抗剪强度、密实度、沉降变形性及容许承载力等方面。

1）砾石的不均匀性

由于砾石的粒径范围广、成因多样，砾石的块体及层厚的不均匀性极强，主要体现在块体大小不一和土层厚度不均匀，相关解释详见陈继彬（2017）。

2）砾石的强渗透性

填充物的性质、颗粒级配、密度不同，对砾石层的渗透性影响很大（陈继彬，2017）。充填的是砂质时，形成砂卵石，一般可形成紊流，甚至可以形成地下径流，可作为良好的排水渠道，用来处理湿陷黄土地基等；充填的是泥质（黏性土）时，透水性不太好，可能形成符合达西定律的层流，充填密实（或半胶结状态）的土层甚至可以成为弱隔水层。由于砾石层具有易坍塌性，在钻探成孔过程中必须使用泥浆护壁钻进，卵石个体本身的坚硬性使充填在砾石孔隙之间的充填物很容易因扰动破碎，进而被泥浆及循环水冲走，无法弄清充填物的岩性，泥质充填和砂质充填很容易混淆，再加上护壁泥浆易封死含水层，一般难以查清其渗透性及含水状况。

3）砾石的高抗剪强度

由于砾石的特殊性，在对所有的土层考察中，对砾石层的考察可算是最模糊的，与一般粗粒土及细粒土形成的土相比，测定各种物理力学指标较困难，经常以连续（重型）动力触探试验来考察其力学指标或推测地层岩性。

4）砾石的高密实度及低沉降变形性

由于本身的组成特征，砾石可以达到很高的密实度。天然形成的砾石由于不同粒径的充填物充分沉积填充后，在漫长的地质年代中受到上部覆盖层的压力或构造地应力等因素的作用，可以达到很高的密实度。一般地质年代越久，形成的卵石层密实度及承载力越大；第四纪晚更新世及更晚形成的砾石层的上述指标一般较低，但相对于粗粒组及细粒组的土层，密实度及承载力还是较高的；有一定厚度的密实性土层，受附加应力作用时产生的沉降变形较小，是高层及重型建筑或对变形沉降有特殊要求的建筑物的优良地基。

5）砾石的容许承载力

砾石的容许承载力与土体类型和密实度有关，不同砾石的容许承载力见表2.3。

表 2.3　砾石的容许承载力　　　　　（单位：kPa）

类型	密实程度			
	密实	中密	（稍密）	松散
卵石	1 200～1 000	1 000～600（1 000～650）	（650～500）	500～300
碎石	1 000～800	800～500（800～550）	（550～400）	400～200
圆砾	800～600（850～600）	600～400	（400～300）	300～200
角砾	700～500	500～300（500～400）	（400～300）	300～200

注：据《工程地质手册》（第四版）中表4-5-12修编。①由硬质岩组成，填充砂土者取高值，由软质岩组成，填充黏土者取低值；②半胶结的碎石土，可按密实的同类土的承载力[σ]值提高10%～30%；③松散的碎石土在天然河床中很少遇见，需要特别注意鉴定

在陆地环境中，粗砾、中砾、细砾粒度较大，黏着力小，内摩擦角较大，地面承载力大，变形模量较大。粗砾比较适合履带式车辆通行，不适合轮式车辆通行。中砾和细砾既适合履带式车辆通行，也适合轮式车辆通行。

3. 砂土（砂）

砂土（砂）一般分为陆域砂土和海域砂。陆域砂土是指粒径 0.25～2 mm、颗粒质量分数超过 50% 的土体；海域砂指海域中粒径 0.063～0.25 mm、颗粒质量分数超过 85% 的沉积物。根据粒径可将陆域砂土进一步划分为粗砂、中砂、细砂三个子类。粗砂是指粒径 0.5～2 mm、颗粒质量分数超过 50% 的砂土，中砂是指粒径 0.25～0.5 mm、颗粒质量分数超过 50% 的砂土，细砂是指粒径 0.063～0.25 mm、颗粒质量分数超过 85% 的砂土。砂土（砂）的基本特性主要包括如下几个方面。

1）砂土（砂）物理力学性质及指标

砂土（砂）具有孔隙大、透水性强、压缩性低、内摩擦角大、抗剪强度较高等特点（表 2.4），这些性质都与砂粒大小和密度有关，砂粒越大，透水性越强、压缩性越低、强度越低，压缩过程越慢。

表 2.4 砂土（砂）、粉土（粉砂）平均物理力学性质指标

类型	密度 ρ /(g/cm³)	天然含水量 ω/%	孔隙比 e	黏着力 c/kPa 标准值	黏着力 c/kPa 计算值	内摩擦角 ϕ/(°)	变形模量 E_s/MPa
粗砂	1.9～2.05	15～25	0.4～0.7	0～2	0	38～42	33～46
中砂	1.9～2.05	15～25	0.4～0.7	1～3	0	35～40	33～46
细砂	1.9～2.05	15～25	0.4～0.7	2～6	0	32～38	24～37
粉土	1.9～2.05	15～25	0.5～0.8	4～8	2～5	28～36	10～14

注：①粗砂和中砂的 E_s 值适用于土粒不均匀系数 $C_u=3$ 时，当 $C_u>5$ 时应该按表中所列值减少 2/3，C_u 为中间值时，E_s 按内插法确定；②用于地基稳定计算时，采用内摩擦角的计算值小于标准值 2°。

2）砂土的容许承载力

砂土的容许承载力与土体类型、湿度、密实度有关，不同类型砂土的容许承载力见表 2.5。

表 2.5 砂土的容许承载力[σ]改化参考表 （单位：kPa）

类型	湿度	密实 $D_r \geqslant 0.67$	中密 $0.67>D_r \geqslant 0.33$	（稍密）	松散 $D_r<0.33$
砾砂	与湿度无关	550	400（430）	（370）	200
中砂	与湿度无关	450	350（370）	（330）	150
细砂	水上	350	250（270）	（230）	100
细砂	水下	300	200（210）	（190）	—
粉砂	水上	300	200（210）	（190）	—
粉砂	水下	200	100（110）	（90）	—

注：据《工程地质手册（第四版）》中表 4-5-13 修编。D_r 为砂土相对密度；砂土密实度也可按实测标准贯入击数 N 划分，密实为 30～50，中密为 10～29，松散为 5～9

砂土对重型车辆装备在无硬化路面和越野条件下的通行有影响，特别是无道路越野地面通行状况、山区道路危险地段边坡稳定性的预测等情况。因此，陆地环境通行研究必须建立在对砂土（砂）各项性能参数定量分析的基础上，并充分考虑自然环境、气候条件和季节变化的影响。土质影响越野环境下车辆通行状况，具体表现在：对于砂质土质，轮式车辆基本不能通行，在较硬的平沙上，虽然能勉强行驶，但速度近于徒步，且随时有陷车可能，且耗油量为硬土质的 2～3 倍；履带式车辆虽可通行，但时速只能达到 9～12 km，爬坡能力为 15°～18°，耗油量（全车重 16～45 t）增加近一倍，沙尘大，车辆故障多。对于砂砾土质，如戈壁，轮式车辆在硬戈壁行驶时速可达 10～15 km，在软戈壁行驶时速只有 5～7 km，油料消耗增加近 30%；履带式车辆在戈壁通行时速可达 25 km，机件易磨损（张为华 等，2013）。

4. 粉土（粉砂）

粉土包含陆域的粉土和海域的粉砂。粉土是指粒径为 0.004～0.063 mm、颗粒质量分数超过 50%且塑性指数等于或小于 10 的土体。粉砂是粒径为 0.0625～0.0039 mm 的矿物或岩石碎粒，粒度介于砂和黏土颗粒之间，由暴露在地表的各种岩石经风化破碎而成。粉砂的成分与砂相似，但岩屑含量减少。粉砂分布于海滨、河流及湖泊沉积物中，其黏性差，具有透水性。粉土（粉砂）特性如下。

1）粉土（粉砂）物理特性

①粉土具有孔隙比砂土小、透水性较强、压缩性比砂土低、内摩擦角比砂土小、抗剪强度较高等特点。②粉土与黏土、砂土不同，其主要成分为粉粒，此外含有少量的粗粒和黏粒。土中水多为自由水，极易振动液化失水、承载力低。

2）粉土类型

粉土按成因可以分为风成粉土、水成粉土、残积粉土。

（1）风成粉土

风力携带、沉积作用形成的含有较大孔隙的土一般称为黄土；由于残坡积作用和重力堆积作用，广泛分布于丘岗、坡麓、河流阶地上的土，也具有大孔结构和湿陷性，其物理性质、工程性质与黄土相似，称为次生黄土；黄土、次生黄土中粉粒占优，砂粒和黏粒含量较少，多表现为粉土、粉质黏土、含砂粉质黏土（刘福臣，1999）。

黄土是黏土的一种，一般分布于北方干旱和半干旱地区，具有透水性、多孔隙、遇水膨胀、干燥后又收缩、多次反复胀缩容易形成裂缝及剥落的特性。黄土受水冲刷和地下水活动的影响易滑塌。黄土构筑的道路，一般只能在干燥的季节通行，在春季泥泞或多雨时节很难通行。

（2）水成粉土

水成粉土是指土粒在水力作用下，经搬运、沉积而形成的满足规范要求的土。根据其搬运距离、沉积环境、沉积位置不同，可以分为山区粉土、平原粉土。

在水力作用下，土粒搬运距离短，一般分布于丘岗、坡麓、冲洪积扇缘、阶地上，称为山区粉土。山区粉土一般含僵石结核和一定数量的粗粒组，埋藏较浅，一般位于地下水位以上，处于欠固结状态，工程性质与风成黄土相近。

水成粉土广泛分布于冲洪积平原、河流三角洲、沿海平原，称为平原粉土。该类粉土经长途搬运磨圆，粒度成分单一，粉粒占绝对优势，几乎没有大于 0.075 mm 的粗粒组；小于 0.005 mm 的黏粒组较少，颗粒级配曲线较陡，不均匀系数（C_u）值很小。由于平原地区地下水位埋藏较浅，多为饱和粉土，具有三种性质：①现场标准贯入击数较低，承载力低；②极易振动液化失水；③土层压缩沉降量大，压缩固结稳定较快。

（3）残积粉土

在水力作用下，残积粉土土粒搬运距离短，一般分布于丘、坡麓、冲洪积扇缘、阶地上。这类土一般含石结核和一定数量的粗粒组，埋藏较浅，一般位于地下水位以上，属次固结状态，工程性质与风成黄土相近。

3）粉土的力学性质

粉土粒径一般为 0.004～0.063 mm，多由质量分数≥60%的石英、长石、云母组成，表面活动性弱，但有一定的结构性。试验证明：非饱和状态的粉土毛细现象活跃，毛细压力会使粉土产生假塑性，引起土的塑性指数增大。粉土中黏粒含量较少，在粒间只起联系作用。当粉土受到剪切时，会产生切变位移和变形，粉土颗粒会相对彼此移动和重排，使粉土发生形状改变，形成破坏带。

粉土的承载力基本值与孔隙比、含水量有关，不同孔隙比（e）和含水量（ω，单位为%）粉土的承载力基本值见表 2.6。

表 2.6　粉土的承载力基本值　　　　　　　　　　（单位：kPa）

孔隙比	含水量/%						
	10	15	20	25	30	35	40
0.5	410	390	365				
0.6	310	300	280	270			
0.7	250	240	225	215	205		
0.8	200	190	180	170	165		
0.9	160	150	145	140	130	125	
1.0	130	125	120	115	110	105	100

注：据《工程地质手册（第四版）》修编

在陆地环境通行中，在粉土上，轮式车辆基本不能通行；在含水量小、较硬的粉土上，即使能勉强行驶，通行速度也较慢，且随时有陷车的可能。履带式车辆虽可通行，但附着力低，速度慢，同时扬尘大，车辆故障多。

5. 黏土

黏土是指粒径为 0.001～0.004 mm、颗粒质量分数超过 50%、黏粒质量分数大于 3%、砾粒质量分数小于 10%、塑性指数大于 10 的具有黏性的沉积物。黏土是含沙粒很少、有黏性的土壤，水分不容易从中通过，具有较好的可塑性。黏土一般由硅铝酸盐矿物在地球表面风化后形成，但是有些成岩作用也会产生黏土。这些过程中黏土的出现可以作为成岩作用的指示。黏土是一种重要的矿物原料，由多种水合硅酸盐和定量的氧化铝、碱金属氧化物和碱土金属氧化物组成，并含有石英、长石、云母及硫酸盐、硫化物、碳酸盐等杂质。

黏土的承载力基本值与孔隙比、液性指数（I_L）有关，不同孔隙比和液性指数黏土的承载力基本值见表 2.7。

表 2.7　黏土的承载力基本值 （单位：kPa）

孔隙比	液性指数				
	0.25	0.5	0.75	1.00	1.20
0.6	280	250	220	200	
0.7	240	220	200	185	160
0.8	210	190	170	160	135
0.9	190	170	155	130	110
1.0	170	155	140	110	
1.1	150	140	120	100	
1.2	135	120	110	90	

注：据《工程地质手册（第四版）》修编

黏土有孔隙小、膨胀和收缩量大、透水性弱或不透水、压缩性中等或高、压缩过程慢、内摩擦角小等特点，干性（含水量较少）黏土适合履带式和轮式车辆通行，含水量较大的黏土不适合履带式和轮式车辆通行，容易造成陷车。此外，雨天黏土吸水快、干燥慢，形成较长时间的泥泞，也严重影响车辆机动性。

6. 淤泥

淤泥是指孔隙比大于 1.5 的淤泥类土，是在静水或缓慢的流水环境中沉积，并经生物化学作用形成，含较多有机物的疏松软弱黏性土。

淤泥质软土主要特性表现为：孔隙比大，天然含水量高（接近液限）；黏粒含量高，塑性指数大，灵敏度高，触变、蠕变和流变性高；压缩性高，透水性差，抗压强度低，其承载力一般小于 100 kPa，被视为软弱地基土。

淤泥和淤泥质土的承载力基本值（f_0）与原状土的天然含水量（ω）有关，不同天然含水量淤泥和淤泥质土的承载力基本值见表 2.8。

表 2.8　淤泥和淤泥质土的承载力基本值

$\omega/\%$	f_0/kPa	$\omega/\%$	f_0/kPa
36	100	55	60
40	90	65	50
45	80	70	40
50	70		

注：据《工程地质手册（第四版）》修编

淤泥承载力极低，连续振动就翻浆下陷，水位涨落或遭到流水冲刷，可能会使流水中的悬移物质淤积到道路表面，从而使车辆无法通行。

7. 多年冻土

多年冻土是指含有冰且与土颗粒呈胶结状态，冻结延续时间在 3 年或 3 年以上的土。冻土是一种对温度极为敏感的土体介质，含有丰富的地下水。因此，冻土具有流变性，其长期强度远低于瞬时强度。在多年冻土地区每年冬季冻结、夏季融化的地表（浅层土体）称为季节性融化层。冻土内的冰室是其不可缺少的成分，它的数量、分凝特点及其与土颗粒之间的胶结程度影响土体的冻胀性及冻土的物理力学性质。由于冰具有明显的非均质特性，它的黏塑变形主要发生在与晶体长轴相垂直的方向上。在天然状态下，由于热力条件（温度、压力等）发生变化，冰的各种特征（包括构造特点、流变性等）也会发生相应的变化。冰与土颗粒之间的胶结程度及其性质是评价冻土性质的重要因素，尤其是当冻土被用作各种建筑物的地基或材料时，冻土的含冰量及其所处的物理状态就显得更为重要。因此，要特别重视冻土的组成对冻土的热学、物理、力学性质的影响，以及冻土中冰和未冻水随土体温度变化而引起的冻土性质变化。

1）冻土分类

如果土层每年散热比吸热多，冻结深度大于融化深度，多年冻土逐渐变厚，称为发展的多年冻土，处于相对稳定状态；如果土层每年吸热比散热多，地温逐年升高，多年冻土逐渐融化变薄以至消失，处于不稳定状态，称为退化的多年冻土。

如果多年冻土在水平方向上的分布是大片的、连续的、无融区存在的，称为整体多年冻土；如果多年冻土在水平方向上的分布是分离的、中间被融区间隔的，称为非整体多年冻土。

根据冻土的地理分布、成土过程的差异和诊断特征，冻土可分为冰沼土和冻漠土两个土类。

2）冻土分布

我国冻土带主要分布在 30°N 以北的广大地区，30°N 以南几乎不见冻土。西部川陕地区由于山脉地形屏障，33°N 以南未出现过冻土现象。我国多年冻土又可分为高纬度多年冻土和高海拔多年冻土，前者分布在东北地区，后者分布在西部高山高原及东部一些较高山地（如大兴安岭南端的黄岗梁山地、长白山、五台山、太白山）。

3）冻土成土条件

冻土成土主要受气候、植被、地形、母质等因素影响，详见朱鹤健等（1992）。

4）冻土成土过程

冻土形成以物理风化为主，而且进行得很缓慢，只有冻融交替时稍为显著，生物、化学风化作用也非常微弱，元素迁移不明显，黏粒含量少，普遍存在粗骨性，具体过程详见朱鹤健等（1992）。

5）冻土地貌

地表层在不同状况下，具有不同的小气候、地形、地质和水分条件，在反复交替的冻融过程中，表现出不同的冰缘作用营力，具体冻土地貌特征详见周志东等（2015）。

多年冻土层的不均匀性使其冻胀也往往不均匀，引起冻胀表面凹凸不平，严重时高低差可达几十厘米，路面崎岖难行。更严重的则是冻胀后的冻土融化，使冰层成为空层，可使地基大量向下沉陷甚至塌陷，铁路、公路、路基将发生翻浆冒泥，影响行车安全。

8. 湿陷性土

湿陷性土是指粒径为 0.005～0.05 mm、颗粒质量分数超过 50%，质地均一，含碳酸盐，大孔隙发育，孔隙度高，在自重和外部荷载作用下被水浸湿后结构迅速破坏而发生显著下沉，湿陷系数大于或等于 0.015 的褐黄色黏土。

湿陷性土主要指湿陷性黄土，在一定压力作用下，被水浸湿后，土的结构易被破坏并发生显著的湿陷变形。研究表明，黄土的湿陷性主要特征是天然状态下的黄土质地坚硬，压缩性小，强度和承载力均较高，但有些黄土层中含有大量肉眼可见的大孔隙和竖向管道，一旦浸水后，土粒之间的大量可溶性盐类被水溶解或软化，使土粒间原有连接遭到破坏，土体突然产生明显的变形（张照成 等，2010）。在雨季，暂时性流水强烈地破坏着地表，当地面植被稀少时，地面被流水切割得支离破碎、千沟万壑，形成"塬、梁、峁"等典型特征的黄土地形。

黄土地区由于沟堑纵横、沟深坡陡、丘陵梯田多，严重影响车辆快速通行。主要道路常在河谷、干沟里，乡村路一般在梁上盘绕。因为沟谷边坡陡峭，越沟的道路较少。对黄土塬地形而言，村庄与道路一般在塬上，车辆在塬上机动较方便。冬春两季刮风期间，黄土飞扬，通视不良。雨天道路泥泞，难以通行。加上黄土沟谷的边坡易产生滑坡，影响道路的行车安全。

9. 膨胀土

膨胀土是指黏粒成分主要由亲水矿物组成，同时具有吸水后显著膨胀、失水后显著收缩特性的高液限黏土，其自由膨胀率大于或等于 40%，根据其膨胀率大致可分为强、中、弱三级。强膨胀土呈灰白色、灰绿色，黏土细腻，滑感特强，网状裂隙极发育，有蜡面，易风化呈细状、鳞片状；中等膨胀土以棕色、红色、灰色为主，黏土中含少量粉砂，含钙质结核；弱膨胀土以黄褐色为主，黏土中含较多粉砂，有滑感，裂隙发育，易风化呈碎粒状，含较多钙质或铁锰结核。

膨胀土的主要黏土矿物成分为蒙脱石、伊利石时，为一种高塑性黏土，一般承载力较高，具有吸水膨胀、失水收缩和反复胀缩变形、浸水承载力衰减、干缩裂隙发育等特性，性质极不稳定。

膨胀土不易被压实，路基填筑后受湿胀干缩的作用，在自重和车辆荷载作用下，路基易产生不均匀沉降，导致路面的平整度下降，甚至可使路面变形破坏。由于路幅内含水量的变化不均匀，土体不均匀胀缩，易产生大幅度的横向波浪变形；边坡部分的土体如压实不够，特别是高填方，在未对边坡进行防水或者水防护失效时，土体具有高胀缩性，遇水膨胀，从而容易造成边坡的滑坡和坍塌破坏（马奎保 等，2005）。

10. 稻田土

稻田土是指在长期水耕熟化条件下形成的土壤。通常，稻田土分布区江河、沟壑纵横交错，湖泊、池塘密布，它们共同构成水网稻田。冬春季稻田土相对干燥，地下水位较低，承载力较大；夏秋季稻田土饱水泥泞、地下水位较高，承载力较小。

稻田土含水量较大或有水稻等植物生长时，积水泥泞，地表承载力小，妨碍车辆通行，履带式车辆在稻田中运动下陷可达 20～40 cm，履带容易打滑，易使发动机负荷过大而损坏机件，机动速度一般为 6～10 km/h，轮式车辆不能通行。

2.2.2 岩体

岩体是在地质运动历史过程中形成的，由岩石和结构面组成、具有一定的结构并赋存于一定的天然应力状态和地下水等地质环境中的地质体（路彦明 等，2019）。岩石是矿物的集合体，是自然地质作用的产物，也是地壳的基本组成物质，大量出露于地表，构成山川峡谷，是人类工程活动的基本载体和环境。岩体作为地壳的表层部分，是人类赖以生存和活动的场所，也是陆地环境通行分析理论与方法研究的基础要素。

在陆地环境通行分析中，考虑岩体特性对通行车辆的具体情况显得十分重要。本小节按照岩石成因将岩石分为沉积岩、岩浆岩和变质岩三种，重点关注不同岩体对车辆通行状况的影响。

1. 沉积岩

沉积岩是地表及地表以下不太深的地方形成的地质体，由风化作用、生物作用和火山作用等形成的产物经介质的搬运、沉积作用所形成的松散堆积物，在常温常压下经压实、胶结作用而形成的一种层状岩石。沉积岩的组成物质来源于先期形成的各种原岩碎屑、造岩矿物及溶解物质，主要由碎屑物质、黏土矿物、化学沉积物质和有机物质等组成。沉积岩的结构是指岩石组成部分的颗粒大小、形状及胶结特性。常见的结构有碎屑结构、泥质结构、晶粒结构和生物结构。

在陆地环境通行分析中，沉积岩中的碎屑岩质硬而坚固，具有较高的抗压强度和完整程度，对越野通行影响较小。当岩石磨圆度较好，呈圆状、椭圆状，硅质、钙质胶结时，其越野通行条件较好；当岩石磨圆度较差，呈次棱角状、棱角状，泥质胶结时，其越野通行条件较差。通常，砾岩、砂岩、粉砂岩都具有较高的抗压强度，能满足重型履带式和轮式车辆通行承载力需要。沉积岩中的黏土岩具有低抗压强度，仅能满足轻型履带式和轮式车辆越野通行承载力需要。碳酸盐岩抗压强度一般为 40～80 MPa，新鲜、无溶洞的碳酸岩的抗压强度在正常情况下能满足两栖坦克和轮式车辆通行。碳酸盐岩形成的风化岩石比较坚硬、锋利，容易切割轮胎，不利于轮式车辆通行。

2. 岩浆岩

岩浆岩又称火成岩，是地下深处高温高压状态的岩浆，在地壳运动的过程中沿着地壳的薄弱带或深大断裂，向压力较小的地方移动，侵入地壳的不同部位，甚至喷出地表形成火山，同时由于温度和压力的降低，岩浆以不同的速度冷却凝固而形成的岩石。岩浆岩的化学成分较为复杂，组成地壳的各种化学元素在岩浆岩中均能找到，常以各种氧化物、硅酸盐和铝硅酸盐矿物的形式出现，其中尤以二氧化硅（SiO_2）的含量最大，因此岩浆岩是一种硅酸盐岩石。岩浆岩的结构指组成岩石的矿物的结晶程度、晶粒大小、形状及其相互结合的特征。岩浆岩的结构特征是岩浆成分和岩浆冷凝时物理环境的综合反映。岩浆岩的构造指矿物在岩石中的组合方式和空间分布情况，即岩石外表的整体特征，主要取决于岩浆冷凝时的环境。最常见的构造主要有块状构造、流纹状构造、气孔构造和杏仁状构造。常见的岩浆岩有花岗岩、闪长岩、辉长岩、流纹岩、安山岩、玄武岩、辉绿岩等。

岩浆岩质硬性脆，是良好的建筑石材。通常情况下，花岗岩、闪长岩、辉长岩等侵入岩致密坚硬，完整程度高，不软化，岩石基本质量等级高，岩石承载力大，适合车辆越野通行。

3. 变质岩

变质岩是由原来岩石（岩浆岩、沉积岩和变质岩）在地壳中受到高温、高压及化学成分加入的影响，在固体状态下发生矿物成分及结构构造变化后形成的新岩石，不仅具有自身独特的特点，还常保留着原来岩石的某些特征。在变质因素的影响下，岩石在固体状态下改变其成分、结构和构造的作用，称为变质作用。变质岩含有矿物种类很多，一部分与原岩相同，如岩浆岩与沉积岩中的长石、石英、云母、方解石、黏土矿物等；另一部分则是在变质过程中产生的，只有在变质岩中才能出现的矿物，如绢云母、滑石、石墨、石榴子石、绿泥石、蛇纹石等。变质矿物是在特定环境下产生的，可作为鉴别变质岩的重要标志。变质岩的结构有变余结构、变晶结构和碎裂结构（或糜棱结构）等。变余结构又称残留结构，是由于原岩矿物成分重结晶作用不完全，变质岩仍残留有原岩的结构特征，如沉积岩中的砾状、砂状结构可变质成变余砾状、变余砂状结构等。变质岩的构造主要是片理构造和块状构造。片理构造是变质岩所特有的，比较典型的片理构造有板状构造、千枚状构造、片状构造和片麻状构造。此外，岩石主要由粒状矿物组成时，则呈致密块状构造，如大理岩和石英岩等。

变质岩中的板岩、千枚岩、片岩的原岩多数为泥质岩石，坚硬程度低，易风化破碎，遇水软化，承载力中等，较适宜越野通行。

2.3　自然灾害要素

在陆地环境通行分析中，地理与地质要素是基础，常被认为是静态要素；自然灾害是突然暴发，本书将其定义为动态要素。本书所述自然灾害主要是滑坡、崩塌、泥石流、裂隙、地面塌陷和山洪。

2.3.1　滑坡

滑坡是指斜坡上的岩土体受降雨、地下水活动、河流冲刷、地震及人工切坡等因素影响，在重力作用下沿着一定的软弱面或者软弱带，整体或者分散顺坡向下滑动的地质现象（简文彬 等，2015）。滑坡是一种较常见的地质灾害现象，滑坡产生的变位体或滑移体会掩埋公路、铁路等陆地交通设施，甚至摧毁桥梁，使交通中断，为车辆通行带来困难，甚至通行受阻。在陆地环境通行分析中，滑坡是应重点关注的自然灾害要素之一。

据央视新闻客户端报道，2019 年 10 月 4 日，国道 212 线 335 km + 500 m（宕昌县新城子乡大河坝桥口路段）发生山体滑坡，致使交通中断，多辆汽车滞留。相关力量及时救援，经过多日封闭施工后，才恢复通行。

1. 滑坡类型

根据滑坡体的物质组成和结构形式等主要因素，可以将滑坡简单地划分为土质滑坡和岩质滑坡。根据滑坡的动力学性质，可将滑坡划分为推移式滑坡和牵引式滑坡。推移式滑坡上部岩土层滑动，挤压下部产生变形，滑动速度较快，滑体表面波状起伏，多见于有堆积物分布的斜坡地段。牵引式滑坡下部先滑，使上部岩土体失去支撑而变形滑动，一般速度较慢，多具有上小下大的塔式外貌，横向张性裂隙发育，表面多呈阶梯状或陡坎状。

2. 滑坡规模划分

根据滑坡滑体体积，可将滑坡分为以下 5 种。
（1）小型滑坡，滑体体积小于 10×10^4 m^3。
（2）中型滑坡，滑体体积介于 $10 \times 10^4 \sim 100 \times 10^4$ m^3。
（3）大型滑坡，滑体体积介于 $100 \times 10^4 \sim 1\,000 \times 10^4$ m^3。
（4）特大型滑坡，滑体体积介于 $1\,000 \times 10^4 \sim 10\,000 \times 10^4$ m^3。
（5）巨型滑坡，滑体体积大于 $10\,000 \times 10^4$ m^3。

2.3.2 崩塌

崩塌是指岩土体在重力和其他外力作用下脱离母体，突然从陡峻斜坡上向下倾倒、崩落和翻滚，以及由此引起的斜坡变形现象。崩塌通常都是在岩土体剪应力值超过岩体的软弱结构面（节理面、层理面、片理面及岩浆岩侵入接触带等）的强度时产生的。其特点是发生急剧、突然，运动快速、猛烈，脱离母体的岩土体的运动不沿固定的面或带，其垂直位移显著大于水平位移（简文彬 等，2015）。

崩塌形成的倒石锥常常掩埋公路和铁路，使交通中断，给车辆通行造成很大影响。崩塌有时还会使河流堵塞形成堰塞湖，淹没上游的道路和桥梁等交通设施。在宽河谷中，崩塌能使河流改道及改变河流性质，造成急湍地段，给原来可通行地段带来不便，甚至造成不可通行，严重阻断车辆通行。据中国甘肃网报道，2021 年 7 月 25 日 14 时 40 分，陇南市文县区域内 G212 线 K565 + 300 处堡子坝镇关山梁山体崩塌导致交通阻断，塌方体积约为 5\,000 m^3。灾害发生后，文县公路段调集应急人员 30 人、装载机 3 台、挖掘机 2 台、自卸车 5 辆，及时进行紧急处置。由于此处山体持续滑坡，二次发生滑塌达

$3\,780\ \mathrm{m}^3$，导致抢险工作持续了近 7 h，于 25 日 21 时 30 分才恢复半幅通行。

1. 崩塌类型

根据崩塌的物质组成，可将崩塌划分为土质崩塌和岩质崩塌（岩崩）。

一般土质崩塌在残积土、黄土或黄土类土分布区较为常见，与岩崩相比，其规模和破坏损失一般比较小。岩质崩塌产生于岩体中，往往对车辆通行的影响比较大。

2. 崩塌规模

根据崩塌物的体积大小，可将崩塌划分为以下 4 类。

（1）小型崩塌：小于 $1\times10^4\ \mathrm{m}^3$。

（2）中型崩塌：介于 $1\times10^4\sim10\times10^4\ \mathrm{m}^3$。

（3）大型崩塌：介于 $10\times10^4\sim100\times10^4\ \mathrm{m}^3$。

（4）特大型崩塌：大于 $100\times10^4\ \mathrm{m}^3$。

2.3.3 泥石流

泥石流是发生在山区的一种携带有大量泥沙、石块的暂时性急水流，其固体物质的含量有时超过水量，是介于挟砂水流和滑坡之间的土石、水、气混合流或颗粒剪切流（路彦明 等，2019）。泥石流是暴雨、洪水将含有沙石且松软的土质山体经饱和稀释后形成的洪流，它的面积、体积和流量都较大，而滑坡是经稀释土质山体小面积的区域，典型的泥石流由悬浮着粗大固体碎屑物并富含粉砂及黏土的黏稠泥浆组成。在适当的地形条件下，大量的水体浸透流水山坡或沟床中的固体堆积物质，使其稳定性降低，饱含水分的固体堆积物质在自身重力作用下发生运动，就形成了泥石流。泥石流是一种灾害性的地质现象。此外，多种人为活动也在多方面加剧着上述因素的作用，促进泥石流的形成。通常泥石流暴发突然、来势凶猛，可携带巨大的石块。因为高速前进，泥石流具有强大的能量，所以破坏性极大。

1. 泥石流危害

泥石流常常具有暴发突然，来势凶猛、迅速之特点，并兼有崩塌、滑坡和洪水破坏的多重作用，其危害程度比单一的崩塌、滑坡和洪水的危害更为广泛和严重，危害具体表现在以下 4 个方面。

1）对居民点的危害

泥石流的主要危害是冲毁城镇、企事业单位、工厂、矿山、乡村，淹没人畜，造成人畜伤亡，破坏房屋及其他工程设施，毁坏土地，破坏农作物、林木及耕地，甚至造成村毁人亡的灾难。例如 1969 年 8 月云南省大盈江流域弄璋镇南拱泥石流，使新章金、老章金两村被毁，97 人丧生，经济损失近百万元。此外，2010 年 8 月 7~8 日，甘肃省舟曲暴发特大泥石流，冲毁房屋，造成 1 270 人遇难、474 人失踪，舟曲有长 5 km、宽 500 m 区域被夷为平地。

2）对交通的危害

泥石流可直接埋没车站、铁路、公路，摧毁路基、桥涵等设施，致使交通中断，还可引起正在运行的火车、汽车颠覆，造成重大的人身伤亡事故。有时泥石流汇入河道，引起河道大幅度变迁，间接毁坏公路、铁路及其构筑物，有时迫使道路改线，造成巨大的经济损失。据环球网报道，2022 年 6 月 19 日凌晨 1 时 23 分，G5 京昆高速泸黄段 K2214＋800 处成都往西昌方向（泸沽至漫水湾方向）受暴雨影响，大量泥沙（稀性泥石流）进入高速公路路面，路面中心现场泥石流厚度约为 20 cm，造成道路双向中断，现场约 100 m 车辆滞留。相关抢险救援力量及时赶往现场，有序组织撤离疏散，经过 10 多个小时的抢险救援，才恢复通行。新中国成立以来，泥石流给我国铁路和公路造成了无法估计的巨大损失。

3）对水利工程的危害

泥石流经常发生在峡谷地区和地震火山多发区，在暴雨期具有群发性，是山区最严重的自然灾害。泥石流有时也会淤塞河道，不但阻断航运，还可能引起水灾，主要冲毁水电站、引水渠道及过沟建筑物，淤埋水电站尾水渠，并淤积水库、磨蚀坝面等。

4）对矿山的危害

泥石流主要摧毁矿山及其设施，淤埋矿山坑道、伤害矿山人员、造成停工停产，甚至使矿山报废。

2. 泥石流活动强度

泥石流的活动强度主要与地形地貌、地质环境和水文气象条件三个方面的因素有关。影响泥石流强度的因素较多，如泥石流容量、流速、流量等，其中泥石流流量对泥石流成灾程度的影响最为主要。例如：崩塌、滑坡、岩堆群落地区，岩石破碎、风化程度深，则易成为泥石流固体物质的补给源；沟谷的长度较大、汇水面积大、纵向坡度较陡等因素为泥石流的流通提供了条件；水文气象因素直接提供水动力条件。往往大强度、短时间出现的暴雨容易形成泥石流，泥石流活动强度显然与暴雨的强度密切相关。

2.3.4 裂隙

裂隙为岩石中由于地质作用的影响而产生的裂缝。由地壳运动而产生的裂隙，称为构造裂隙；由风化作用而产生的裂隙，称为风化裂隙（属次生裂隙）；在岩浆岩冷凝过程中及沉积物固化成岩石的过程中产生的裂隙，称为成岩裂隙。根据一个地区发育的多组构造裂隙的力学性质、组合型式，可分析局部区域构造应力场。

裂隙是指岩石受力后断开并沿断裂面无显著位移的断裂构造，包括岩石节理在内，常将其与节理看成同义词。裂隙按其成因分为原生裂隙和次生裂隙两类。前者是在成岩过程中形成的，后者则是岩石成岩后遭受外力形成的。按力的来源又分为非构造裂隙和构造裂隙两类裂隙。前者由外力地质作用形成，如风化、滑坡、坍塌等裂隙，它们常局限于地表，规模不大且分布不规则。后者则由构造作用形成，分布极广而有规律，延伸较长且深，可切穿不同岩层。裂隙对工程建设影响较大，特别是对隧道及地下工程的稳定性影响更大。

1. 裂隙成因

裂隙按成因又可分为成岩裂隙、风化裂隙、构造裂隙，裂隙的性质及其发育规律与裂隙成因有密切关系。

1）成岩裂隙

成岩裂隙是岩石在成岩过程中受内部应力作用而产生的原生构造，沉积岩固结脱水、岩浆岩冷凝收缩等均产生成岩裂隙，沉积岩及深成岩浆岩的成岩裂隙多为闭合的，含水性和导水性微弱。

2）风化裂隙

地表岩石在温度变化和水、空气、生物等风化营力作用下形成风化裂隙，常在成岩裂隙、构造裂隙的基础上进一步发育，形成密集均匀、无明显方向性、连通良好的裂隙网络。风化营力决定着风化裂隙呈壳状包裹于地表，一般厚度为几米到几十米，未风化的母岩构成隔水底板，一般为潜水含水系统，局部可为承压水。

3）构造裂隙

构造裂隙是地壳运动过程中岩石在构造应力作用下产生的，是所有裂隙成因类型中最常见、分布范围最广、与各种水文工程地质问题关系最为密切的类型，为裂隙水研究的主要对象。构造裂隙水具有强烈的非均匀性、各向异性、随机性等。构造裂隙的张开宽度、延伸长度、密度及导水性等在很大程度上受岩石性质（如岩性、单层厚度、相邻岩石的组合等）的影响。

2. 裂隙研究意义

大量地下洞室、矿山、边坡及相关工程在进行开挖、支护等活动时，节理将会发生扩展演化，降低围岩的稳定性。为有效地限制裂隙岩体的渐进破坏，需要对多裂隙岩体三维裂纹扩展机理进行研究，并建立相应的分析方法，将成果应用于地下洞室、边坡等大型岩体工程的稳定性评价中，不仅具有突出的理论意义，而且具有重大的实用价值和社会效益。一方面，岩体的变形破坏过程实质就是裂隙在工程扰动条件下的萌生、扩展、相互作用和贯通的过程。另一方面，岩体中赋存的复杂裂隙形式改变了岩体受力状态，进一步影响了工程岩体的破坏形式及失稳过程。因此，开展岩体裂隙形式对强度特征及破坏模式影响规律和机制的研究有较强的实际意义（刘学伟 等，2015）。同时，研究多裂隙岩体的破裂机理和强度特性将对水电工程、地质及岩体工程稳定有十分重要的理论意义和实际工程应用价值。

3. 裂隙研究进展

岩体中裂隙分布看似杂乱无序、形式各异，实际存在一定规律。对于原生裂隙，沉积作用使裂隙一般表现为层状平行形式。对于构造裂隙，根据其力学形成机制可以划分为雁形和共轭交叉两种基本形式。

国内外学者对裂隙形式影响岩体力学行为的试验研究一般可分为两类。一类是有序裂隙试样的压缩破坏试验。Yang（2011）对红砂岩裂隙试样在单轴压缩条件下的扩展过程及裂隙倾角对强度和变形参数的影响规律进行了研究。苏海健等（2014）研究了单轴压缩条件下含纵向裂隙砂岩试样的强度、变形及破坏形态。赵延林等（2013）开展了单轴压缩下类岩石材料有序多裂纹体破断试验，研究了不同裂隙倾角和裂隙密度对峰值强度和贯通模式的影响。蒲成志等（2010）通过对预制多裂隙试样的单轴压缩试验，研究了裂隙分布密度对试件断裂破坏强度的影响。靳瑾等（2014）基于混凝土材料预制裂纹试件单轴压缩试验结果，研究了裂隙参数（裂隙倾角和岩桥倾角）对试件破坏模式和单轴抗压强度的影响规律。Wong 等（2001）基于含多条平行预置裂隙类岩石材料的单轴压缩试验，研究了多裂隙的萌生、扩展和贯通机制。陈新等（2011）研究了单轴压缩条件下节理倾角和连通率对岩体强度、变形特征的影响。蒋昱州等（2008）根据非贯通预制裂纹大理岩的单轴压缩试验结果，对裂纹间距、裂纹长度、裂纹数目、裂纹倾角等因素与试验岩样抗压强度之间的相互关系进行了分析研究。另一类是交叉裂隙试样的压缩破坏试验，研究和试验较少。刘东燕等（1991）基于石膏模型试验讨论了 X 型断续节理的压剪强度特性及破坏机制。刘欣宇等（2014）研究了交叉充填节理对类岩石强度特征和变形特性的影响。张波等（2012）系统地研究了主、次裂隙之间角度变化情况下对含交叉裂隙节理试样的破坏模式及力学性能的影响，并进一步基于有限元计算程序 Abaqus 对含交叉裂隙节理岩体试件进行了应力场及应力强度因子分析，研究了含交叉裂隙节理岩体试件的破坏机制。

2.3.5 地面塌陷

地面塌陷是指在外动力或人为因素作用下产生的突发地下洞室拱顶失稳，导致地面垂直方向上的变形破坏，其结果多形成圆锥形塌陷坑和塌陷沟。地面塌陷具有随机、突发的特点，有些防不胜防。地面塌陷主要会对铁路、公路、路基、桥涵等设施造成毁坏，致使交通中断，严重影响越野通行。

据中新网报道，2014 年 2 月 16 日下午 3 时许，北京市朝阳区甜水园街与水锥子中街交叉口附近路面突然塌陷，一个直径 6 m、深约 5 m 的"天坑"出现在甜水园街北向南路上，占据三条车道，致使该路段交通中断。

1. 地面塌陷类型

地下洞室可分为天然地下洞室和人为地下洞室两类。天然地下洞室主要有岩溶洞穴和土洞（黄土洞穴、红土洞穴、冻胀丘冰核融化形成的土洞）。人为地下洞室有人防工程、采矿坑道、地铁、地下商场、地下车库、停车场、隧洞、下水道、涵洞及窑洞等。根据地下洞室的类型，可将地面塌陷划分为岩溶区塌陷、采空区塌陷和土洞塌陷三类。

2. 地面塌陷规模

根据所影响的地面面积，地面塌陷的规模可进行如下划分。

（1）小型塌陷：面积小于 0.1 km²。

（2）中型塌陷：面积介于 0.1～1 km²。

（3）大型塌陷：面积介于 1～10 km²。

（4）巨型塌陷：面积大于 10 km²。

3. 地面塌陷诱发条件

地面塌陷实质上是岩、土体内洞穴的支撑力小于致塌力的结果，主要影响因素有人为因素和自然因素。人为因素包括抽取地下水、坑道排水、突水、地表水和大气降水渗入荷载及振动等。自然因素包括河流水位升降与地震等。常见的诱发条件有以下几种。

1）人工降低地下水位

该类塌陷主要是指矿坑、基坑疏干排水引起的塌陷和供水（抽水）引起的塌陷，其中以岩溶塌陷较为常见。岩溶洞穴的岩、土体位于地下水中，地下水产生对洞穴顶板的静水浮托力，当抽取地下水使之水位下降时，支撑洞顶岩、土体的浮托力随之减小。洞穴空腔与松散介质接触上下侧水、气流体，因地下暗管道内的水流发生变化而产生温差效应，因此出现了与抽取地下水同步发展的塌陷现象。

2）地表水、大气降水渗入

当地表水、大气降水渗入地下时，水在岩、土体内的孔隙中运动，产生了一种垂向渗透力，改变了岩、土体的力学性质。当渗透压力值达到一定强度时，岩、土体结构遭到破坏，随着水流产生流土或管涌运移，进而形成土洞，最后导致地面变形、塌陷。尤其是碳酸盐岩分布的岩溶地区，人为挖掘的场地、机场、道路等降雨渗入后产生塌陷较为突出。

3）河水涨落

岩溶裂隙、洞穴管道中的地下水与附近河水相通时，随着河水水位的升降，横向发育的岩溶裂隙、管道中的地下水位也升降，这种作用也可导致地面塌陷。

4）振动

振动可引起砂土液化、土体强度降低、抗塌力减弱，在振动产生的波动、冲击波的破坏作用下，隐伏洞穴可能塌陷。

5）荷载

在有隐伏洞穴部位上人为增载（建筑物荷载、人为堆积荷载等），当这些外部荷载超过洞穴拱顶的承受能力时，将引起洞穴直接受压破坏，致使地面塌陷。

6）矿山采空

地下采掘活动形成的采空区，其上方岩土体失去支撑，导致地面塌陷。这种由矿山开采引起地面塌陷的主要原因是人为活动。该类地面塌陷在许多矿区都有发生，并造成相当程度的危害，即损坏交通设施、水利设施、建筑物、道路、农田等，甚至引起山体滑坡和崩塌。

2.3.6 山洪

山洪是指山区溪沟中发生的暴涨洪水。山洪具有突发性，水量集中、流速大，冲刷破坏力强，水流中挟带泥沙甚至石块等，常造成局部性洪灾，一般分为暴雨山洪、融雪山洪、冰川山洪等。通过提高防洪标准、调整人类活动方式、增强山区群众防灾避灾意识，可以达到减少山洪灾害发生频率或减轻其危害的目的。

山洪是指发生在山区溪流中快速、强大的地表径流现象，特指发生在山区流域面积较小的溪沟或周期性流水的荒溪中，为历时较短、暴涨暴落的地表径流。当山洪暴发时，能量迅速累积，致使原有土体平衡破坏，土体和岩层裂隙中的压力水体冲破表面覆盖层，瞬间从山体中上部倾泻而下，引发泥石流。山洪可分为一般山洪、高含沙山洪、稀性泥石流和稠性泥石流。一般山洪流体的密度>1.1 t/m³，高含沙山洪的密度为1.1～1.3 t/m³，稀性泥石流的密度为1.3～1.8 t/m³，稠性泥石流的密度>1.8 t/m³。

山洪冲毁房屋、田地、道路和桥梁，常造成人身伤亡和财产损失。例如：1933年12月31日深夜美国洛杉矶地区暴雨引发山洪，冲毁房屋400栋，淹死40人，损失5 000万美元；1934年7月11日，在日本石川县下平取川的一次暴雨山洪中，一之濑村及赤岩村被淹没，50余人下落不明，福冈金泽市营第二发电所全部被冲走；1956年8月2～3日我国山西省平顺县东当村突降暴雨，在流域面积仅1 km²的狼郊沟内山洪暴发，造成沟崖坍塌，堵塞沟道，形成天然水库，随后挡水坝体突然溃决，村内43户92人和109间房屋被淹没。此外，山洪对交通设施也会产生严重影响。超标准的特大山洪灾害往往冲毁渠道、桥梁、涵闸等水利工程，有时甚至造成大坝、堤防溃决，造成更大的破坏。有时山洪还会对当地车辆的通行状况产生影响，在陆地环境通行分析中，要考虑山洪对通行路径选择的影响。

1. 山洪分类

不同类型灾害的形成过程各异，在治理过程中要分别采取相应措施。

1）高速滑坡型

在集中暴雨—边坡变形—滑动—高速运行—灾害形成的过程中，滑坡区域有较为明显的变形过程，在灾害发生前有预兆，滑坡体后缘有明显的裂缝，前缘有局部小型崩塌。可以通过勘测调查确定滑坡危险区域，在危险区域内严禁各种形式的人类活动。由于滑坡体在高速滑动中破碎形成泥石流，在滑坡体下游相当范围内应设定警戒区，超过临界雨量时采取紧急转移的措施。

2）崩塌流动型

从集中暴雨到边坡崩塌的过程较快，一般事前无预兆，按边坡稳定性计算也只能作出相对稳定与不稳定之分。在降雨过程中稳定性系数不断变化。一般可以确定崩塌土能够到达的最远距离，将该距离之内设定为危险区，严禁在该区域内建设永久建筑物。边坡崩塌后形成松散堆积物，暴雨过程中崩塌土流动化形成稠性泥石流，应将可能出现泥石流流动的区域划定为警戒区，当暴雨超过临界雨量时采取紧急转移的措施。

3）淤积漫溢型

松散堆积物在长历时降雨过程中向沟口大量输送，使沟口淤积严重。同时，坡面植被在乱砍滥伐中减少，坡面侵蚀模数较大，沟床淤积抬高。另外，人为侵占河道、行洪断面减小，一旦山洪到来，河床又来不及冲刷下切，山洪水位升高，漫溢造成山洪灾害。治理淤积漫溢型灾害，一是采取植被措施，减少坡面侵蚀；二是疏浚河道，清除障碍物；三是加高堤防，提高行洪标准。

4）冲刷崩岸型

长历时降雨会形成很大的径流，流量暴涨。由于卵石河床难以冲刷下切，洪峰水流淘刷两岸底部，产生崩岸，并不断拓宽，崩岸后退形成山洪灾害。治理冲刷溃决型灾害的最有效方法是在上游修建水库，拦截洪峰；其次是护岸或加固护村埝。

5）松散堆积物型

控制泥石流暴发的主要对策是减少流域内固体物质的积蓄，其根本措施是减少地表侵蚀。天然坡面的表面侵蚀，主要依靠还草还林、改变坡地耕作方式等措施来控制；来自沟床冲刷及陡坡崩塌等的侵蚀，需要采取各种形式的工程措施加以控制。在沟道中修建拦沙坝，只能使局部地形坡度减缓，一个坝所能控制的距离很短，常需要在沟道上修建多个淤地坝。对开发建设等人类活动产生的松散堆积物，通过建拦沙坝拦截起来，或者限制人类私自开挖、无防护式地搬运松散堆积物等活动的措施才能有效治理泥石流沟。

2. 山洪主要特性

1）季节性

汛期4～9月，特别是主汛期6～8月，是山洪灾害多发期。同一流域，甚至同一年内有可能发生多次山洪灾害，因此山洪具有季节性强、频率高的特征。

2）突发性

山丘区小流域因流域面积和沟道调蓄能力小，沟道坡降大，流程短，洪水持续时间较短，但水位涨幅大、洪峰流量高。降雨产流迅速，一般只有数小时，激发山洪的暴雨具有突发性，导致山洪灾害的突发性，山洪暴发历时很短，成灾非常迅速。

3）群发性

溪流源头或沟谷两侧具有较高的临空面，经常出现崩塌。复杂的地质结构、大量地表松散固体物质是加剧山洪灾害的重要因素。在暴雨中心范围内，前期崩塌形成的松散堆积物，在暴雨作用下于各支沟同时形成山洪。

4）易发性

山区地表覆盖植被较少，土壤贫瘠，水分不易渗透。山区地势陡峭，降雨量较大或降雨较强时，水流速度快，水势陡急，增加了水土流失和洪水的可能性，容易造成山洪。此外，在高海拔山区，当气温升高时，大量积雪和冰雪快速融化，冰雪融化或降雨增加，导致山区水量迅速增加，引发山洪。

2.4 气象要素

气象要素对车辆通行的影响，一部分是影响车辆的性能，而另一部分主要是通过影响车辆驾驶人员、保障人员，进而对车辆行进产生影响。如在军事领域，步兵、炮兵和装甲兵在陆地战场上机动时，受到气象条件的影响，严寒、酷暑和大雨、风雪天气给车辆机动增加了很多困难，有时甚至贻误战机，带来非必要的损失。

根据中国气象局 2004 年 8 月 16 日正式公布的《突发气象灾害预警信号发布试行办法》，灾害性天气预警信号主要分为台风、暴雨、高温、寒潮、大雾、雷雨大风、大风、沙尘暴、冰雹、雪灾、道路积冰 11 类（董珂洋 等，2008）。这些灾害性天气对车辆在道路上的正常运行将产生极其严重的影响。

2.4.1 气温

气象学上把表示空气冷热程度的物理量称为空气温度，简称气温（air temperature）。国际上标准气温度量单位是摄氏度（℃）。

天气预报中所说的气温，指在野外空气流通、不受太阳直射下测得的空气温度（一般在百叶箱内测定）。最高气温是一日内气温的最高值，一般出现在 14～15 时；最低气温是一日内气温的最低值，一般出现在日出前。在观测场中离地面 1.5 m 高的百叶箱中的温度表保持了良好的通风性并避免了阳光直接照射，因而测得的气温具有较好的代表性。气温的差异是造成自然景观和环境差异的主要因素之一。

1. 气温观测要求

气温记录可以表征一个地方的热状况特征，无论在理论研究上，还是在国防、经济建设的应用上都是不可缺少的。气温是地面气象观测中测定的常规要素之一。气温有定时气温（基本站每日观测 4 次，分别在 2 时、8 时、14 时、20 时 4 个时次；部分测站根据实际情况，一天观测 3 次，分别在 8 时、14 时、20 时 3 个时次；基准站每日观测 24 次）、日最高气温、日最低气温三种类型。

2. 大气温度的表述

通常人们用大气温度数值的大小反映大气的冷热程度。我国用摄氏温标，以 ℃ 表示。

3. 气温对车辆通行的影响

高温天气会对车辆产生较大影响，容易导致发动机、制动器、轮胎等部件发生故障，从而留下安全隐患。在高温环境下，发动机冷却系统散热性减弱，汽车行驶中容易出现发动机过热；发动机零件也会因高热使机油变稀导致润滑不良而加速磨损，甚至导致机件卡死或破坏；制动器在高温环境中散热性会出现衰退，长时间使用制动器后制动蹄摩擦片会逐渐积聚热量形成高温，在高温作用下，制动蹄摩擦片与制动鼓之间的摩擦系数会降低而导致制动不良；高温环境下轮胎内压会有较大程度的升高，轮胎本身长时间与地面摩擦积聚的热量不容易散发，轮胎自身温度也会逐渐升高，一旦轮胎内压超过其额定气压，加上道路颠簸或超载等因素，行驶中的汽车就容易爆胎。另外，高温还会对路面产生影响，沥青路面经阳光照射，路面结构层容易发生软化，使车轮与路面之间的摩擦系数降低。根据测试，即使是设计和施工都比较正常的沥青路面，车速 60 km/h 的路面摩擦系数也会随路面温度升高而降低，且基本上呈线性变化，当路面温度升至 30 ℃时，摩擦系数降低 1/3（董珂洋 等，2008）。

2.4.2 风

风是由空气流动引起的一种自然现象，而空气流动是由太阳辐射热引起的。太阳光照射在地球表面上，使地表温度升高，地表的空气受热膨胀变轻而往上升，热空气上升后，低温的冷空气横向流入，上升的空气因逐渐冷却变重而降落，由于地表温度较高又会加热空气使之上升，这种空气的流动就产生了风。

1. 风力等级和类型

1）划分方法

风速是指空气在单位时间内流动的水平距离。根据风对地上物体所造成的现象将风的大小分为 13 个等级，称为风力等级，简称风级。而人们平时在天气预报时听到的"东风 3 级"等说法指的是"蒲福风级"。"蒲福风级"是英国人蒲福（Beaufort）于 1805 年根据风对地面（或海面）物体影响程度而定出的风力等级，共分为 0～17 级，见表 2.9（梁永荣，2013）。

表 2.9　蒲福风级表

风级	风的名称	风速/（m/s）	风速/（km/h）	陆地上的状况	海面现象
0	无风	0～0.2	<1	静，烟直上	平静如镜
1	软风	0.3～1.5	1～5	烟能表示风向，但风向标不能转动	微浪
2	轻风	1.6～3.3	6～11	人面感觉有风，树叶有微响，风向标能转动	小浪
3	微风	3.4～5.4	12～19	树叶及微枝摆动不息，旗帜展开	小浪
4	和风	5.5～7.9	20～28	吹起地面灰尘纸张和地上的树叶，树的小枝微动	轻浪
5	清劲风	8.0～10.7	29～38	有叶的小树枝摇摆，内陆水面有小波	中浪
6	强风	10.8～13.8	39～49	大树枝摆动，电线呼呼有声，举伞困难	大浪
7	疾风	13.9～17.1	50～61	全树摇动，迎风步行感觉不便	巨浪
8	大风	17.2～20.7	62～74	微枝折毁，人向前行感觉阻力甚大	猛浪
9	烈风	20.8～24.4	75～88	建筑物有损坏（烟囱顶部及屋顶瓦片移动）	狂涛
10	狂风	24.5～28.4	89～102	陆上少见，见时可使树木拔起、建筑物损坏严重	狂涛
11	暴风	28.5～32.6	103～117	陆上很少，有则必有重大损毁	风暴潮

风级	风的名称	风速/(m/s)	风速/(km/h)	陆地上的状况	海面现象
12	台风，又称飓风	32.7~36.9	118~133	陆上绝少，其摧毁力极大	风暴潮
13	台风	37.0~41.4	134~149	陆上绝少，其摧毁力极大	海啸
14	强台风	41.5~46.1	150~166	陆上绝少，其摧毁力极大	海啸
15	强台风	46.2~50.9	167~183	陆上绝少，其摧毁力极大	海啸
16	超强台风	51.0~56.0	184~202	陆上绝少，范围较大，强度较强，摧毁力极大	大海啸
17	超强台风	≥56.1	≥203	陆上绝少，范围最大，强度最强，摧毁力超级大	特大海啸

注：本表所列风速是指平地上离地 10 m 处的风速值

2）风的类型

风速大小、方向还有湿度等的不同，会产生许多类型的风。疾风、大风、烈风、狂风、暴风和台风（飓风），这些常见类型的风对应的蒲福风级风力分别为 7 级、8 级、9级、10 级、11 级和 12 级，相关叙述见康宁（2015）。

2. 风对车辆行驶的影响

车辆在行驶过程中遇到大风会产生摆动。原因是风对车辆的作用力不均匀，作用方向也不规律，再加上车辆本身结构中存在的各种缝隙空间，快速流动的空气在不规则的车体中形成了大小不等的摩擦阻力，车速达到一定程度，车辆就会产生摆动。如果风力较强，会使车辆偏离行车路线，而且这种偏移是随车速的提高而加剧的。经测算，普通轿车以 100 km/h 的车速行驶时，遇有风速 100 m/s 的横向风，车辆在 100 m 的行程内将偏离中心线 4~5 m，客车的偏移量将更大。天气晴朗、能见度高的时候，大风很容易引起驾驶人员的疏忽。如果驾驶员此时操控不当，就容易造成事故。除了对车辆本身安全的影响，大风还会引发掉落物，如刮起的树枝、电线杆等，它们都会影响车辆行驶安全。在我国北方地区，大风还可能引起沙尘，使能见度骤然下降，极易引发交通安全事故（董珂洋 等，2008）。

2.4.3 降雨

降雨是指在大气中冷凝的水汽以不同方式下降到地球表面的天气现象。降雨是地球上的水受到太阳光的照射后，就变成水蒸气被蒸发到空气中，水汽在高空遇到冷空气便凝聚成小水滴，之后成为雨滴。

1. 降雨方式分类

1）**锋面雨（梅雨）**

来自海洋的暖湿气流与来自陆地的冷空气相遇，由于冷空气重、暖空气轻，暖湿气流被迫上升，遇冷凝结，形成一条很长很宽的降雨带，这就是锋面雨。

2）对流雨

夏季在强烈的阳光照射下，局部地区暖湿空气急剧上升，遇冷凝结，形成降雨，这就是对流雨，气象学上又称"雷阵雨"。

3）地形雨

来自海洋的暖湿气流，遇到山脉，被迫上升，遇冷凝结，形成降雨，称为地形雨。

4）台风雨

热带洋面上的湿热空气大规模强烈地旋转上升，在上升过程中，气温迅速降低，水汽大量凝结成云雨，这就是台风雨。

2. 雨量等级

《降水量等级》（GB/T 28592—2012）规定雨量等级分为以下 7 级。

（1）24 h 内降雨量＜0.1 mm，或 12 h 降雨量＜0.1 mm 的降雨称为微量降雨（零星小雨）。

（2）24 h 内降雨量为 0.1～9.9 mm，或 12 h 内降雨量为 0.1～4.9 mm 的降雨，称为小雨。

（3）24 h 内降雨量为 10.0～24.9 mm，或 12 h 内降雨量为 5.0～14.9 mm 的降雨，称为中雨。

（4）24 h 内降雨量为 25.0～49.9 mm，或 12 h 内降雨量为 15.0～29.9 mm 的降雨，称为大雨。

（5）24 h 内降雨量为 50.0～99.9 mm，或 12 h 内降雨量为 30.0～69.9 mm 的降雨，称为暴雨。

（6）24 h 内降雨量为 100.0～249.9 mm，或 12 h 内降雨量为 70.0～139.9 mm 的降雨，称为大暴雨。

（7）24 h 内降雨量≥250.0 mm，或 12 h 内降雨量≥140.0 mm 的降雨，称为特大暴雨。

当降雨量不足 0.05 mm 或观测前确有降雨，因蒸发过快，观测时没有了，则降雨量应记为 0 mm，不可漏记，因为这是一次降雨过程。

3. 降雨对车辆通行的影响

1）对城市道路通行的影响

降雨主要影响驾驶员视野的能见度，导致路面积水，改变轮胎与地面的附着系数，进而影响汽车驾驶性能，并且对不同车辆的影响不尽相同（陈方 等，2013）。雨天较为突出的问题是路面摩擦系数降低，从而引发车辆交通事故。潮湿的路面上容易形成一层很薄的水膜，使车轮与路面材料之间隔着一道"润滑剂"，水膜将路面上的微小坑洼填平，使两者的相互钳制受到严重影响。雨天行驶中的汽车制动器中可能会出现进水现象，渗入制动器的水在制动蹄摩擦片和制动鼓表面会形成一层水膜，并起到一定的润滑作用，从而导致汽车制动失效或制动效能降低。另外，雨天的能见度低，驾驶员视距也相对较小，容易因看不清前方路面情况而发生事故。

2）对越野通行的影响

降雨使土壤表层的强度产生剧烈的变化，致使行驶的车辆机动性能产生很大的变化（李军 等，2011）。如履带式车辆的履带剧烈打滑，速度损失严重。在通常情况下，土壤中的含水量处于相对稳定状态，决定车辆机动性能的要素主要为行驶阻力系数及附着系数。但降雨时，在某一段时间内，土壤表层的含水量增大，甚至达到饱和。而土壤表层以下，由于水分没有渗入，其土壤强度变化不大，车辆雨天行驶于泥泞路面时的行驶阻力不大；另外，当土壤含水量增加时，土壤中的孔隙水压力增大而有效应力减小，并且土壤的内聚力减小，土壤的抗剪切强度减小，土壤所能够提供的附着力降低（李军 等，2011）。当压力完全由孔隙中的水压力承担时，土壤基本丧失了抗剪切性能。由于以上两种情况，车辆会出现打滑，甚至通行困难。

2.4.4　降雪

降雪是指从混合云中降落到地面的雪花形态的固体水，由大量白色不透明的冰晶（雪晶）和其聚合物（雪团）组成。雪是水在空中凝结再落下的自然现象。雪只会在很低的温度及温带气旋的影响下出现，因此亚热带地区和热带地区下雪的概率较小（周淑贞 等，1997）。

降雪量同所有降水量一样，用相当的水层厚度来度量，单位是 mm。实用上有时也用降雪在平地上所累积的深度来度量，称为积雪深度。

1. 雪的形成条件

雪是由大气中的水蒸气直接凝华或水滴直接凝固而成。也可以说，云中的温度过低，小水滴结成冰晶，落到地面仍然是雪花时，就是下雪了。雪融化时会吸热，因此地面气温会比下雪时低。雪形成的条件包括：①大气中需含有较冷的冰晶核；②充分的水汽。

此外，气候区属中纬度至高纬度（即大约于南回归线以南/北回归线以北地区）的地区就可能会有降雪，低纬度地区中有些地势高于海拔 2 000 m 的中山或高原也有可能降雪；海洋气流也能间接影响该区下雪的概率，高纬度地区一带（例如日本本州至九州一带）如果有较多暖流支配，该区降雪的概率会降低。

2. 降雪等级划分

降雪等级标准通常是指在规定时间段内持续降雪或降雪量折算成降雨量为等级划分的标准。一般采用持续时间 12 h 和 24 h 两种标准。

以 24 h 降雪量为划分标准，其中，降雪量<0.1mm 为微量降雪（零星小雪），0.1～2.4 mm 为小雪，2.5～4.9 mm 为中雪，5.0～9.9 mm 为大雪，10.0～19.9 mm 为暴雪，20.0～29.9 mm 为大暴雪，≥30.0 mm 为特大暴雪。

以 12 h 降雪量为划分标准，其中，降雪量 0.1～0.9 mm 为小雪，1.0～2.9 mm 为中雪，3.0～5.9 mm 为大雪，6.0～9.9 mm 为暴雪，10.0～14.9 mm 为大暴雪，≥15.0 mm 为特大暴雪。

3. 降雪对车辆通行的影响

普通降雪，因雪光反射，且驾驶员视力疲劳不易识别路面情况，进而影响车辆通行。此外，雪灾对车辆通行的严重影响主要是大范围降雪，形成暴风雪、雪崩等自然灾害。

雪灾发生频繁，根据其形成条件、分布范围和表现形式，通常被分为雪崩、风吹雪（风雪流）和牧区雪灾。雪崩是雪山地区易发的灾害，严重影响车辆通行。风吹雪则会阻断公路交通的正常通行。牧区雪灾是由于积雪过厚，维持时间长，掩埋牧草，使牲畜无法正常采食，导致牧区大量畜牧掉膘和死亡的自然灾害。此外，降雪量大，也严重影响当地的车辆通行。

2.4.5 雾

在水汽充足、微风及大气稳定的情况下，相对湿度达到 100%时，空气中的水汽便会凝结成细微的水滴悬浮于空中，使地面水平的能见度下降，这种天气现象称为雾。雾多出现于春季 2～4 月。雾包括辐射雾、平流雾、混合雾、蒸发雾等。

在正常气候条件下，道路上（尤其在高速公路上）的可视距离大于绝对安全间距和相对安全间距。根据交通安全管理部门的测试，在路面干燥、制动良好的情况下，车间距离（m）不小于车速（km/h）的数值。在大雾气候条件下，视力正常的人对大雾严重程度的感知不仅与大雾的密度有关，还与大雾密度和时间的变化率有关。通常而言，由于大雾降临过程需要一定时间，即有一个过渡过程，驾驶员很难精确地感知或估计大雾的严重程度，就像人们突然从明亮的地方进入黑暗的地方的感受一样。另外，有些公路所经过的区域气候条件复杂多变，不同的区段可视距离相差较大，驾驶员很难及时调整车速及间距，因而容易发生追尾事故。灾害性天气环境下能见度与高等级公路运营安全车速推荐标准见表 2.10（董珂洋 等，2008）。

表 2.10 灾害性天气环境下能见度与高等级公路运营安全车速推荐标准

能见度分级	能见度/m	车速限制标准/（km/h）			
		一级服务水平	二级服务水平	三级服务水平	四级服务水平
1	<50	建议关闭	建议关闭	建议关闭	建议关闭
2	60～80	30	25	20	15
3	90～100	45	35	30	20
4	110～120	60	45	35	25
5	130～150	70	55	45	30
6	160～200	80	70	60	40
7	>200	100	80	70	50

大雾对交通产生一定的影响，经常引发追尾事故和其他交通事故，特别是在高速公路和快速道路上。因此，机动车驾驶员要根据对道路交通状况、前后两车的性能、行驶

速度的估计及自己的交通驾驶经验，与前车保持安全的间距。此外，陆地环境通行分析时，对于某一特定地区，除了分析当时的气象资料，还要对研究区（或目标区）以往的气象与气候资料进行综合分析，对研究区（或目标区）大雾对车辆通行状况的影响给予较为准确的评估。

1. 雾的形成条件

雾形成的条件一是冷却，二是加湿，三是有凝结核，增加水汽含量。

辐射雾是由辐射冷却形成的，多数出现在晴朗、微风、近地面水汽比较充沛且比较稳定或有逆温存在的夜间和清晨；平流雾是暖而湿的空气做水平运动，经过寒冷的地面或水面，空气中的水蒸气逐渐受冷液化而形成的；混合雾是兼有两种原因形成的雾。可以看出，能具备雾形成条件的就是深秋初冬，尤其是深秋初冬的早晨。

城市中的烟雾是另一种原因造成的，即人类的活动。早晨和晚上正是供暖锅炉运行的高峰期，大量排放的烟尘悬浮物和汽车尾气等污染物在低气压、风小的条件下，不易扩散，与低层空气中的水蒸气相结合，比较容易形成烟尘（雾），而这种烟尘（雾）持续时间往往较长。

2. 雾的分类

雾的分类法有许多种。根据雾的天气条件来分类，可以分为气团雾和锋面雾两大类。

1）气团雾

（1）辐射雾。在日落后地面的热气辐射至天空，冷却后的地面冷凝了附近的空气。而潮湿的空气便会因此降至露点以下，并形成无数悬浮于空气中的小水点，这便是辐射雾。它主要在秋天或冬天的清晨，天晴且风弱时出现，在日出后不久或风速加快后便会自然消散。晴朗、微风、近地面水汽比较充沛且比较稳定或有逆温存在时的夜间或清晨较多出现。

（2）平流雾。平流雾是暖湿空气水平运动遇冷，空气中的水蒸气液化形成的雾，常伴随毛毛雨。

（3）蒸发雾。冷空气流经温暖水面，如果气温与水温相差很大，则因水面蒸发大量水汽遇到冷空气而发生水蒸气凝结成雾。这时雾层上往往有逆温层存在，否则对流会使雾消散。因此蒸发雾范围小，强度弱，一般发生在一年中下半年的水塘周围。

（4）上坡雾。上坡雾是潮湿空气沿着山坡上升，绝热冷却使空气达到过饱和而产生的雾。这种潮湿空气必须稳定，山坡坡度必须较小，否则形成对流，雾就难以形成。

（5）平流辐射雾。平流辐射雾是由平流及辐射两种因素共同作用产生的雾。

2）锋面雾

锋面雾经常发生在冷、暖空气交界的锋面附近，一般雾后便是持续性的降雨。锋前锋后均有雾，但以暖锋附近居多。锋前雾是由锋面上部暖空气云层中的雨滴落入地面冷空气内，经蒸发，使空气达到过饱和而凝结形成的；而锋后雾则是由暖湿空气移至原来被暖锋前冷空气占据过的地区，经冷却达到过饱和而形成的。因为锋面附近的雾常随着锋面一起移动，军事上就常利用这种锋面雾来掩护部队，向敌人发动突然袭击。

3）其他

（1）混合雾。两团接近饱和的空气在水平方向相互混合达到饱和发生凝结而形成的雾，有时兼有两种原因形成的雾称为混合雾。

（2）烟雾。通常所说的烟雾是烟和雾同时构成的固、液混合态气溶胶，如硫酸烟雾、光化学烟雾等。

（3）谷雾。谷雾通常发生在冬天的山谷里。当较重的冷空气移至山谷里，暖空气同时在山顶经过时产生了温度逆增现象，结果生成了谷雾，而且可以持续数天。

（4）冰雾。任何类型的雾气里的水点被冷凝为冰片时便会生成冰雾，通常需要温度低于凝点，因此冰雾常见于南北极。冰雾按其形式可分为分散型气溶胶和凝聚型气溶胶。常温状态下的液体，由于飞溅、喷射等原因被雾化而形成的微小雾滴分散在大气中，构成分散型气溶胶。液体因加热变成蒸汽逸散到大气中，遇冷后又凝集成微小液滴形成凝聚型气溶胶。冰雾的粒径一般在 10 μm 以下。

2.5　水　文　要　素

水文要素是构成某一地点或区域在某一时间的水文情势的主要因素，是描述水文情势的主要物理量，是用来描述水流运动的计量手段，也是反映河流水文情势变化的主要尺度。水文要素可以通过水文测验、观测和计算等获取数据。

水文要素包括各种水文变量的水文现象，类型较多。在陆地环境通行分析中，目前主要关注水位、流量、沙情和冰情等水文要素，而且这些水文要素也是地理要素中水体要素因子的重要属性，其数据有助于研究对象的通行性能。

2.5.1　水位

水位是指水体的自由水面高出基面以上的高程。表达水位所用的基面通常有两种，一种是绝对基面，另一种是测站基面（假设基面）。我国采用的绝对基面大都为黄海基面，即以黄海口某一海滨地点的特征海平面为零点。为保持资料的连续性，设站时间较久远的站点，仍沿用吴淞基面。为使各站的水位便于比较，在《水文年鉴》中均注明了黄海基面与吴淞基面的换算关系。例如，长沙水位站所使用的基面为吴淞基面，将其换算为黄海基面起算水位，则黄海基面以上水位＝现观测水位（吴淞基面）　2.280 m。

测站基面，是水文测站专用的一种固定基面，一般以略低于历年最低水位或河床最低点为零点来计算水位高程。为便于比较各站水位，在刊布水文资料时，均注明了该基面与绝对基面的关系。

水位可直接用于水文情报预报，为防汛抗旱、灌溉、排涝、航运及水利工程的建设、运营和管理等所必需。长期积累的水位资料是水利水电、桥梁、航道、港口、城市给排水等工程建设规划设计的基本依据。水文测验中常用连续观测的水位记录，通过水位流量关系推求流量及变化过程。利用水位还可推求水面比降和江河湖库的蓄水量等。进行流量、泥沙、水温、冰情观测的同时也需要观测水位。

2.5.2 流量

流量是单位时间内通过河、渠或管道等某一断面的水流体积，单位为 m^3/s。流量是天然河流、人工河渠、水库、湖泊等径流过程的瞬时特征，是推算河段上下游、湖库水体入出水量及水情变化趋势的依据。流量过程是区域（流域）下垫面对降水调节或河段对上游径流过程调节后的综合响应结果。天然河流的流量可直接反映汛情，受工程影响水域的入出流量是推算水体汛情的基础。简单地说，流量是特定断面径流计算的依据，而区域径流是水文循环的核心要素之一，也是区域自然地理特征的重要表征要素。在进行流域水资源评价、防洪规划、水能资源规划及航运、桥梁等涉水项目建设中都要应用流量资料作为依据。防汛抗旱和水利工程的管理运用，要积累江河、湖库流量资料，分析径流与降水等相关水文要素的相关关系和径流要素时空变化规律，来进行水文预报和水量计算，有效增强防汛抗旱的预见性和水利工程调度的科学性。

2.5.3 沙情

表征河流沙情的指标是含沙量。江河水流挟带的泥沙会造成河床游移变迁和水库、湖泊、渠道的淤积，给防洪、灌溉、航运等带来影响。另外，用挟沙的水流淤灌农田能改良土壤。因此，进行流域规划、水库闸坝设计、防洪、河道治理、灌溉放淤、城市供水和水利工程管理运用等工作，都需要掌握泥沙资料。泥沙资料也是计算水土保持效益及有关科学研究的重要依据。施测悬移质（包括输沙率和单位含沙量）的目的是取得各个时期的输沙量和含沙量及其特征值，为各应用部门提供基本资料。

2.5.4 冰情

河水因热量收支变化而形成的结冰、封冻、解冻的现象称为冰情。河道上定量观测的冰情要素有河段冰厚、冰流量、水内冰、冰坝、冰塞等。

参 考 文 献

陈常松, 何建邦, 1999. 基于地理要素的资源与环境数据的组织方法. 地理学报(4): 87-95.

陈方, 戢晓峰, 吉选, 等, 2013. 降雨对城市交通系统的影响与预警对策. 武汉理工大学学报(社会科学版), 26(4): 506-509.

陈继彬, 2017. 碎石土斜坡土体水平抗力分布规律研究. 成都: 成都理工大学.

陈新, 廖志红, 李德建, 2011. 节理倾角及连通率对岩体强度, 变形影响的单轴压缩试验研究. 岩石力学与工程学报, 30(4): 781-789.

程维明, 宋珂钰, 周成虎, 等, 2022. 地貌信息图谱研究述评与展望. 地球科学进展, 37(7): 661-679.

董珂洋, 陆百川, 2008. 恶劣天气对车辆安全行驶的影响. 重庆交通大学学报(社会科学版), 8(6): 24-26.

冯桂, 林宗坚, 张继贤, 等, 2000. DEM 高精度内插算法及其实现. 遥感信息(4): 18-20.

高玄彧, 2004. 地貌基本形态的主客分类法. 山地学报(3): 261-266.

《工程地质手册》编委会, 2007. 工程地质手册. 4 版. 北京: 中国建筑工业出版社.

胡允达, 2015. 军事地形学与定向越野. 武汉: 武汉大学出版社.

简文彬, 吴振祥, 2015. 地质灾害及其防治. 北京: 人民交通出版社.

蒋好忱, 杨勤科, 2014. 基于 DEM 的地形起伏度算法的比较研究. 水土保持通报, 34(6): 162-166.

蒋昱州, 杨圣奇, 徐卫亚, 等, 2008. 非贯通裂纹岩石压缩试验及非线性回归分析. 采矿与安全工程学报 (3): 290-296.

靳瑾, 曹平, 蒲成志, 2014. 预制裂隙几何参数对类岩材料破坏模式及强度的影响. 中南大学学报(自然 科学版), 45(2): 529-535.

康宁, 2015. 无限的原始能源: 风能. 北京: 北京工业大学出版社.

孔思丽, 2001. 工程地质学(第二版). 重庆: 重庆大学出版社.

李炳元, 潘保田, 韩嘉福, 2008. 中国陆地基本地貌类型及其划分指标探讨. 第四纪研究(4): 535-543.

李炳元, 潘保田, 程维明, 等, 2013. 中国地貌区划新论. 地理学报, 68(3): 291-306.

李军, 李灏, 2011. 瞬时降雨对履带车辆机动性能的影响. 农业装备与车辆工程(2): 12-13, 19.

李天琪, 2021. 面向车辆野外路径规划的可通行区域建模与路径计算. 阜新: 辽宁工程技术大学.

梁永荣, 2013. 森林气象自动监测仪的研究. 南京: 南京林业大学.

刘东燕, 朱可善, 范景伟, 1991. 双向应力作用下 X 型断续节理岩体的强度特性研究. 重庆建筑工程学 院学报, 13(4): 40-46.

刘福臣, 1999. 对粉土定名的商榷. 岩土工程技术(1): 59-61.

刘晓煌, 张露, 孙兴丽, 等, 2018. 现代军事地质理论与应用. 北京: 科学出版社.

刘欣宇, 刘爱华, 李夕兵, 2014. 充填柱状节理类岩石材料的试验研究. 岩石力学与工程学报, 33(4): 772-777.

刘学伟, 刘泉声, 陈元, 等, 2015. 裂隙形式对岩体强度特征及破坏模式影响的试验研究. 岩土力学, 36(S2): 208-214.

路彦明, 李宏伟, 周宏, 等, 2019. 军事地质概论. 长沙: 国防科技大学出版社.

马奎保, 黎永皆, 2005. 石灰处治膨胀土路基填料的应用. 山西建筑(12): 75-76.

蒲成志, 曹平, 赵延林, 等, 2010. 单轴压缩下多裂隙类岩石材料强度试验与数值分析. 岩土力学, 31(11): 3661-3666.

苏海健, 靖洪文, 赵洪辉, 等, 2014. 纵向裂隙对砂岩力学特性影响试验研究. 采矿与安全工程学报, 31(4): 644-649.

汤国安, 2014. 我国数字高程模型与数字地形分析研究进展. 地理学报, 69(9): 1305-1325.

汤国安, 李发源, 刘学军, 2010. 数字高程模型教程. 北京: 科学出版社.

汤国安, 刘学军, 闾国年, 2005. 数字高程模型及地学分析的原理与方法. 北京: 科学出版社.

万晨, 2017. DEM 数据中路径搜索与地貌自动划分方法研究. 西安: 西安建筑科技大学.

王家耀, 崔铁军, 苗田, 2004. 数字高程模型及其数据结构. 海洋测绘(3): 1-4.

张波, 李术才, 杨学英, 等, 2012. 含交叉裂隙岩体相似材料试件力学性能单轴压缩试验. 岩土力学, 33(12): 3674-3679.

张萌, 2020. 地形可通行性分析研究. 西安: 长安大学.

张为华, 汤国建, 文援兰, 等, 2013. 战场环境概论. 北京: 科学出版社.

张照成, 刘小明, 2010. 军事地形学教学用书. 郑州: 河南人民出版社.

赵卫东, 2011. 顾及梯田地形的数字高程模型研究. 南京: 南京师范大学.

赵延林, 万文, 王卫军, 等, 2013. 类岩石材料有序多裂纹体单轴压缩破断试验与翼形断裂数值模拟. 岩土工程学报, 35(11): 2097-2108.

周启鸣, 刘学军, 2006. 数字地形分析. 北京: 科学出版社.

周淑贞, 张如一, 张超, 等, 1997. 气象学与气候学. 北京: 高等教育出版社.

周宇梦, 2021. 基于 DEM 的地形因子分类与关联性研究. 南京: 南京师范大学.

周志东, 陶然, 党永平, 等, 2015. 高原高寒地区边坡变形破坏机制与综合治理技术. 成都: 西南交通大学出版社.

朱鹤健, 何宜庚, 1992. 土壤地理学. 北京: 高等教育出版社.

Sibson R H, 1987. Earthquake rupturing as a mineralizing agent in hydrothermal systems. Geology, 15(8): 701-704.

Tang A Y, Adams T M, Lynn U E, 1996. A spatial data model design for feature-based geographical information systems. International Journal of Geographical Information Systems, 10(5): 643-659.

Wong R H C, Chau K T, Tang C A, et al., 2001. Analysis of crack coalescence in rock-like materials containing three flaws: Part I experimental approach. International Journal of Rock Mechanics and Mining Sciences, 38(7): 909-924.

Yang S Q, 2011. Crack coalescence behavior of brittle sandstone samples containing two coplanar fissures in the process of deformation failure. Engineering Fracture Mechanics, 78(17): 3059-3081.

第3章 陆地环境通行指标体系

使用陆地环境通行要素衡量陆地环境通行性能，不仅需要对通行要素进行定性分析，还需要使用统计分析、空间分析等方法对通行要素进行定量分析，形成针对陆地环境通行性能设置的评价指标，将抽象的通行性能分解为对应通行影响要素的通行因子及其量化参数。这些来自多源陆地环境数据的评价指标相互独立而又有所联系，根据陆地环境通行因子参数之间的有机联系，构建评价陆地环境通行性能的指标体系，是进行陆地环境通行分析的前提和基础。

本章首先根据第2章陆地环境通行要素相关研究成果，归纳陆地环境通行要素对陆地环境通行影响并进行定性分析，将通行要素分解为陆地环境通行因子；然后，收集通行要素的通行性能计算方法与公式，将通行因子定量化为陆地环境通行参数；接着根据机动装备的越野机动性能特点，分析具体装备与通行因子参数的相关性，在通行环境因子中加入机动装备越野性能参数；最后根据陆地环境通行要素的分类体系，将离散化的因子参数组合为陆地环境通行指标体系，表征通行环境中各因子间相互联系与相互制约的关系，为陆地环境通行分析提供基础的计算框架。

3.1 地 理 因 子

3.1.1 地形参数

陆地通行要素中的地形参数包括高程、坡度、坡向、地形起伏度（相对高差）等，由数字高程模型（DEM）进行地形计算可以得到相应的因子参数。各类地形因子参数是对陆地环境中地形特征的定量描述，是对机动装备在陆地环境中地形通过性能计算指标的实践总结。通过陆地通行环境中的地形特征描述与影响越野机动通行能力指标综合分析，可以表征不同类别装备在不同地形条件下的通行性能。

1. 高程

高程因子是进行其他地形因子描述、通行分析的基础。一般情况下，采用标高法对地形进行定量描述，即给出通行环境各点的高程，用来确定地形的起伏，其他地貌因子都可由高程数据计算推导得出（徐永龙，1986）。常见的数字高程模型包括规则格网 DEM、等高线（contour line）和不规则三角网（triangulated irregular network，TIN）等形式的表示模型，不同表示模型在不同的数据源和不同应用中都有使用，并且三种模型生成的数据可以通过一定的算法进行相互转换。其中，数字高程模型一般指代以规则格网计算的数字高程模型，是数字地形模型（DTM）的一个分支，其他各种地形特征值一般可以根据规则格网模型的高程数据进行计算（王亚民 等，2006）。

根据相关学者的研究成果，高程因子影响机动装备通行，主要体现在高程因子对发动机功率和燃油经济性的影响。

1）高程因子对发动机功率的影响

在对机动装备进行通行性能分析中，高程（海拔）会对机动装备的牵引性能和运行效率产生较大的影响。通行环境中的大气压将随着高程的升高而降低，与高程值呈现负相关的态势，直接影响机动装备的发动机功率，从而对机动装备的移动速度等产生影响（许金良 等，2017）。发动机功率与海拔高度的关系如表 3.1 所示。

表 3.1　发动机功率与海拔高度的关系

海拔高度/m	发动机功率/%	
	轮式车辆	履带式车辆
0	100	100
1 000	88.6	96.7
2 000	78.1	92.6
3 000	68.5	81.7
4 000	59.8	71.0

如通过格网对高程因子进行量化，以格网中心点高程 h_0 量化格网的高程属性，则机动装备牵引力与速度关系式为

$$V = \frac{3\,600P \times f_1 \times \eta}{F_t} \tag{3.1}$$

式中：F_t 为主动轮的牵引力；P 为发动机功率；f_1 为发动机功率在大气压影响下的修正系数；η 为机械总效率；V 为车辆运行速度。根据胡允达（2015）研究，发动机功率与高程的关系如表 3.2 所示。

表 3.2　发动机功率与高程的关系

高程/m	轮式车辆发动机功率/%	履带式车辆发动机功率/%
0	100	100
1 000	88.6	96.7
2 000	78.1	92.6
3 000	68.5	81.7
4 000	59.8	71.0

2）高程因子对燃油经济性的影响

机动装备工作时的燃油经济性取决于很多因素，其中包括发动机的燃料消耗特性、传动系统的特性、车辆的重量、空气动力学阻力、轮胎的滚动阻力、行驶工况（行驶条件）和驾驶人行为等（黄祖永，1985）。表 3.3（黄祖永，1985）描述了机动装备燃油消耗量与高程环境的关系，随着海拔的升高，由于发动机进气量减少、燃烧过程变差，发动机的有效热效率降低，燃油消耗量增加。相较于等速行驶，多工况行驶含有较多的减速与加速工况，更能反映一般行驶情况下的燃油消耗量。

表 3.3 机动装备燃油消耗量与高程环境的关系 （单位：%）

高程环境	燃油消耗量	
	等速行驶	多工况行驶
平原地区	100	100
中海拔地区	107.4	107
高海拔地区	114.1	123.3

2. 坡度

坡度要素的通行性能影响可以使用坡度值与机动装备的爬坡能力进行描述。爬坡能力是指车辆以一定速度行驶（无加速度）时所能通过的最大坡度（黄祖永，1985）。这个参数主要用来评价重型车辆和越野车辆的性能。当在斜坡上等速行驶时，驱动力 F 必须克服斜坡阻力、滚动阻力和气动阻力。

$$F = W\sin\theta_s + R_r + R_a \tag{3.2}$$

式中：$W\sin\theta_s$、R_r、R_a 分别为斜坡阻力、滚动阻力和气动阻力。W 为车辆总重力，当地面坡度 θ_s 不大时，$\tan\theta_s \approx \sin\theta_s$，则斜坡阻力可近似取为 $W\tan\theta_s$ 或 G，此处 G 为按百分率计的坡度。

因此在等速情况下，车辆所能行驶的最大坡度取决于以这个速度行驶时静驱动力的大小：

$$G = \frac{1}{W}(F - R_r - R_a) = \frac{F_{net}}{W} \tag{3.3}$$

对于相同的越野目标，不同类型的机动装备受坡度的影响也会有所不同。表 3.4（张为华 等，2013）统计了国内外常见机动装备的爬坡能力。

表 3.4 机动装备的最大爬坡坡度

机动装备	最大爬坡坡度/(°)	机动装备	最大爬坡坡度/(°)	机动装备	最大爬坡坡度/(°)
59 中型坦克	30	M1A1 坦克	31	ZTZ88 型坦克	31
69 中型坦克	32	挑战者 1 坦克	30	T-80 坦克	31
62 中型坦克	35	豹 2 坦克	31	122 自行火炮	32
63 中型坦克	38	日 90 坦克	31	130 自行火炮	32
T-72 中型坦克	31	阿琼坦克	31	解放汽车	28

依据相关研究中的试验统计数据，表 3.5（张为华 等，2013）展示了装备在陆地越野环境中的通行速度与坡度的关系。

表 3.5 机动装备通行速度与坡度的关系

机动装备	不同坡度下的通行速度/(km/h)				极限坡度/(°)
	3°～6°	6°～10°	10°～15°	15°～20°	
轮式车辆	20～15	15～12	12～8	8～5	30
履带式车辆	15～12	12～10	10～6	6～4	35

根据不同类型车辆在不同坡度上的通行速度数据，可以将车辆受坡度的影响，即车辆的爬坡能力换算为坡度对机动装备速度的影响系数（表3.6）。

表3.6　坡度对机动装备速度的影响系数

坡度/(°)	对轮式车辆速度影响系数	对履带式车辆速度影响系数
0	1	1
3	0.80	0.60
6	0.60	0.50
10	0.48	0.35
15	0.32	0.25
20	0.20	0.15
30	0	0

3. 相对高差

相对高差是高程值在一定范围内垂直地表方向的变化量：

$$h = h_1 - h_2 \tag{3.4}$$

式中：h_1、h_2 为两个相邻格网的高程，是格网量化区域内的高程平均值。相对高差对机动装备通行的影响如表3.7所示。

表3.7　相对高差对通行的影响系数

通行分级	相对高差	影响系数
易通行	$\leqslant h_1$	0
能通行	$h_1 \sim h_2$	0.3
难通行	$h_2 \sim h_3$	0.7
不能通行	$\geqslant h_3$	$\geqslant 0.9$

注：h_1、h_2、h_3 为连续两个格网之间的高差，具体数值此处不做讨论

3.1.2　地貌参数

地貌是各种不同的地形要素不等量的自然组合，其对陆地通行的影响也是通行环境中各种地形要素影响通行性的复合叠加（张为华 等，2013）。经由地形因子参数对通行环境地形的定量描述，可以根据地貌特征将通行环境分类为具体的地貌参数，如山地、丘陵、平坦地等（高玄彧，2004），以其各自的特点表示基础地貌单元对通行的影响。表3.8（高玄彧，2004）描述了机动装备在不同基础地貌单元上的机动速度差异。

表 3.8　机动装备在不同基础地貌单元上的机动速度

机动装备	机动速度/（km/h）				
	平坦地	丘陵	低山地	高山地	陡坎
轮式车辆	15	12	8	5	0
履带式车辆	12	10	6	4	0

注：陡坎是指各种天然和人工修筑的坡度在 70° 以上的陡峻地段

3.1.3　地表覆盖参数

地表覆盖类型是土地利用/地表覆盖的数据体现，是覆盖地表的自然和人工营造物的综合体，如植被（森林、灌木丛、草地等）、水体、建筑物等。地表覆盖可通过分类方法从遥感影像中提取，或通过现有全球地表覆盖类型数据集获取。地表覆盖类型对机动装备通行影响如表 3.9 所示。

表 3.9　地表覆盖类型对机动装备通行影响

地表覆盖类型	轮式车辆	履带式车辆
森林	树木直径小于 5 cm 可通行	树木直径小于 20 cm 可通行
灌木丛	不可通行	可通行
草地	可通行	可通行
旱田	不可通行	可通行
水田	不可通行	淤泥深度小于 40 cm 可通行
沼泽地	不可通行	不可通行
底质	较平的硬底质可通行	较平的硬底质可通行
岸质	硬质岸高度小于 0.3 m 可通行	硬质岸高度小于 1.2 m 可通行
	—	陡岸小于 25° 可通行
	硬砂或砾石可通行	—
街区的街道	可通行	可通行
街区建筑物	不可通行	不可通行
沙质地表	不可通行	可通行，时速只有 9~12 km
砂砾地表	可通行，硬戈壁越野行驶，时速可达 10~15 km，在软戈壁只有 5~7 km	可通行，时速可达 25 km

学者根据具体研究内容筛选地表覆盖类型，一般情况下，选择易于获取的、有效的地表覆盖因子。根据地形分析研究成果，地表覆盖类型对机动装备通行的影响可归纳为地表覆盖类型影响系数，见表 3.10（王飞 等，2002）。

表 3.10 地表覆盖类型影响系数

机动装备	硬质路面	土质地面	草地	灌木丛	森林
轮式车辆	0	0.4	0.7	1	1
履带式车辆	0	0.2	0.4	0.8	1

地表覆盖因子中的各类型参数还可细分为植被、陆地水域等独立参数，不同参数也会对机动装备的通行性能产生影响，下面对各因子参数的作用进行定量分析。

1. 植被参数

植被通常可分为森林（乔木）、灌木丛、草地和农田几大类，但每一类的植被通常还会有较多的属性参数，不同的植被参数对通行环境的影响有较大的差别（黄鲁峰，2008）。因此，除提取植被类型作为因子外，还需要对每一类植被再作具体的分析。

（1）提取树高、胸径、郁闭度、株距作为森林计算因子，其中株距对机动装备通行性的影响最大。

（2）灌木丛主要对机动装备的通行活动起障碍作用，其植被类型与分布范围起决定性作用，因此提取植被类型与分布范围作为其植被因子。在密集灌木林中，轮式车辆通常不能通行，履带式车辆运动速度会降低一半。

（3）农田对通行的影响有明显的季节性，主要受田地性质和作物种类影响；南方多水田，北方多旱田；而且不同的季节种植作物有所不同，可以分为高秆田和矮秆田（范林林，2017）。

（4）由于草地对通行的作用是结合地形发挥的，并且地形起主导作用，不再对草地进行细分。

综合现有研究数据与植被统计结果，植被因子的通行影响可参数化为植被因子影响系数（表 3.11）。

表 3.11 植被类型对机动装备通行性能的影响系数

机动装备	草地	灌木丛	农田类型		森林株距/m		
			水田	旱田	≥6	4～6	≤4
轮式车辆	0.7	1	1	1	0.7	1	1
履带式车辆	0.4	0.8	1	0.5	0.5	0.7	1

2. 水域参数

地表覆盖中的水域要素，主要包括沼泽、水网稻田地、河流，其具体影响系数将在3.5 节中详细描述。

3. 交通参数

公路是连接各个城市、城市与乡村、乡村与厂矿地区的道路。根据交通流量和公路性质可将公路分为 5 个等级：高速公路、一级公路、二级公路、三级公路和四级公路。

按照行政级别可将公路分为 4 个等级：国道、省道、县道、乡道。除上述正规道路外，还存在大车路、小路、时令路等小型道路。在不同地形条件中，上述等级的道路分别具有不同的行车速度，见表 3.12（周郑芳，2009）。

表 3.12　基于地形和公路等级的机动装备基准行车速度

项目	汽车专用公路							一般公路					
	高速公路				一级公路		二级公路		二级公路		三级公路		四级公路	
地形	平原微丘	重丘	山岭		平原微丘	山岭重丘	平原微丘	山岭重丘	平原微丘	山岭重丘	平原微丘	山岭重丘	平原微丘	山岭重丘
基准行车速度/(km/h)	120	100	80	60	100	60	80	40	80	40	60	30	40	20

对道路的通行条件进行分析，大车路及以上的道路级别均能满足机动装备的通行要求，在陆地环境通行分析中具有良好的通行条件。公路影响车辆越野机动的因素有：车行道的宽度、转弯半径、道路限行高度及附属设施（桥梁、涵洞）的限制（周郑芳，2009）。

不同的路面材料一般影响机动装备通行速度，影响系数见表 3.13（周郑芳，2009）。

表 3.13　路面材料对机动装备通行速度的影响系数

路面材料	影响系数
沥青、水泥	0
砂、碎石	0.1
土质	0.3

道路宽度既影响机动装备的行驶列数，又影响机动速度，其影响系数见表 3.14（周郑芳，2009）。

表 3.14　道路宽度对装备通行速度的影响系数

道路宽度/m	影响系数
≤5.5	1
5.5～8	k
≥8	0

表 3.14 中的影响系数 k 可由道路宽度 x 计算得出，其计算公式为

$$k = \frac{20x - 105}{50} \qquad (3.5)$$

正规公路及大车路转弯曲率半径在设计时已满足汽车行驶要求，对机动装备不会构成障碍，仅会短暂地影响机动速度，因此可不予考虑。

4. 居民地设施参数

居民地设施主要包括建筑物、街道及一些辅助设施。这些居民地设施对通行的影响主要取决于街道能否支持机动装备通过：若街道可以支持机动装备通行，则不受居民地

设施的影响，否则受居民地设施的影响，不可通行。野外环境中居民地设施相对单一，与城市中的情况相比，居民地设施多以房屋建筑为主，街道情况简单，主要受路宽和路基的影响，不存在城市中的限速、通行时段等影响，情况相对简单。

3.2 地 质 因 子

通行环境中的地质因子主要影响机动装备的非道路环境通行性能，受到的影响一般包括软地面通行性能限制、通行路径基底性能、野战道路开挖构筑性能与通行障碍的设置等，其主要影响要素包括土壤要素（松散堆积物）与岩体要素等，本节将对这两种地质因子对机动装备越野通行性能的影响进行分析。

3.2.1 土壤参数

1. 土壤成分分类参数

土壤是影响陆地表面通行的重要因素，土壤与气象因素结合使通行性能分析变得非常复杂。传统陆地环境通行分析使用包括黏土、壤土等土壤成分类别，对地表的通行性能进行分析。现有的土壤数据主要面向农业领域中的应用，美国农业部（USDA）土壤质地分类（表3.15）、中国土壤质地分类（表3.16）、联合国粮食及农业组织/联合国教育、科学及文化组织（FAO/UNESCO）全球土壤分类标准（表3.17）对土壤进行了分类（张时煌 等，2004），这些分类主要根据土壤的颗粒半径进行，只能反映土壤的颗粒分布情况，无法有效描述土壤的液限和可塑性等性质。

表 3.15 美国农业部土壤质地分类 　　　　　　（单位：%）

土壤质地		颗粒组成		
质地组	质地名称	砂粒 （2～0.05 mm）	粉粒 （0.05～0.002 mm）	黏粒 （<0.002 mm）
砂土	砂土	>85		<10
	壤质砂土	70～85		10～15
	粉砂土	<20	≥80	<10
壤土	砂质壤土	0～70	<50	5～20
	壤土	≤50	30～50	5～25
	粉砂壤土	20～50	50～80	0～25
	砂质黏壤土	45～80	<30	0～35
	黏壤土	20～50	60～70	25～40
	粉砂黏壤土	<20	60～70	25～40
黏土	砂质黏土	45～70	<20	35～55
	粉砂质黏土	<20	40～60	40～60
	黏土	<45	<40	>40

表 3.16　中国土壤质地分类（1981 年）　　　　　　　　　　　（单位：%）

土壤质地		颗粒组成		
质地组	质地名称	砂粒 （1～0.05 mm）	粗粉粒 （0.05～0.001 mm）	黏粒 （<0.001 mm）
砂土	粗砂土	>70		<10
	细砂土	60～70		10～15
	面砂土	50～<60		<10
壤土	砂粉土	≥20	≥40	<30
	粉土	<20		
	砂壤土	≥20	<40	
	壤土	<20		
	砂黏土	≥50		≥30
黏土	粉黏土			30～<35
	壤黏土			35～40
	黏土			>40

表 3.17　FAO/UNESCO 全球土壤分类标准（1992 年）

序号	土壤大类	主要土壤种类
1	低活性强酸土	铁性低活性强酸土，潜育低活性强酸土，腐殖质低活性强酸土，典型低活性强酸土，聚铁网纹低活性强酸土
2	暗色土	腐殖质暗色土，松软暗色土，淡色暗色土，玻质暗色土
3	红砂土	漂白红砂土，过渡性红砂土，铁铝红砂土，黏化红砂土
4	雏形土	艳色雏形土，不饱和雏形土，饱和雏形土，铁铝性雏形土，潜育雏形土，腐殖质雏形土，石灰性雏形土，变性雏形土，永冻雏形土
5	黑钙土	有光泽表层的黑钙土，普通黑钙土，石灰性黑钙土，黏性黑钙土
6	铁铝土	强淋溶铁铝土，腐殖质铁铝土，正常铁铝土，聚铁网纹铁铝土，暗红色铁铝土，黄色铝土
7	冲积土	石灰性冲积土，不饱和冲积土，饱和冲积土，酸性硫酸盐冲积土
8	潜育土	石灰性潜育土，不饱和潜育土，饱和潜育土，腐殖质潜育土，松软潜育土，聚铁网纹潜育土，永冻潜育土
9	灰色森林土	潜育灰色森林土，典型灰色森林土
10	有机土	不饱和有机土，饱和有机土，永冻有机土
11	栗钙土	简育栗钙土，钙积栗钙土，黏化栗钙土
12	石质土	石质土
13	高活性淋溶土	漂白高活性淋溶土，艳色高活性淋溶土，铁质高活性淋溶土，潜育高活性淋溶土，钙积高活性淋溶土，正常高活性淋溶土，聚铁网纹高活性淋溶土，变性高活性淋溶土
14	强风化黏磐土	不饱和强风化黏磐土，饱和强风化黏磐土，潜育强风化黏磐土
15	黑土	石灰性黑土，潜育黑土，简育黑土，黏化黑土

序号	土壤大类	主要土壤种类
16	黏磐土	不饱和黏磐土，饱和黏磐土，腐殖质黏磐土，松软黏磐土，脱碱化黏磐土，永冻黏磐土
17	灰壤	铁性灰壤，潜育灰壤，腐殖质灰壤，薄层灰壤，典型灰壤，薄层铁盘灰壤
18	灰化淋溶土	不饱和灰化淋溶土，饱和灰化淋溶土，潜育灰化淋溶土
19	薄层土	薄层土
20	疏松岩性土	石灰性疏松岩性土，不饱和疏松岩性土，饱和疏松岩性土，永冻疏松岩性土
21	黑色石灰土	黑色石灰土
22	岩石	岩石
23	盐	盐
24	盐土	潜育盐土，松软盐土，典型盐土，龟裂盐土
25	碱土	潜育碱土，松软碱土，普通碱土
26	变性土	深色变性土，浅色变性土
27	水	水
28	灰钙土	简育灰钙土，钙积灰钙土，黏化灰钙土，石膏灰钙土
29	漠境土	简育漠境土，钙质漠境土，黏化漠境土，龟裂漠境土，石膏漠境土

在传统地形分析中，主要根据土壤成分和干燥程度将土壤通行能力描述为可通行、不易通行和不能通行等情况（表 3.18；黄鲁峰，2008）。这种方法只是对气象和土壤数据进行了简单的组合，无法对机动性能不同的车辆作出不同的评价，只能笼统、概略地对土壤的通行性进行简单划分，无法完整描述土壤因子的具体通行性能（李坤伟 等，2018）。

表 3.18 传统土壤成分参数的通行分析

土壤成分	对车辆通行的影响
石质土	通行困难或不能通行
砂质土	干燥时通行困难，潮湿时可通行
砂壤土	干燥时可通行，潮湿时通行良好
砂黏土	干燥时通行良好，潮湿时不易通行
黏土	干燥时通行良好，潮湿时通行困难
泥炭土	潮湿时基本不能通行，排水后可通行
盐渍土	干燥时盐渍化可以通行，雨后通行困难或不能通行，排水后可通行

2. 圆锥指数与 USCS 土壤分类

土壤是影响机动装备通行的重要因素之一，土壤的颗粒构成、液限和可塑性等性质则会影响土壤的通行性能。在地面车辆力学领域，研究者主要以圆锥指数对土壤通行能力和车辆机动性能进行量化。通过比较土壤圆锥指数和车辆圆锥指数能够快速地对车辆在该土壤条件下的可通行性进行评价（李坤伟 等，2019）。

根据地面力学的研究基础，土壤通行性定量分析可以使用统一土壤分类系统（unified soil classification system，USCS）的土壤分类数据为基准。如表 3.19 所示，USCS 对土壤分类时不仅考虑土壤颗粒的等级，还考虑土壤的液限、可塑性及有机物的浓度（ASTM，2011）。我国现有的土壤数据很少采用 USCS 分类方法，包括世界土壤数据库与中国土壤数据集等土壤数据库均采用 USDA 分类方法进行构建（A-Gaines et al.，2015），因此在使用地面力学参数评估土壤通行性能时，需将已有的土壤数据转换成 USCS 类型（李坤伟 等，2018），以多源环境数据为基础，应用土壤圆锥指数等地面力学模型对土壤的通行性进行评估（王国军，2015）。

表 3.19　USCS 土壤分类标准

		分类标准		分组代码	分组名称
粗粒土（留在 200 号筛上的土粒>50%）	砾（留在 4 号筛上的土粒>50%）	纯砾	$C_u \geq 4$ 且 $1 \leq C_c \leq 3$	GW	级配良好的砾石
		细粒土含量<5%	$C_u < 4$ 且 $1 > C_c > 3$	GP	分级较差的砾石
		带细粒土的砾	PI < 4 或点在 "A" 线之下	GM	淤泥质碎石
		细粒土含量>12%	PI > 7 且点在 "A" 线之上	GC	黏土质碎石
	沙（通过 4 号筛上的土粒≤50%）	纯砾（细粒土含量<5%）	$C_u \geq 6$ 且 $1 \leq C_c \leq 3$	SW	分级良好的沙
			$C_u < 6$ 且 $1 > C_c > 3$	SP	分级差的沙
		带细粒土（细粒土含量>12%）	PI < 4 或点在 "A" 线之下	SM	淤泥质沙
			PI > 7 且点在 "A" 线之上	SC	黏土质沙
细粒土（通过 200 号筛上的土粒>50%）	粉土与黏土（液限<50%）	无机质	PI > 7 且点在 "A" 线之上	CL	贫瘠黏土
			PI < 4 或点在 "A" 线之下	ML	淤泥
		有机质	烘干后的液限/烘干前的液限 < 0.75	OL	有机黏土 有机硅
	粉土与黏土（液限≥50%）	无机质	PI 在 "A" 线之上	CH	富黏土
			PI 在 "A" 线之下	MH	弹性淤泥
		有机质	烘干后的液限/烘干前的液限 < 0.75	OH	有机黏土 有机粉砂
高有机土			主要成分是有机质，颜色深	PT	泥炭

注：C_c 为土壤分选参数；PI 为土壤可塑性指数

3. 土壤水分参数

土壤水分是土壤最重要的组成部分之一，在土壤形成过程中起着极其重要的作用：参与土壤内许多物质转化过程，包括矿物质风化、有机化合物的合成和分解等；是作物吸水的最主要来源；是自然界水循环的重要环节；是稀薄的溶液，溶有各种溶质，还有胶体颗粒悬浮或分散其中（王志玉，2003）。

实地测量的土壤水分参数可以实现土壤水分的精准测算，然而该方法费时费力，且得到的土壤含水量数据呈点状分布，应用于成像高光谱数据时需要应用克里金插值等方法获取空间分布状况图，但在无样本点覆盖区域插值建模的精度相对较低。此外，由于现场土壤水分受地形条件影响较大，需要根据粗分辨率土壤水分及更高分辨率的高程和土壤特性计算得出高分辨率数据，再经过重分类后从栅格单元转换为土壤水分矢量多边形，这些经过插值得到的面状数据在细节上不足以支撑通行环境中的土壤要素分析工作（欧德品，2021）。

当前应用遥感数据进行表层土壤含水量反演主要有微波遥感数据反演方法、统计学方法、半经验模型方法和物理模型方法。微波遥感数据反演方法主要是通过计算合成孔径雷达（synthetic aperture radar，SAR）影像的后向散射系数和极化参数，并借助统计回归或者基于经验模型方法获取土壤含水量信息。使用高光谱数据可以进行土壤含水量的评估，并可实现排除水分光谱影响的土壤类型的估算。航空高光谱数据具有高空间分辨率、高光谱分辨率和图谱合一等特点，广泛应用于地物精细分类、智慧农业等场景。应用高光谱数据估算土壤成分含量的工作也逐渐成为研究热点（李鑫星 等，2020）。航空高光谱数据受多种环境因素的影响，如成像过程中的角度变化、光照条件不一致、土壤水分和严重的混合像元等因素（田静 等，2016），如何消除土壤水分的影响及如何解决混合像元问题仍具较大的挑战。①土壤光谱受土壤粗糙度、颗粒大小等物理性质和土壤水分、有机质、氧化铁和碳酸钙等物质的影响；②小范围航空高光谱影像数据，特别是耕地高光谱影像，其土壤颗粒大小、氧化铁和碳酸钙等物理、化学性质可认为差异性较小；③耕地的土壤水分受地形、降雨等因素直接影响；④土壤有机质受耕种过程中的田间管理、水力推动等因素的影响较大；⑤小范围内耕地土壤的反射率除成像条件差异导致的光谱变化之外，可以认为现场耕地土壤的含水量和土壤有机质含量是成像土壤反射率变化的主要影响因子（欧德品，2021）。

4. 土壤通行性评估方法

考虑地形要素的车辆装备的通行分析，主要是从运动学角度进行研究，包括车辆位置随时间的变化规律、车辆的自主通行，但常忽略车辆与地面之间的相互作用。在未知陆地环境地面上行驶时，陆地地表的承载力如何，地表特性如何，是否会引起车辆滑移，降低车辆牵引效率，甚至出现车辆陷入松软地面中而无法正常行驶的问题，为解决相关问题需引入地面力学因子。地面力学是研究车辆与地面间关系的一门学科（任茂文 等，2007）。这一学科中，"车辆"通常指越野车辆，即可在非人工铺设道路上行驶的车辆；"地面"指为车辆提供支承能力和附着能力的岩土及其构成的几何障碍；使用力学仿真技术定量分析地面的通行能力，判断车辆在某区域内的地面通行性能（华琛 等，2022）。

现有的土壤通行性评估方法各有优劣。在传统地形分析领域，主要以环境数据为基础，采用定性分析方法，不需要现场实测，但是分析精度较低；在地面车辆力学领域，主要以定量分析为主，分析精度较高，但是需要特定的仪器现场实测。因此，陆地环境领域内，需要将这两种方法进行结合，基于已有的环境数据来确定土壤力学参数是提高陆地环境通行性评估精度与效率的必然选择。

1）基于经验模型的机动性评估方法

陆地通行装备与地面之间的相互作用是复杂的，难以精确地进行建模。为了克服这一困难，人们开发了用于预测车辆移动性的经验模型：通过简单的测量或现场观察对地面进行识别（或分类），基于长期试验积累得出的经验数据，并借助经验数据推演出经验公式，将车辆性能测试的结果与所识别的地面特征关联起来，用以判断车辆在某区域内的通行性能，即基于经验模型的机动性评估方法（华琛 等，2022；黄祖永，1985）。评估越野车辆迁移率（off-road vehicle mobility，OVM）的经验模型纯粹基于试验数据，在模型输出与模型输入之间建立了关系（He et al.，2019）。模型输出可以是一些车辆机动性参数，例如牵引杆牵引系数、运动阻力、牵引杆牵引效率等。模型输入包括车辆参数和土壤参数。表 3.20（He et al.，2019）总结了 OVM 经验模型和其最典型的土壤参数。

表 3.20　OVM 经验模型的土壤参数摘要

土壤参数	OVM 经验模型中土壤参数的使用示例
圆锥指数	与牵引杆系数相关的轮胎黏土数值
砂土抗渗透性梯度	与牵引杆系数相关的轮胎砂土数值
重塑指数	牵引运动阻力系数，净最大牵引杆拉力系数
土壤标定圆锥指数	
天然覆盖物	
上层土壤强度	
下层土壤强度	净牵引比，滚动电阻比
黏土含量	
土壤水分含量	
渗透阻力（压力）	
重量含水量	吃水，行驶速度
土壤坡度	
土壤内聚力	与横向力比相关的迁移率
土壤摩擦角	

目前，美国和一些北约国家分别使用土壤圆锥指数和车辆圆锥指数（vehicle scone index，VCI）作为装备与地面交互的通过性评价指标（陈欣 等，2011），英国使用平均最大压力（mean maximum pressure，MMP）作为衡量履带式车辆机动性的指标。VCI和 MMP 都是基于经验模型的理论方法（华琛 等，2022）。这些指标对通行装备地面通过能力的预测、提高和评价都具有重要意义。土壤圆锥指数研究经历了一系列的发展：最先提出的圆锥指数方法是土壤强度圆锥指数（cone index，CI），它是表征土壤剪切强度的一种度量方法，可以使用通过性圆锥指数仪进行测量。但在研究中发现，对于两种不同类型的土壤，即便有相同的土壤强度 CI，机动装备在两种土壤形成的地面上的通过性也并不相同（Waterways et al.，1947），因而 CI 不足以作为判断机动装备能否通过的标准依据。这一发现迫使人们开发了重塑指数（remold index，RI）测试方法和土壤标定

圆锥指数（rating cone index，RCI）的测试方法（RCI＝RI×CI）。RCI 也是表征土壤强度的参数，但是这一参数与 CI 的根本区别是考虑了土壤强度随着车辆通过次数的增加而变小。RCI 相对于 CI 的优势主要表现在受土壤类型干扰小，而且考虑了车辆通过次数对土壤的重塑效应，实现了对装备的标准化通过性描述（VCI_{50}）。虽然这种度量标准也未必能够适用于所有的土壤类型，但相比于 CI，RCI 对土壤强度的描述更适合一次通过性描述（VCI_1）（Waterways et al.，1947）。表 3.20 列出的 OVM 经验模型的参数化需要测量一些土壤物理性质参数、土壤力学参数和 CI 相关的土壤参数，这些土壤参数在机动装备实时运行期间很难进行测量，但与 OVM 经验模型一起在车辆和控制器的开发阶段具有价值（Vantsevich et al.，2017）。图 3.1 展示了以 RCI 参数和 VCI 参数为基础的土壤通行性评估框架（李坤伟 等，2018）。

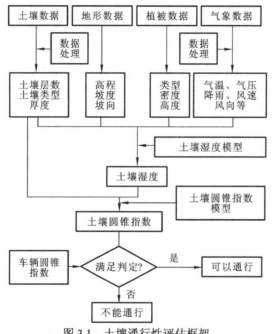

图 3.1　土壤通行性评估框架

　　根据这一评价基础，可进行通行装备的机动模拟，该领域最具代表性的模型是美军自 20 世纪 70 年代以来研发的 AMC-71、AMC-74、NRMM 等（于江 等，2011）。NRMM 是美国和一些北约国家自 1979 年以来，以军用地面车辆机动性评估为目标进行研究及开发的装备机动性评价模型。NRMM 将 VCI 作为评估军用地面车辆在土壤上机动性的指标，通过判断 VCI 与 RCI 的关系，判断车辆能否通过。NRMM 将地形解析为二维剖面，同时引入了越障性能及双精度越障模块，使用半车动力学模型遍历地形，以确定车辆在不同地形及障碍物的最小离地间隙及牵引力大小。NRMM 为模拟行驶中冲击效应对车速的影响，加入了车辆动力学（vehicle dynamics，VEHDYN）模块，通过车载人员的承受极限，调节车辆能够达到的最大车速，以此作为限制车速的一个考量因素。最终，将上述模块得到的数据制成 NRMM 的数据集，用户只需要输入车辆数据、场景数据、地形数据等，通过以往的实车测试数据、经验模型及半经验公式，即可输出某地区的机动性分布（Ma et al.，2013；Vong et al.，1999），方法流程如图 3.2（华琛 等，2022）所示。

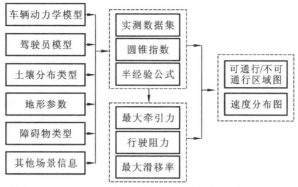

图 3.2　NRMM 基于圆锥指数的机动性评估方法流程图

经验方法对评估车辆在与试验类似土壤中的机动性能是简单且有效的，目前仍被广泛使用，但该类方法仅将车辆机动性能与圆锥指数等指标相关联，简化了车辆行走装置与地面相互作用问题，因此存在较大局限性。Wong（1989）指出经验方法的适用范围仅限于与获取公式时相似的试验场景，因此这些模型不能用于研究新的行走装置设计和未测土壤条件下车辆的机动性能。此外，只有在涉及变量数相对较少时，经验方法才可行。

2）基于高保真土壤模型的机动性评估方法

为了能够获得车辆在某区域的机动性，研究者通过对该地区的地理信息进行评估分析，并结合经验、半经验的方法获得车辆在该地区的机动性评估结果。当前，为了准确反映车辆与土壤接触力学的非线性关系，获得比经验、半经验方法更准确的机动性评估结果，研究者应用数值模拟仿真技术对土壤进行高保真建模，并通过车辆多体动力学模型与土壤模型的耦合仿真获得地面车辆的机动性能。典型高保真土壤建模方法有基于格网划分的有限元分析方法及基于颗粒模型的分析方法（华琛 等，2022）。

3）基于格网的有限元土壤建模方法

高保真的土壤模型对基于数值模拟仿真的车辆机动性评估方法而言至关重要，然而颗粒土壤模型涉及的应力与应变关系具有高度非线性。目前，大多数使用的土壤模型采用基于格网的有限元方法（finite element method，FEM）、基于颗粒模型的方法及基于分层多尺度建模的方法（华琛 等，2022）。在基于格网的有限元方法中，土壤近似为连续体，通常使用弹塑性力学本构模型描述土壤的力学特性（Ti et al.，2009）。

4）基于颗粒的土壤建模方法

由于土壤的多变性和复杂性，建模时需要在仿真软件中对土壤模型中的参数进行修正。修正的依据是在仿真环境中对土壤进行压力-沉陷量及剪切-位移实验，如图 3.3（Melanz et al.，2016）所示，将所获得的实验曲线与实测曲线进行拟合，以获得仿真环境下近似真实的土壤力学响应。建立准确的土壤模型之后，采用以轮胎、车辆、地形为主体的"三方"联合仿真方案，使用力-位移联合仿真策略进行仿真，以评估车辆的机动性（华琛 等，2022；Melanz et al.，2016）。

（a）压力-沉陷量实验　　　　　　（b）剪切-位移实验

图 3.3　土壤参数标定仿真实验

扫描封底二维码看彩图

颗粒模型是最接近土壤实际物理特性的模型。有许多基于颗粒土壤模型的方法已用于模拟车辆-地面相互作用，包括离散元方法（discrete element method，DEM）、光滑粒子流体动力学方法和物质点法等。其中，离散元方法通过颗粒间作用力对土壤力学行为进行建模，包括：法向接触力、吸引力、切向接触力（包括摩擦力和黏性力）及与颗粒间距离相关的力（重力、静电力和磁力）。

5）NG-NRMM 定义的机动性评估方法

由于基于经验及半经验模型的车辆机动性评估方法的局限性，北约应用车辆技术（applied vehicle technology，AVT）组在北约科学技术组织（Science & Technology Organization，STO）的支持下，成立了 AVT-248 研究工作组，开发了 NG-NRMM（Choi et al.，2019；Bradbury et al.，2016）。NG-NRMM 对车辆机动性评估的具体流程是通过应用地理信息系统（GIS）、FEM/DEM 土壤模型及车辆多体动力学（multibody dynamic，MBD）模型的联合仿真（图 3.4；Akinci et al.，2013）实现的，以评估车辆在某区域的机动性（McCullough et al.，2017；Chemistruck et al.，2013），如图 3.5 所示。

（a）轮式车辆　　　　　　（b）履带式车辆

图 3.4　DEM 地形上轮式、履带式车辆多体动力学仿真

扫描封底二维码看彩图

NG-NRMM 使用即时可用的地面力学模型完成机械装备的通行性分析，针对大范围真实地形的车辆机动性评估，将该地形图均匀划分为若干格网单元。对每个格网单元提取最大坡度和最小土壤圆锥指数，并对每个坡度和土壤圆锥指数组合，建立相应的地形土壤模型，以进行车辆行驶仿真。对每种组合仿真计算了稳态下车辆的最大可能速度，最后生成整个地形的机动性分布图。NG-NRMM 地形及土壤参数如表 3.21（Bradbury et al.，2016）所示。

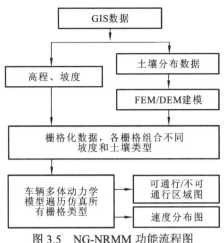

图 3.5　NG-NRMM 功能流程图

表 3.21　NG-NRMM 地形及土壤参数

字段	类型	描述	默认值
CPRIS	DOUBLE	土壤棱角凝聚力/(psi)	0
DELTAPRIS	DOUBLE	土壤棱角外部摩擦角/(°)	0
ENG_C	DOUBLE	土壤黏性强度/(psi)	0
ENG_G	DOUBLE	弹性剪切模量/(psi)	0
ENG_GAMMA	DOUBLE	单位总重量/(lb/ft³)	0
ENG_PHI	DOUBLE	土壤摩擦角/(°)	0
EXTFRICT	DOUBLE	外部摩擦角/(°)	0
GAMMAPRIS	DOUBLE	土壤棱角单位重量/(lb/ft³)	0
PHIPRIS	DOUBLE	土壤棱镜摩擦角/(°)	0
BULKDNS	DOUBLE	体积密度/(g/cm³)	NULL
KUSCS2	LONG	SSL2 的 USCS 土壤代码	5
TEMP2	DOUBLE	SSL2 的土壤温度/K	295
TMOIST2	DOUBLE	SSL2 的体积土壤水分含量/%	0

注：1 psi = 1 lb/in² ≈ 6.894×10³ Pa；1 lb ≈ 0.453 kg，1 ft³ ≈ 2.831×10⁻² m³；SSL2：second significant strength layer depth，第二显著增强层位深度

3.2.2　岩体参数

岩体作为通行环境要素并为陆地通行环境分析所用，主要取决于岩体的工程性质。岩体的工程性质包括岩石的物理性质、力学特性和岩体结构、岩体力学特性等。岩石的物理性质主要有岩石的密度、孔隙度、吸水性、软化性和抗冻性等，反映的是其基本物理性质和在一定特殊条件下所表现出来的物理特性。虽然岩体在通行分析中主要考虑其工程性质，可按工程岩体基本质量级别进行分类（表 3.22），但岩体作为组成地壳的主要地质体，是其基本组成物质和内外动力地质作用的产物，为了保持与地质基础的岩石

学内容一致，陆地通行环境岩体因子仍按岩石成因分为沉积岩、岩浆岩和变质岩，并增加对岩体工程性质有特殊影响的膨胀性及易溶性等特殊岩土，作为陆地环境通行分析中岩体因子分类探讨的基础（表3.23）。以往研究中发现，不同岩石类型的物理力学性质有很大的差异，这导致通行分析中将岩体作为陆地通行基础会有不同的抗压抗剪强度、风化程度、锋利特性等机动通行影响参数，对裸岩地表和湖岸、海岸等登陆机动环境有较大的影响（路彦明 等，2019）。

表 3.22 按岩体基本质量指标值的岩体基本质量分级

岩体基本质量级别	岩体基本质量的定性特征	岩体基本质量指标
I	坚硬岩，岩体完整	>550
II	坚硬岩，岩体较完整	550～451
	较坚硬岩，岩体完整	
III	坚硬岩，岩体较破碎	450～351
	较坚硬岩，岩体较完整	
	较软岩，岩体完整	
IV	坚硬岩，岩体破碎	350～251
	较坚硬岩，岩体较破碎至破碎	
	较软岩，岩体较完整至较破碎	
	软岩，岩体较完整至完整	
V	较软岩，岩体破碎	≤250
	软岩，岩体较破碎至破碎	
	全部极软岩及全部极破碎岩	

表 3.23 按岩石成因的岩体分类及通行性分析

岩体分类		岩体性能			通行性
岩体类别	岩体名称	岩体属性	性能特征	承载力	
沉积岩	碎屑岩	质硬而坚固	高抗压强度 高完整程度	强	影响小
	砾岩	圆状、钙质胶结	较高抗压强度	强	好
		棱角状、泥质胶结		强	差
	砂岩	致密坚硬、 风化程度低	高坚硬程度 高完整程度	强	好
	粉砂岩		较高抗压强度	强	好（扬尘）
	黏土岩	遇水软化	低抗压强度	中	差
	碳酸岩	形成的风化岩石比较坚硬、锋利，地表水、地下水溶蚀作用造成的不均匀沉陷和路基垮塌	较高抗压强度	强	中（切割轮胎、沉陷、垮塌）

岩体分类		岩体性能			通行性
岩体类别	岩体名称	岩体属性	性能特征	承载力	
岩浆岩	花岗岩 闪长岩 辉长岩	侵入岩 岩石致密坚硬 不软化	完整程度高	强	好
	流纹岩 安山岩 玄武岩	类似侵入岩 岩石致密坚硬 性脆	强度较高	强	中
	火山碎屑岩	易风化 风化后形成斑脱土	抗压强度小	强	差
变质岩	板岩 千枚岩 片岩其原岩	易风化破碎 遇水存在软化问题	坚硬程度低	中	中
	片麻岩	岩石致密坚硬	完整程度高 抗压强度大	强	好
	糜棱岩	韧性强 易风化成黏土类矿物 遇水降低承载力	坚硬程度低	中	中（不利于重型作战车）
	碎裂岩	性脆易破碎 近似于岩块	坚硬程度低	中	中（不利于轮式作战车）
	石英岩	致密坚硬	完整程度高 抗压强度大	强	好
	大理岩	致密坚硬	完整程度高 抗压强度大	强	好
特殊岩	膨胀岩	—	—	中	中（干燥条件） 差（湿润条件）
	礁灰岩	—	较高的孔隙率、疏松结构	中	中

3.3 自然灾害因子

在陆地环境的通行分析中，通行区域内的自然灾害因子是进行通行规划时必须考虑的内容，无论是道路周边的自然灾害点位，还是非道路的通行环境灾害因子，都会对机动装备在陆地环境中的通行活动产生较大的风险。以地质灾害因子为切入点，对通行环境中自然灾害风险进行分析。传统的地质灾害因子只考虑历史灾害点的信息，忽视了类似地质条件区域在实际通行环境中潜在风险。地质灾害风险评估是在地质灾害空间预测评价的基础上综合考虑人员、社会经济要素和抗灾能力的综合预测评价，不仅需要评价时间概率，还需要进行空间预测（吴树仁 等，2009）。地质灾害风险评估通常基于 3 种假设（吴树仁 等，2009；Varnes，1984）：①过去对未来有一定的指示作用；②具有与曾经发生地质灾害地区相似的地形、地质及地貌因素的地区，未来也有可能发生地质灾害；③导致地质灾害发生的基本要素能够有效识别。

3.3.1 历史灾害参数

历史灾害参数是研究地质灾害对陆地环境通行分析的影响指标，主要定义为历史上曾发生过地质灾害的位置、历史灾害区域、灾害损伤重要程度等。基于自然条件参数、历史灾害数据及相关敏感性评价指标，通过地质灾害易发性模型对地质灾害敏感区域灾害易发性进行预测。研究中可以根据历史灾害点位信息验证灾害易发性评价结果，应用中可以在通行环境分析时避开灾害易发生的敏感区域；历史灾害数据也可以用于分析研究区域内易发生的地质灾害类型，统计研究区域内地质灾害发生频率，评估整体的地质灾害风险，为陆地环境的通行分析提供灾害安全保障的数据基础。

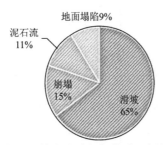

图 3.6　某地地质灾害类型及占比

以某地的历史地质灾害为例，由于该地处于云贵山区，坡陡谷深，属暖温带湿润性季风气候，湿润多雨，地理环境和地质环境十分复杂，新构造运动活跃，深大断裂发育，地质环境十分脆弱，滑坡、崩塌、地裂、地面塌陷等地质灾害发生频率高，分布点多面广，是贵州省地质灾害重灾县之一。通过统计常见地质灾害类型包括滑坡、崩塌、泥石流、地面塌陷等，以某地历史灾害情况为例（图 3.6），该区域内常发生的地质灾害以滑坡为主，占地质灾害总数的 65%，其次为崩塌，占地质灾害总数的 15%，泥石流占 11%，地面塌陷占 9%。

上述地质灾害的发生将会对陆地环境的通行安全造成很大的影响。通过引入历史灾害参数，在通行环境分析时考虑地质灾害的影响，可以提升陆地环境通行规划路径的安全性。

3.3.2 地质灾害易发性评价模型及参数

地质灾害（主要指崩塌、滑坡、泥石流，相当于国际上广义的滑坡）风险评估与管理越来越流行、普及，已成为国际减灾防灾战略的重要成分（Fell et al., 2005；Dai et al., 2002）。基于地理信息系统空间分析技术，研究分析滑坡地质灾害发生的条件及影响因素，选择并提取研究区域内与地质灾害敏感性相关的评价因子，使用定量模型的方式进行地质灾害易发性评价，可以将统计分析评价与定量模型计算相结合，弥补和克服以前易发性评价因人而异、因统计样本而异的缺陷。

1. 地质灾害易发性评价模型

常见的易发性评价模型主要有信息量模型、逻辑回归模型、统计分析模型及机器学习模型等。信息量模型是易发性评价中常用的一种统计分析模型（陈燕平，2010；吴树仁 等，2009）。信息量模型的物理意义明确、操作简单、可解释性强，因此在研究实践中被广泛应用。信息量模型来源于信息预测学，用信息量评价影响因子与研究对象之间的相关性。应用信息量模型进行区域滑坡的易发性评价时，首先选择控制滑坡稳定性的关键影响因子，将每个因子作为单独的图层，按一定规则将其划分为若干类别后，与滑坡分布图进行叠加分析（王佳佳 等，2014）。信息量模型可以凸显影响滑坡的各个因子的重要程度。滑坡灾害现象受多种因素的影响，在各种不同的地质环境中，各种因素所起作用的大小、性质是不同的，总会存在一种"最佳因素组合"。信息预测的观点认为，滑坡灾害产生与否与预测过程中所获取的信息的数量和质量有关，是用信息量来衡量的。信息量越大，表明产生地质灾害的可能性越大，常用来计算信息量的公式为

$$I(x_i) = \ln \frac{S_i / A_i}{S / A} (i = 1, 2, \cdots, n) \tag{3.6}$$

式中：x_i 为第 i 类影响因子；$I(x_i)$ 为该因子的信息量值；S_i 为该影响因子滑坡面积；A_i 为该影响因子总面积；A 为研究区域总面积；S 为区域内滑坡总面积。

2. 地质灾害易发性评价流程

使用地质灾害易发性模型进行灾害易发性评价，一般遵循如下流程：对 DEM 应用软件分析计算重分类得到高程、坡度、坡向和地形起伏度分级；结合水网矢量，应用水文分析在 DEM 数据上提取河网，缓冲分析得到河网分级；应用公式和栅格计算器在遥感影像数据上得到归一化植被指数（normalized difference vegetation index，NDVI）；应用收集的交通路网进行缓冲计算分析得到路网分级，作为人类活动对地灾发生的影响因子；根据各影响因子分级情况，提取灾害点到各分级区域，统计计算地灾发生点和分级栅格数量，得到各分级信息量；对各分级进行信息量重分类，最后应用栅格计算器叠加分析得到信息量数据，对信息量应用自然断点法分类划分得到易发性位置分区。

3. 地质灾害易发性评价模型主要参数

1）路网距离指数

随着经济发展，各类基础建设在建设过程中对土体有扰动作用，破坏斜坡平衡状态，是人类活动诱发滑坡的重要因素。道路修建作为人类主要工程活动之一，修建过程中大量土石被开挖，改变了坡体中原有的地质构造，破坏其自身的平衡状态，并且增大了坡体临空面，导致滑坡灾害更易发生，因此选取路网距离指数作为滑坡灾害的评价指标（郝国栋，2019）。路网距离指数是以路网数据缓冲区为基础，度量研究区域距最近道路的距离，评价人类工程活动对地质灾害易发性的影响。

路网距离指数的计算流程如下。

（1）建立缓冲区：根据历史灾害点分布与实际情况，将道路矢量按照 300 m 为一个等级进行分级生成缓冲区，分为 300 m、600 m、900 m、1 200 m、>1 200 m 共 5 个等级。执行"缓冲区"操作，输入缓冲要素及缓冲区半径，融合类型选择为 ALL，然后进行缓冲区创建，创建不同半径的缓冲区范围。

（2）生成>1 200 m 缓冲区：按照半径>1 200 m、小于区域最大半径生成缓冲区，然后用研究区范围裁剪该缓冲区图层，用 1 200 m 的缓冲区擦除裁剪得到的图层，即可得到距离>1 200 m 的缓冲区区域。

（3）应用"擦除"工具对缓冲区域分级：应用 1 200 m 缓冲区擦除 900 m 缓冲区得到 300 m 的缓冲范围，以此类推。

（4）使用"合并"工具将擦除得到的所有缓冲区数据合并。

（5）使用研究区范围对缓冲区进行裁剪，将超出了研究区范围的缓冲区擦除。

（6）将得到的数据转为栅格数据（注意分辨率），给栅格数据的属性表添加"距离"字段，即可得到路网距离的栅格图层数据。

2）河网距离指数

河流的侵蚀作为滑坡灾害评价指标之一，对滑坡的发育有重要影响。以河网数据建立缓冲区，可以得到河网距离指数，评价研究区域距离河网中最近河道的距离，度量河网对研究区域的灾害敏感性影响。河网距离指数的计算流程同路网距离指数计算流程一致，不再赘述。

3）地形起伏度

地形起伏度（relief amplitude）为单位量化区域内最高海拔与最低海拔之差，表示区域内坡度变化情况，其计算公式为

$$R = H_{\max} - H_{\min} \tag{3.7}$$

式中：R 为地形起伏度；$H_{\max}$、$H_{\min}$ 分别为单位面积内最大高程值、最小高程值。

地形起伏度是确定地形地貌条件最重要的因子之一，也是地质灾害形成的重要条件。区域性的地形起伏度在研究中能更好地分析地形地貌和小流域形态特征，地形起伏度与区域性滑坡发育及分布存在相关性，且与坡度是互相补充的（刘育成 等，2016）。由现有研究成果可知，地形起伏度成果可初步定位区域内地质灾害的易发地段，为进一步圈定地质灾害重要孕灾区提供先决条件；在陆地环境通行分析中，地形起伏度的影响同样集中于地质灾害易发性的评价中，一般采取信息量法和确定性系数法探讨地形起伏度与滑坡灾害发育的相关性。

4）地形湿度指数

地形湿度指数（topographic wetness index，TWI）是基于 DEM 对径流路径长度、产流面积等的定量描述，因而也是对流域中各点潜在（理论）土壤水分含量和径流产生潜在能力的量化。地形指数越大，意味着该区域具有越大的坡面汇流面积，或具有较低的水力坡降，则该区具有更大的饱和带发展潜力，土壤越容易达到饱和而产流。地形湿度指数越大，饱和带发展潜力越大，土壤越容易达到饱和，更易发育滑坡，且大多数滑坡发育在 TWI 值高的区域（冯园，2017）。

地形湿度指数指单位等高线长度上的汇水面积与坡度值之比的自然对数（张彩霞 等，2005），可以表示为

$$\mathrm{TWI} = \ln\left(\frac{\mathrm{SCA}}{\tan\beta}\right) \tag{3.8}$$

式中：TWI 为地形湿度指数；SCA 为单位等高线长度；β为局部坡面的坡度。对于以栅格形式表示的数字高程模型（DEM），SCA 表示单元格网的汇水面积与 DEM 格网分辨率的比值，β为对应于单元格网的局部坡度（张彩霞 等，2005）。

5）归一化植被指数

归一化植被指数（NDVI）是遥感估算植被覆盖度研究中最常用的植被指数，与植被空间分布密度呈良好的线性相关关系。NDVI 的具体计算公式为

$$\mathrm{NDVI} = \frac{\mathrm{NIR} - \mathrm{Red}}{\mathrm{NIR} + \mathrm{Red}} \tag{3.9}$$

式中：NIR 为近红外光波段；Red 为可见红光波段。计算归一化植被指数的结果为-1～1，植被为 0 时的结果为 0，结果越接近 1 表明研究区域内存在高密度植物的可能性越高。

地质灾害分析的研究结果表明，研究区域内 NDVI 与滑坡灾害整体呈正向关联，NDVI 较高区域较容易发生滑坡（王佳佳 等，2014）。理论上 NDVI 高值区内植被空间分布密度大，而植被可以抑制水土流失并增强雨水下渗，使岩土体稳定性增强，最终可以减少滑坡的发生。然而受其他自然地理要素影响，NDVI 中等值区域滑坡发生的可能性有所增大，尽管该区域具有相对较好的植被覆盖，但相对不利的 DEM、坡度、降水量等条件的叠加作用最终增加了滑坡危险性（唐川 等，2015）。

4. 地质灾害易发性评价模型案例

以某地滑坡易发性评价结果（表 3.24）为例，通过对比研究滑坡易发性分区结果与研究区滑坡分布可知，随着易发性级别的增大，各等级区域内的滑坡面积占区域面积的比例随之增大，说明这种划分方法确定的易发性分区等级与实际的滑坡地质灾害发生情况相符，地质灾害易发性分区与已有的地质灾害分布有较好的对应关系，灾害易发性分区模型的评价结果较为可靠。

表 3.24　某地滑坡易发性分区结果与滑坡分布的对比

易发性分区	区域面积/km^2	滑坡面积/km^2	滑坡面积占区域面积的比例/%
低易发区	2 238.95	137	6.12
中易发区	885.83	89	10.05
高易发区	102.67	18	17.53

注：由于计算四舍五入，占比总和有可能不等于100%

根据地质灾害易发性评价形成的陆地环境通行地质灾害敏感区域，可为陆地环境通行分析提供自然灾害因子中的重点规避区域。相较于传统历史灾害点位数据，地质灾害易发性评价可以融合陆地通行环境影响因子和地质灾害影响因子，实现基于陆地环境通行分析系统的通行环境地质灾害安全性定量评价，提升陆地环境通行规划路线的安全性。

3.4 气象因子

根据气象水文要素的相关研究,灾害性天气对机动通行影响较大,主要包括降雨、降雪、风、雾等气象要素。灾害性天气具有双重危害,既降低能见度,又或多或少地改变路面状况,引起路面摩擦系数变化或道路阻断,从而影响道路通行性。降雨、降雪、雾、扬沙、浮尘等影响能见度;降雨、降雪、冰冻等减小路面摩擦系数;暴雨引起洪水、滑坡或泥石流等阻断道路等(周郑芳,2009)。气象因子总结了气象条件对陆地环境通行性的影响,可以使用降水量、积雪厚度等参数量化特定气象条件下的陆地环境通行性能。

3.4.1 温度参数

机动装备对温度的适应范围较大,对通行的影响主要体现在高温天气行驶过程中驾驶员容易疲劳。此外,极端气温导致其他要素因子发生变化,如雪、霜等可导致地表结冰。此外,随季节变化,初春时节冷冻地表消融也会对机动装备通行产生影响,特别是对轮式车辆的通行影响比较大。

3.4.2 风力参数

风力要素对机动装备通行的影响一般体现在对机动装备速度的限制,主要体现在两个方面:①破坏道路辅助设施;②在山区公路或急转弯处对高箱、双箱汽车的影响较大(周郑芳,2009)。风力等级对机动装备通行的影响系数如表3.25(周郑芳,2009)所示。

表 3.25　风力等级对机动装备通行的影响系数

通行分级	风力等级	影响系数
易通行	0~4	0
能通行	5~6	0.2
难通行	7~8	0.4
不能通行	>8	0.6

3.4.3 降雨参数

降雨参数主要反映降雨对机动通行的影响,能够较为合理地度量降雨对地表通行性的影响。调查研究显示,2017~2018年在华南地区发生的重特大交通事故中,32.7%的事故是在阴雨天发生的。降雨条件会显著减小路面附着系数,使轮胎附着力减小,车辆行驶稳定性降低(郭丛帅,2021)。因此,根据不同降水量对不同地表及地表土质的影响,合理规划路线,尤其是在大雨、暴雨时尽量规避土质疏松及沟谷密度较大的区域,可以提升陆地环境通行路线的安全性。

一般获取的降雨数据是站点观测的降雨信息（只能代表站点附近的降雨），还需要通过空间插值来获取区域内的降雨分布，但是由于气象站相对稀少且分布不均，插值精度受到较大影响。卫星降雨数据，如热带降雨测量计划（tropical rainfall measuring mission，TRMM）和全球降水测量（global precipitation measurement，GPM）任务，是气象数据的重要来源，卫星遥感观测具有较大的空间覆盖范围，能够连续、实时地对空间降水进行观测。但是由于其为间接观测降雨量，数据的精度较低。因此，可以将两种数据结合，发挥两种数据的优势以提高降水插值的精度（李坤伟 等，2018）。

设 $P(x,y)$ 为降雨的真实分布，$P_t(x,y)$ 为卫星降雨分布，$e_t(x,y)$ 为卫星降雨与真实降雨之间的误差，则有

$$P(x,y) = P_t(x,y) + e_t(x,y) \tag{3.10}$$

设气象站观测的降雨数据为 $P_0(x,y)$，假定气象站观测的降雨数据没有误差，那么在气象站所处位置卫星降雨与真实降雨之间的误差为

$$e_o(x,y) = P_0(x,y) - P_t(x,y) \tag{3.11}$$

$e_o(x,y)$ 只是描述了站点所处位置卫星降雨与真实降雨之间的误差。为了进一步得到整个区域的误差分布，采用克里金插值方法对其进行处理，即可得到 $e_t(x,y)$ 的分布。最后应用式（3.10）就可以得到整个区域内的降雨分布。

根据现有研究结果，降雨对机动通行的影响系数如表 3.26（周郑芳，2009）所示。

表 3.26　降雨对机动通行的影响系数

通行分级	降雨情况	影响系数
易通行	无雨或小雨	0
能通行	中雨	0.2
难通行	大雨	0.4
不能通行	暴雨	0.5

3.4.4　降雪参数

降雪对任何道路上的机动装备通行均有影响，具体表现在：①地面温度低于 0 ℃后，雨雪会使路面结冰，路面摩擦系数极低；②中雪以上天气，积雪覆盖路面，严重影响车辆的制动性；③暴雪天气能在路面造成较厚积雪，形成雪阻，甚至导致高速公路关闭；④积雪对公路的影响更大，积雪被压实后，路面摩擦系数类似于冰面，更影响交通（周郑芳，2009）。通行环境中降雪对机动装备通行的影响程度如表 3.27（周郑芳，2009）所示。

表 3.27　降雪对机动装备通行的影响程度

降雪等级	雪量/(mm/12 h)	对通行的影响程度
1	0.1～0.25	有影响
2	0.25～3.0	较大影响

降雪等级	雪量/（mm/12 h）	对通行的影响程度
3	3.0～5.0	很大影响
4	≥5.0	严重影响

3.4.5 雾天参数

雾天，行车速度主要受制于判断前方障碍物和机动装备的距离，以便实时制动。以速度为 30 km/h 机动的坦克为例，其安全制动距离不应小于 20 m。当雾天能见距离等于或小于 20 m 时，坦克只能慢速机动，其影响系数是 0.2。据试验，能见距离大于或等于 100 m 时，坦克机动速度不受影响（其影响系数为 0）；而能见距离为 50 m 时，其影响系数为 0.5（张文诗 等，1996）。雾天能见距离对机动装备通行速度的影响系数如表 3.28（周郑芳，2009）所示。

表 3.28　雾天能见距离对机动装备通行速度的影响系数

能见距离/m	影响系数
<100	k
≥100	0

表 3.28 中的影响系数 k 可由能见距离 x 计算得出，其计算公式为

$$k = \frac{x}{100} \tag{3.12}$$

3.5　水　文　因　子

水文因子对通行性能的影响主要通过水深和流速（V）体现，水深与机动装备通行速度的关系如表 3.29（张文诗 等，1996）所示。

表 3.29　水深与机动装备通行速度的关系

水深/m	速度/（m/s）
1.4	1
1.3	1～2
1.2	2～3

从水深与机动装备通行速度的关系可知，水库和湖泊在通常情况下要绕过，当水深小于 1.4 m 时，则认为某些机动装备可以通行。结合量化区域内水系密度及水深的影响，可根据式（3.13）确定量化区域内装备的通行性：

$$Q = \frac{A}{S} \tag{3.13}$$

式中：Q 为水系分布密度；S 为格网的总面积；A 为水系面积占比。水系分布密度分级对通行环境性能的影响如表 3.30（范林林，2017）所示。

表 3.30　水系分布密度分级对越野通行的影响

密度分级	密度	通行系数
稀疏	≤0.1	0
一般	0.11~0.25	0.5
较密集	0.26~0.49	0.7
密集	≥0.5	1.0

参 考 文 献

陈欣, 蒋美华, 2011. 战术轮式车辆机动性概论. 北京: 兵器工业出版社.

陈燕平, 2010. 基于 GIS 的贵州省滑坡地质灾害易发性多模型综合评价. 长沙: 中南大学.

范林林, 2017. 基于六角格网的越野路径规划技术方法研究. 郑州: 中国人民解放军战略支援部队信息工程大学.

冯园, 2017. 基于精细 DEM 的地形湿度指数研究. 西安: 西北大学.

高玄彧, 2004. 地貌基本形态的主客分类法. 山地学报(3): 261-266.

郭丛帅, 2021. 降雨条件下基于车路协同的自动驾驶车辆速度规划与运动控制研究. 西安: 长安大学.

郝国栋, 2019. 基于随机森林模型的商南县滑坡易发性评价. 西安: 西安科技大学.

胡允达, 2015. 军事地形学与定向越野. 武汉: 武汉大学出版社.

华琛, 牛润新, 余彪, 2022. 地面车辆机动性评估方法与应用. 吉林大学学报(工学版), 52(6): 1229-1244.

黄鲁峰, 2008. 基于 GIS 的战场自然环境因子综合分析研究. 郑州: 中国人民解放军战略支援部队信息工程大学.

黄祖永, 1985. 地面车辆原理. 北京: 机械工业出版社.

李坤伟, 游雄, 张欣, 等, 2018. 基于多源数据的土壤越野通行性评估. 测绘科学技术学报, 35(2): 206-210.

李坤伟, 游雄, 张欣, 等, 2019. 面向越野通行分析的土壤数据分类方法研究. 系统仿真学报, 31(1): 158-165.

李鑫星, 曹闪闪, 白雪冰, 等, 2020. 多光谱技术在土壤成分含量检测中的研究进展. 光谱学与光谱分析, 40(7): 2042-2047.

刘育成, 赵廷宁, 2016. 基于变点分析法提取废弃采石场地形起伏度的方法. 水土保持研究, 23(3): 269-273.

路彦明, 李宏伟, 周宏, 等, 2019. 军事地质学概论. 长沙: 国防科技大学出版社.

欧德品, 2021. 基于 Kubelka-Munk 模型与深度回归网络的高光谱土壤成分反演. 徐州: 中国矿业大学.

任茂文, 张晓阳, 王戬, 2007. 车辆地面力学研究现状与展望. 机械制造与自动化(4): 1-2, 6.

唐川, 马国超, 2015. 基于地貌单元的小区域地质灾害易发性分区方法研究. 地理科学, 35(1): 91-98.

田静, 米素娟, 何洪林, 等, 2016. 土壤水分及粗糙度对比辐射率的影响. 遥感学报, 20(4): 561-569.

王飞, 曹启华, 2002. 军事地形分析建模与应用. 北京: 解放军出版社.

王国军, 2015. 美军车辆软地面通过性试验方法问题分析. 军事交通学院学报, 17(3): 53-56.

王佳佳, 殷坤龙, 肖莉丽, 2014. 基于 GIS 和信息量的滑坡灾害易发性评价: 以三峡库区万州区为例. 岩石力学与工程学报, 33(4): 797-808.

王亚民, 赵捧末, 2006. 地理信息系统及其应用. 西安: 西安电子科技大学出版社.

王志玉, 2003. 土壤水分及表示方法. 水利科技与经济(4): 289-290.

吴树仁, 石菊松, 张春山, 等, 2009. 地质灾害风险评估技术指南初论. 地质通报, 28(8): 995-1005.

徐永龙, 1986. 数字高程模型理论的应用及其发展. 武测科技(3): 42-49.

许金良, 雷天, 贾兴利, 等, 2017. 基于典型汽车爬坡的高海拔地区公路最大纵坡. 同济大学学报(自然科学版), 45(6): 854-860.

于江, 陈军, 左永刚, 2011. 越野加油车机动性量化评估研究. 中国储运(5): 99-101.

张彩霞, 杨勤科, 李锐, 2005. 基于 DEM 的地形湿度指数及其应用研究进展. 地理科学进展(6): 116-123.

张时煌, 彭公炳, 黄玫, 2004. 基于地理信息系统技术的土壤质地分类特征提取与数据融合. 气候与环境研究(1): 65-79.

张为华, 汤国建, 文援兰, 等, 2013. 战场环境概论. 北京: 科学出版社.

张文诗, 董成全, 1996. 地形通行性能的研究. 解放军测绘学院学报(2): 143-147.

周郑芳, 2009. 顾及气象要素的道路通行分析应用研究. 郑州: 中国人民解放军战略支援部队信息工程大学.

A-Gaines R A G, Frankenstein S, 2015. USCS and the USDA soil classification system: Development of a mapping scheme.

Akinci N, Cornelis J, Akinci G, et al., 2013. Coupling elastic solids with smoothed particle hydrodynamics fluids. Computer Animation and Virtual Worlds, 24(3-4): 195-203.

ASTM, 2011. Standard practice for classification of soils for engineering purposes. ASTM International: D2487-11.

Bradbury M, Dasch J, Gonzalez R, et al., 2016. Next-generation NATO reference mobility model (NG-NRMM). Tank Automotive Research, Development and Engineering Center (TARDEC) Warren.

Chemistruck H M, Ferris J B, 2013. Developing compact models of terrain surfaces. Journal of Dynamic Systems, Measurement, and Control, 135(6): 061008.

Choi K K, Jayakumar P, Funk M, et al., 2019. Framework of reliability-based stochastic mobility map for next generation nato reference mobility model. Journal of Computational and Nonlinear Dynamics, 14(2): 021012.

Dai F C, Lee C F, Ngai Y Y, 2002. Landslide risk assessment and management: An overview. Engineering Geology, 64(1): 65-87.

Fell R, Ho K K, Lacasse S, et al., 2005. A framework for landslide risk assessment and management. Boca Raton: CRC Press.

He R, Sandu C, Khan A K, et al., 2019. Review of terramechanics models and their applicability to real-time applications. Journal of Terramechanics, 81: 3-22.

Ma R, Chemistruck H, Ferris J B, 2013. State-of-the-art of terrain profile characterisation models. International Journal of Vehicle Design, 61(1-4): 285-304.

McCullough M, Jayakumar P, Dasch J, et al., 2017. The next generation NATO reference mobility model development. Journal of Terramechanics, 73: 49-60.

Melanz D, Jayakumar P, Negrut D, 2016. Experimental validation of a differential variational inequality-based approach for handling friction and contact in vehicle/granular-terrain interaction. Journal of Terramechanics, 65: 1-13.

Ti K, Huat S B B K, Noorzaei J, et al., 2009. A review of basic soil constitutive models for geotechnical application. Electronic Journal of Geotechnical Engineering, 14(J): 1-18.

Vantsevich V V, Klos S, Lozynskyy A, et al., 2017. A foundation for real-time tire mobility estimation and control. Proceedings of the 19th International & 14th European-African Regional Conference of the ISTVS, Budapest, Hungary.

Varnes D J, 1984. Landslide hazard zonation: A review of principles and practice. International Association of Engineering Geology Commission on Landslides and Other Mass Movements on Slopes. Paris: UNESCO.

Vong T T, Haas G A, Henry C L, 1999. NATO reference mobility model (NRMM) modeling of the Demo III experimental unmanned ground vehicle (XUV). Army Research Lab Aberdeen Proving Ground MD.

Waterways E S U S, United S M R, 1947. Trafficability of soils: Pilot tests-self-propelled vehicles. U.S. Waterways Experiment Station.

Wong J Y, 1989. Terramechanics and off-road vehicles. Amsterdam: Elsevier.

第4章 陆地环境通行量化与评价分析

陆地环境通行性是指在一定区域内不同环境因素的综合影响下，对不同通行方式的支持程度（张萌，2020）。通行分析起始于军事行为和活动，通过对战场环境的分析，指挥机动车辆、人员在战场中的行动（郭宏伟，2022；王伟懿，2022；张萌，2020；Pokonieczny et al.，2018；范林林，2017；张欣 等，2017；王文刚 等，2009）。随着研究的深入、技术的进步及人类需求的不断提高，通行分析逐渐扩展到民用交通、抗震救灾、民事生产等民生领域，同时与机器人自主导航的研究密切相关。陆地环境通行量化是通行分析的重要环节，将影响通行的要素数据量化为分析单元（格网）内一个可评价的属性值，可根据需求存储为 MAPTBL 数据格式、栅格数据格式或矢量数据格式，量化后可采用不同的方法对格网通行能力进行综合评价，得到可通行、不可通行的定性评价结果或定量的通行能力指数（index of passability，IOP）。

4.1 陆地环境通行量化模型与方法

通行环境格网量化模型应用格网对陆地环境通行因子进行量化，将一些不具体、模糊的因子数据用具体的数据来表示，提取影响陆地通行的属性特征。该过程通过定量描述达到分析比较的目的，是构建通行分析模型的必要条件（王伟懿，2022）。格网是陆地环境信息的承载，格网单元可以负载通行因子量化信息，还可以作为通行环境数据组织框架。不同尺度的格网可实现对大数据量、不同类型且数据结构差异较大的数据进行统一的组织管理（王伟懿，2022）。陆地环境通行量化分析是陆地通行环境数据基于地形量化方法，实现陆地通行环境通行量化模型构建的过程（缪坤 等，2015）。标高法和分类法（杨南征，2007）是常用的地形量化方法，在实际应用中，分类法更常见。地形量化经历了较长时间的发展，由军事地形量化（刘雅 等，2013；贺毅辉，2012；马锦绢，2012；周成军 等，2010；薛青 等，2009；赵新 等，2008）逐渐转向民用地形量化（宋伟华 等，2020；李阳 等，2019；范林林，2017；唐辉 等，2015）。地形量化通常采用格网的方式进行量化，经历了三角格网、四角格网（四方向、八方向）和六角格网的研究发展过程。虽然四角格网（八方向）的可行路径数量更多，但是不同方向的路径距离有差异，会导致应用时受限，六角格网在一致邻近关系和等方向性等方面具有较大的优势，其应用更为广泛。

面对多源、海量的陆地环境数据，为了在通行因子格网量化过程中更好地进行数据存储、处理、融合、挖掘及可视化等工作，需要一个统一的数据标准对地理信息进行管理（张欣，2011）。20世纪80年代末，为了有效地管理全球多分辨率空间数据，满足不同的应用需求，国内外许多学者开始研究具有规则性、层次性和全球连续性特点的基于正多面体剖分的全球离散格网系统（discrete global grid system，DGGS）。正多面体剖分的基本思想是借助理想多面体（正四面体、正六面体、正八面体、正十二面体、正二十面体等）的边投影到球面上作为大圆弧段，形成球面三角形（或四边形、五边形、六边形）的边并覆盖整个球面，作为全球剖分的基础。在此基础上可对球面多边形进行递归剖分，形成全球连续的、近似均匀的球面层次格网结构，从而创建多分辨率格网（赵学胜 等，2012）。

为了更好地评价以格网为单元的地形区域通行性，需要对影响通行的因子进行格网量化（郭宏伟，2022；王伟懿，2022；张萌，2020；汤奋 等，2016）。本节对三角格网量化模型、四角格网量化模型、六角格网量化模型及量化时用到的空间统计法进行介绍。

4.1.1　三角格网量化模型

三角格网量化模型的剖分格网基于全球三角格网系统。由于正八面体表面上的点与经纬度坐标之间的转换比其他理想多面体更简单，以正八面体为基础构建的全球三角格网系统最早被研究和使用。目前，球面三角形全球离散格网模型的研究主要基于八面体或二十面体（Dutton，1996）。以八面体为例，采用球内切正八面体作为球面格网剖分的基础，这是由于当按正八面体投影剖分时，八面体的6个顶点占据球面主要点（包括两极），而边的投影则与赤道、主子午线和90°、180°、270°子午线重合，有利于确定球面上的点位于八面体的哪一个投影面上（赵学胜 等，2003）。同时任何纬度和经度坐标都可以轻松定位于八面体的面上，有利于球面格网与常用的球面经纬度格网转换（童晓冲 等，2006）。

1. 层次剖分

剖分方法是格网编码、索引计算及操作应用的基础（赵学胜 等，2016）。球面三角剖分主要有四分法和九分法，其中四分法通过生成球面三角四叉树，将每个三角形面片剖分成4个较小的近似相等的三角形面片，方法简单可用，因而被许多学者采用（白建军 等，2011）。若三角形进一步细化，则球面三角形在大小和形状上不可避免产生边和内角不等变形，为满足不同的应用需要，其细分方法也有多种。一般采用经纬度平分法进行球面三角形的细分，即对每个三角形根据顶点的经纬度坐标进行平均，产生3条边的中点，中点连线的球面投影即把球面三角形分为4个小球面三角形（孙文彬 等，2009），以此类推对整个球面进行近似均匀划分，其格网称为四元三角网（quaternary triangular mesh，QTM）（Dutton，1999）。对三角形而言，较为简单的剖分就是将其细分为更小的三角形，具体方法是将每条边等分为 n 段，用平行线连接各分点，如图4.1（贲进，2005）所示，由此，对三角面进行递归剖分就生成了球面格网系统，其孔径为 n^2。对三角面的一致剖分而言，可能的最小孔径为4（$n=2$）。这种方法与正方形格网和四叉树递归剖分类似，因此一些经典的四叉树算法稍加修改就能应用在三角格网上（贲进，2005）。

图 4.1   三角格网层次剖分

2. 结构特征

三角格网划分具备一致性，即可以用同种类型划分的三角形面片铺盖整个球面；格网之间的连接也比较简单；不同分辨率格网满足层次嵌套性；但三角形格网的几何结构较为复杂，不具备一致相邻性，即每个三角形格网到其边邻近和角邻近的格网距离不等；具有不确定的方向性及不对称性，即三角形格网顶点朝上或朝下的朝向不确定，使相关算法较为复杂和困难（白建军 等，2011）。

三角格网作为全球离散格网系统的基本图形，具有以下特性。

（1）邻接关系：格元与邻近格元的连接关系称为格网的邻接关系，边邻接和顶点邻接是格网关系中的主要类别。其中正三角形有 3 个邻近格元和 3 个邻近顶点共计 6 个邻接关系。

（2）等方向性：等方向性是指格元中心与邻接格元中心相等。假定边长为 L，对正三角形而言，邻接距离有两个：$d_1 = \dfrac{2\sqrt{3}L}{3}$ 和 $d_2 = \dfrac{\sqrt{3}L}{3}$，以邻接格元距离为基准，邻接格元之间不存在误差，但是邻接顶点存在误差，误差率为 50%。

（3）角度分辨率：角度分辨率指相邻两个顶点与中心点连线的夹角，角度分辨率越精确，对地物的模拟识别精度越高，正三角形角度分辨率为 120°。

3. 三角格网编码

格网编码是格网组件的唯一数字标识符，对构建空间基础设施至关重要。格网编码确定了数据的空间位置和精度，使处理大量全球多分辨率空间数据成为可能（贲进，2005）。

四元三角网（QTM）是目前研究全球海量数据管理的有效方法之一，QTM 编码是三角格网编码的重要实现。QTM 编码方案由美国加利福尼亚大学的 Dutton 博士首次提出（Dutton，1999），国内的赵学胜等（2003）对 QTM 进行了进一步改进和完善。QTM编码的基本思想是用 0、1、2、3 这 4 个数字分别表示 T4 格网剖分产生的 4 个单元，编码的长度同时体现了单元剖分层次，如图 4.2（赵学胜 等，2003）所示。

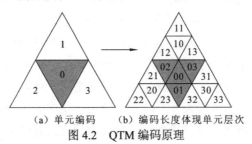

（a）单元编码   （b）编码长度体现单元层次

图 4.2   QTM 编码原理

球面 QTM 四叉树格网有多种编码方案，如固定方向编码（Gooodchild et al.，1992）、ZOT 编码（Dutton，1996）和 LS（loose synchronized）编码（白建军 等，2007）等。以固定方向编码为例，该方法将八面体按等边三角形投影，首先把经纬度通过等边三角形投影转换为 x, y 值；然后比较位置点 (x, y) 到 4 个三角形中心点的距离；选择距离最小的三角形，记录其地址码；以此类推，直至划分到一定层次或位置点到三角形中心的距离小于一定的值（王金鑫 等，2013）。在进行了 QTM 编码后，任意一个地理坐标在每个格网层次中都具有唯一的格网索引与之对应，通过格网编码可以获取任意格网的邻接格网，因此 QTM 就可以作为一个全球层次坐标系统。

4.1.2　四角格网量化模型

四角格网量化模型的剖分格网基于全球四角格网系统。四角格网剖分图形包括正方形、长方形和菱形，对平面离散格网而言，正方形是最常用的格元图形，可以使用四叉树进行递归剖分。但正方形的几何特性决定了它无法应用于三角形面片的理想多面体的剖分，同时，正方形格元之间不具备一致相邻性（张欣，2011）。结合正方形和三角形的特点，White（2000）指出两个邻接的三角形可以拼接成一个菱形，而菱形的几何结构类似于正方形格网，同样可以使用四叉树进行递归剖分，正方形格网的相关成熟算法可以很容易地应用于 DGGS 上。虽然菱形格网也不具备一致相邻性，但是由于球面四边形与平面正方形栅格比较相似，其格网单元非常适合常规的显示设备，特别是纹理图像的存储及矩阵像素高效处理（Crider，2009）。因此，球面四角格网在地形渲染、环境制图、游戏设计、表面建模及地球表达等领域被用作表达球面空间数据的基础。本小节从四角格网的层次剖分、结构特征和编码方式三个方面介绍四角格网量化模型的构建方法。

1. 层次剖分

层次剖分的主要目的是应用简单的剖分图形在多面体表面建立起规则的层次格网。本节将以菱形格网和 Web 地图服务规范的正方形格网为例，介绍四角格网的层次剖分。

对菱形格网的层次剖分研究大多是在三角网合并的基础上进行的，例如赵学胜等（2007）在 QTM 的基础上，将上下两个三角形合并为一个四边形，构建出全球离散格网层次模型。基于八面体的球面四边形格网划分方案中，三角形两两合并能快速得到四边形（Sahr et al.，2003），即将初始的 8 个球面三角形按南北向相邻两两合并，形成 4 个基菱形。因此四边形格网系统可以参照三角形格网生成，同时继承了三角形格网的优点。类似于正方形规则四叉树剖分，每个基菱形块递归剖分成 4 个子菱形块，如图 4.3 所示。整个球面可用一棵四叉树表达，一个球面对应 4 个基菱形块，每个基菱形块递归分割成下一层次较小的 4 个子菱形块（赵学胜 等，2007）。为了更好地对存储在菱形格网内的数据进行操作，菱形剖分的进一步研究是发展邻近搜索、距离计算和范围查询等方面的算法（孙文彬 等，2009；赵学胜 等，2007）。因此，有学者认为菱形系统是最好的多重剖分铺盖系统（White，2000）。

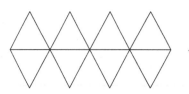

图 4.3 基于菱形块的层次剖分

Web 地图服务规范常用于网络地图的瓦片剖分、编码、发布和访问，包括网络地图服务（web map service，WMS）、网络地图瓦片服务（web map tile service，WMTS）、瓦片地图服务（tile map service，TMS）等，WMTS 和 WMS 都是由开放地理空间信息联盟（Open Geospatial Consortium，OGC）指定，TMS 由开源空间信息基金会（Open Source Geospatial Foundation，OSGeo）指定。

WMS 是一种动态地图服务，其应用具有地理空间位置信息的数据制作地图，根据用户请求返回相应地图数据的可视化结果（包括 PNG，GIF，JPEG 等栅格形式或者 SVG 和 WEB CGM 等矢量形式），实时切片，因此速度较慢。

WMTS 是 OGC 提出的缓存技术标准。WMTS 规范是对 OGC 现有 Web 地图服务规范的补充，其定义了一些允许用户访问瓦片地图的操作，是 OGC 首个支持 RESTful 访问的服务标准。WMTS 提供了一种采用预定义图块方法发布数字地图服务的标准化解决方案，弥补了 WMS 不能提供分块地图的不足。WMTS 使用瓦片矩阵来切割地图，一幅地图被切割成了多个瓦片，每个瓦片具有唯一的标识符，这些瓦片具有不同的分辨率，当用户缩放到一定级别后，显示对应级别瓦片数据。WMTS 在服务器端就把地图切割为不同级别大小的瓦片，虽然限制了提供定制地图的灵活性，但提供了静态数据即基础地图来增强伸缩性，提高了服务速度。

TMS 允许用户按需访问瓦片地图，其将瓦片保存到本地，使得访问速度更快，同时支持修改坐标系。TMS 和 WMTS 非常类似，基本遵循同一种瓦片规则。

Web 地图服务规范的瓦片为正方形。瓦片尺寸通常为 256×256，TMS 瓦片是正方形，原点在左下角；而 WMTS 瓦片是矩形，原点在左上角，WMTS 中不同比例尺瓦片尺寸不同。在 Web 地图服务中，为了方便处理且与 TMS 协议保持一致，瓦片形状均为正方形。地球展开时可将其近似看成一个矩形[图 4.4（a）]，长度近似为宽度的两倍，为了保证其瓦片形状为正方形，矩形被一切为二分为两块正方形[图 4.4（b）]。对每个

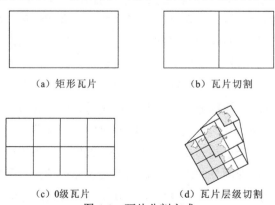

（a）矩形瓦片　　　　　　　　（b）瓦片切割

（c）0级瓦片　　　　　　　　（d）瓦片层级切割

图 4.4　瓦片分割方式

正方形横纵方向上各切一刀即为 0 级瓦片，共有 8 块[图 4.4（c）]。每增加一个层级，就在每个正方形瓦片横纵方向上各切一刀分为 4 块，以此递增[图 4.4（d）]，所以层级 1 划分后有 32 块瓦片。

2. 结构特征

以菱形格网为例，其一致的方向性、径向对称、平移相和性及独特的映射方法等特性使其更易于实现空间操作，特别是邻域搜索和全球层次索引，因而平面四叉树的许多成熟的算法稍做改进即可应用于球面四边形格网上（白建军 等，2011）。菱形格网还能和一个等面积格网或一个基于其他标准的、最优化的性能格网一起使用（White，1998）。

四角格网作为全球离散格网系统的基本图形，具有以下特性。

（1）邻接关系：四角格网有边邻接和顶点邻接两种邻接关系。格网中除边界格元外，每个格元有 8 个邻近格元，其中 4 个邻近格元与之构成边邻接关系，4 个格元与之构成顶点邻接关系（张萌，2020），即共 8 个邻接关系。

（2）等方向性：对四角格网而言，假定四边形边长为 L，则当前格元中心到邻近格元中心的距离有两个值：$D_1 = L$ 和 $D_2 = \sqrt{2}L$。以边邻接格元距离为基准，可得 4 个边邻接格元的误差率为 0，4 个顶点邻接格元的误差率为 41.4%（张欣 等，2017）。

（3）角度分辨率：正四边形角度分辨率为 90°，介于正三角形和正六边形之间。

（4）平面覆盖率：平面覆盖率指单位面积内格网点的数量。平面覆盖率的高低直接影响通行模型的精度，平面覆盖率越高则采样点越多，说明通行模型的精度越高。以正四边形为例，对其平面覆盖率进行验证分析。对正四边形而言，假定边长为 L，共有 m 行 n 列。正四边形面积为 $m \times n \times L^2$，其格网点总数为 $(m+1) \times (n+1)$，正四边形格网的平面覆盖率为

$$p_q = \frac{(m+1) \times (n+1)}{m \times n \times L^2} \tag{4.1}$$

对式（4.1）取极限得

$$\lim_{\substack{m \to \infty \\ n \to \infty}} p_q = \lim_{\substack{m \to \infty \\ n \to \infty}} \left(\frac{(m+1) \times (n+1)}{m \times n \times L^2} \right) = \frac{1}{L^2} \tag{4.2}$$

3. 编码方式

Web 地图服务规范是四角格网的一种成熟的编码方式，它的瓦片组织方式基本都为四叉树分割。目前大部分手机端地图底图使用的都是 WMTS 栅格瓦片，为了保证瓦片为正方形，瓦片坐标系必须为 Web-Mercator 投影坐标系。常见的四角格网编码大多是在四叉树编码的基础上发展而来的。例如：北京大学程承旗等（2012）在研究地球剖分格网框架理论的基础上，提出了 2^n 一维整型数组地理坐标的全球剖分格网（geographical coordinate global subdivision grid with one-dimension-integer on Two to nth power，GeoSOT）；谷歌公司于 2005 年推出了 Google Earth，它通过构建一套经纬度格网剖分体系，并基于四叉树的瓦片数据层叠加技术来存储、组织遥感影像数据。

四叉树模型是地理空间域划分模型的一种典型方法，对地理空间按四等分方式递归

划分，直到目标层次。模型和划分方式如图 4.5 所示，四叉树结构模型的形式化描述如下（赵彦庆 等，2019）。

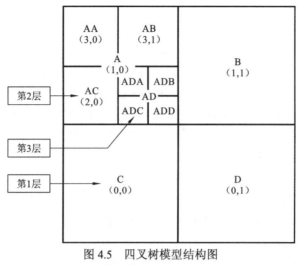

图 4.5　四叉树模型结构图
扫描封底二维码可见彩图

对给定的区域做四等分，然后对每个子区域分别给定不同编码 A、B、C 和 D。

对第 1 层的 4 个子区域继续做四等分，对第 1 层的 A 区域进行四等分，得到 4 个新的子区域，其编码分别为 AA、AB、AC 和 AD。

在第 2 层的划分结果上继续四等分。

4.1.3　六角格网量化模型

六角格网量化模型的剖分格网基于全球六角格网系统。六角格网具有独特的几何特性，即六角格网的平面覆盖率和角度分辨率均高于三角格网和四角格网，具有邻接关系单一等特点，由此六角格网剖分受到众多学者的广泛关注。六角格网的特性是由英国科学家 J.D.Bernal 于 1942 年首先发现的，他应用 X 射线衍生法对石墨结构进行研究时，提出了理想的六角格网石墨结构。不久之后，Piet Hein（1942 年）和 John Nash（1948 年）分别对六角格网的几何特性进行了研究，并且制作了一种与跳棋类似的六角格网游戏（Paul，2007）。20 世纪 60 年代，许多研究者对平面剖分形状进行了深入研究：Rogers（1964）认为平面上点的最佳分布形式是按照六角格网形式分布；Bell 等（1989）、Wuthrich（1991）等证明了四角格网和六角格网在几何意义上的相似性及六角格网的数学几何问题。1811 年，von Reisswitz 父子应用六角格网量化真实地形，在此基础上进行了作战模拟（杨南征，2007）。

众多学者在全球球面六角格网研究上取得了进展。通过 Saff 等（1997）和 Kimerling 等（1999）对三角形、四边形和六边形等剖分单元特性的研究，得出平面六角格网的独特优势可以扩展到全球格网系统上，从而应用六角格网进行全球数据采样（范林林，2017）。但是由于六边形的特殊性，即一个六边形不能由较小的六边形分解或六边形不能组合成一个更大的六边形，多层六边形格网系统的应用受到了限制。最早的解决方案是由 Gibson 和 Lucas 提出的，他们设计了广义平衡三元组（general balanced ternary，GBT）

结构，可以更好地解决六角格网的层次剖分问题。基于 GBT，Middleton 等（2006）总结了六角格网层次剖分的特征，并提出了六边形图像处理（hexagonal image processing，HIP）结构，并将其应用于数字图像分析领域。虽然这些结构可以解决层次剖分和索引问题，但它们都是平面格网。针对六边形球面离散格网的层次结构，PYXIS Innovation 公司在 GBT 结构的基础上改进了 PYXIS 结构，该结构采用正二十面体等体积三孔六边形格网系统（Icosahedral Snyder Equal Area Aperture 3 Hexagonal DGG，ISAE3H）构建了一种新的格网编码和索引方法，其具有高效的编码机制，而且继承了 GBT 结构的优点。基于 PYXIS，有研究者分析了六边形球面离散格网的其他特性（Vince，2006）。该方法可以解决六边形球格网的编码和索引问题，但由于采用奇偶层次编码方式，索引过程中的两个查找表太大，无法保证索引效率，所以比六角格网层次索引中的 GBT 或 HIP 结构要慢。下面从六角格网的层次剖分、结构特征和编码方式三个方面介绍六角格网量化模型的构建方法。

1. 层次剖分

全球球面六角格网的层次剖分在应用上具有局限性（赵学胜 等，2012）。由球面几何可知，六边形不可能对球面进行完全铺盖，初始化剖分时正多面体顶点除外。对八面体而言，直角多边形存在于每一个顶点（图 4.6），在首次剖分时有 12 个六边形和 6 个直角多边形（孙文彬 等，2009）；二十面体则有 12 个五边形，且五边形和直角多边形随着格网剖分层次的提高而变小。此外，球面六边形不具有与三角形和菱形剖分相似的层次嵌套性，即上一级剖分中的六边形没有完全包含下一层次的六边形，也就是说不可能将一个球面六边形层次剖分为更小的球面六边形；反之，也不可能将几个小球面六边形合并成一个更大的球面六边形。因此，其在多分辨率的应用上受到限制，很难建立多分辨率的数据模型。此外，六边形格网单元邻接关系难以判定，导致单元编码和索引的实现较为困难（赵学胜 等，2012；白建军 等，2011；孙文彬 等，2009）。Uber H3 克服了上述六角格网层次剖分的一系列困难，建立了多分辨率的格网剖分系统，下面以 Uber H3 为例介绍六角格网层次剖分原理。

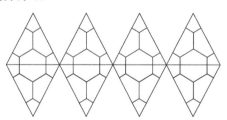

图 4.6　基于八面体的首次六边形剖分

Uber H3 是由 Uber 开源的一个针对地球空间划分的全球离散格网系统（Uber Technologies Inc，2018），该系统由具有层次结构索引的球形多精度六边形拼贴组成，也是最近几年实现数据聚合的主要趋势。Uber H3 格网系统在 Uber 的主要应用有三个：一是有效地优化乘车价格和调度（动态定价），并在全市范围内作出其他决策；二是地图空间数据的可视化和探索挖掘；三是用于整个市场的分析和优化。为了能够更好地应用，Uber H3 使用了六边形分层索引。

Uber H3 借助二十面体的边投影到球面上作为大圆弧段，形成球面六角形的边并覆盖整个球面，作为全球剖分的基础。如图 4.7 所示，正二十面体上的每一个球面三角形即为基本单元，如图 4.8 所示，每个面上都有相同排列方式的六边形。第 0 层时，Uber H3 在每一个基本单元上创建六角格网系统，但是六边形难以完全平铺球体（二十面体）；有 5 个面交于二十面体的顶点处，每个面在这个顶点处都有 1 个小三角形，这些小三角形会形成一个五边形，即 Uber H3 各分辨率数据层都恰好包含 12 个五边形，且以每个二十面体顶点为中心。同时，由于球形二十面体每个顶点都在水里的特性，即五边形只会出现在水域周围，不会对 Uber 的打车和外卖业务造成很大的影响。

图 4.7　正二十面体　　　　　　　　图 4.8　Uber H3 基本单元

Uber H3 有 16 个层级的空间索引粒度。最基础的 Uber H3 分辨率（第 0 层）由 122 个单元组成，包括 110 个六边形和 12 个二十面体顶点中心五边形。这些基本单元根据其中心点的纬度被分配了从 0～121 的编号；基本单元 0 具有最北端的中心点，而基本单元 121 具有最南端的中心点。基本单元通过递归创建精度递增的六边形格网，使用孔径 7 分辨率间距（父子格网对应比为 1∶7）创建分辨率高于 0 层的每个后续分辨率格网数据层。孔径是指每个单元的下一个更高分辨率格网中的单元数。随着分辨率的提高，单位长度按比例缩放，并且每个六边形在下一个较粗的分辨率下具有六边形面积的 1/7，建立多层级的六角格网剖分结构体系，也称为多层次六角格网剖分结构体系，如图 4.9 所示。除第 0 层的基本单元之外，Uber H3 还提供了 15 种更精细的格网分辨率，这 16 种 Uber H3 格网分辨率的具体参数如表 4.1 所示。在粒度最细的第 15 层，其每个单元格的面积可达 0.9 m^2，平均边长为 0.509 713 m。

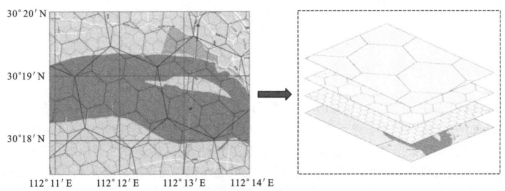

图 4.9　多层次六角格网剖分结构体系

扫描封底二维码看彩图

表 4.1 **Uber H3 六角格网分辨率的格网参数表**

格网分辨率	六边形平均面积/km²	六边形平均边长/km	唯一索引数
0	4 250 546.847 700 0	1 107.712 591 000	122
1	607 220.978 242 9	418.676 005 500	842
2	86 745.854 034 7	158.244 655 800	5 882
3	12 392.264 862 1	59.810 857 940	41 162
4	1 770.323 551 7	22.606 379 400	288 122
5	252.903 364 5	8.544 408 276	2 016 842
6	36.129 052 1	3.229 482 772	14 117 882
7	5.161 293 2	1.220 629 759	98 825 162
8	0.737 327 6	0.461 354 684	691 776 122
9	0.105 332 5	0.174 375 668	4 842 432 842
10	0.015 047 5	0.065 907 807	33 897 029 882
11	0.002 149 6	0.024 910 561	237 279 209 162
12	0.000 307 1	0.009 415 526	1 660 954 464 122
13	0.000 043 9	0.003 559 893	11 626 681 248 842
14	0.000 006 3	0.001 348 575	81 386 768 741 882
15	0.000 000 9	0.000 509 713	569 707 381 193 162

2. 结构特征

与三角格网相比,六角格网具有独特的性质,其在动态建模方面具有一定的优势(Thuburn,1997)。六角格网作为全球离散格网系统的基本图形具有以下特性。

(1)邻接关系:六角格网只有边邻接关系。格网中的每个格元(边界格元除外)有 6 个邻近格元,且都与之构成边邻接关系(张欣 等,2017),单一的邻接关系简化了分析难度。

(2)等方向性:对六角格网而言,假定六边形对边距离为 L,则当前格元中心到邻近格元中心的距离均相等:$D=L$。以边邻接格元距离为基准,则误差率为 0。

(3)角度分辨率:正六边形角度分辨率为 60°,角度分辨率在三种剖分单元中是最精确的,对地物的模拟识别精度是三种剖分形状中最高的。

(4)平面覆盖率:假定六边形对边距离为 L,则 m 行 n 列正六边形格网的面积为 $\dfrac{\sqrt{3}\times m\times n\times L^2}{2}$,其格网点总数为 $4\times(m+1)\times n+2m$,正六边形格网的平面覆盖率为

$$p_h = \frac{4\times[2\times(m+1)\times n+m]}{\sqrt{3}\times m\times n\times L^2} \tag{4.3}$$

对式(4.3)取极限得

$$\lim_{\substack{m\to\infty \\ n\to\infty}}\frac{4\times[2\times(m+1)\times n+m]}{\sqrt{3}\times m\times n\times L^2}=\frac{8\sqrt{3}}{3\times L^2} \tag{4.4}$$

对比正四边形、正六边形的平面覆盖率可知：$p_q : p_h = 1 : \dfrac{8\sqrt{3}}{3}$，即正六边形的平面覆盖率是以上三种剖分形状中最高的。

3. 编码方式

六角格网地址编码的实质是给每一个六角格元及其格边赋予一个唯一的标识，地址编码的基本准则是完整性和唯一性（张永生 等，2007）。完整性即六角格网的每一个格元都应进行标识。唯一性表现在所有六角格网格元的地址码与格元，格边地址码与格边是一一对应的（范林林，2017）。本小节将以近几年较为流行的格网系统 Uber H3 为例，介绍六角格网编码空间的构建。

对于六边形索引，Uber H3 使用了一种 IJK 坐标系（该坐标系是由 i、j 和 k 三个坐标轴组成，相邻的 i、j、k 轴之间的夹角为 120°）来确定六边形的位置。IJK 坐标系是一种平面六边形格网中的三轴坐标系，为六边形格网中的每一个元素提供唯一路径，如图 4.10 所示。但是，由于在每一个层级中六边形的排列方式都不完全一致，Uber H3 不会简单地使用 IJK 坐标系来对所有六边形进行编码。

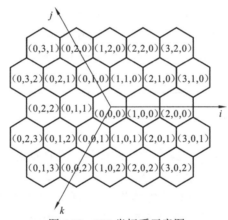

图 4.10　IJK 坐标系示意图

Uber H3 使用在 IJK 坐标系基础上发展而来的 Face IJK 坐标系来进行编码。Uber H3 每一个层级的分辨率相对于下一个较粗分辨率旋转约 19.1°，这种旋转随着分辨率的改变在逆时针和顺时针之间交替。在所有层级中，六边形的排列方式只有两种类型，即 Class II 和 Class III。如图 4.11 所示，第 0 层使用 Class II，第 1 层使用 Class III，逐层交替使用。在这两种类型的排列方式中，IJK 坐标系的三个轴方向是不一致的。在二十面体上，根据不同的六边形排列方式使用不同方向坐标轴的坐标系，Uber H3 称之为 Face IJK 坐标系，二十面体基本单元由 ID＋IJK 坐标系构成。

在 Uber H3 系统中，任意一个地理坐标在每个格网层次中都具有唯一的格网索引与之对应，通过格网索引可以获取到任意格网的邻接格网，不同层次的格网在范围上具有上下层涵盖关系。在层级划分时，每个父格网对应 7 个子格网，父子格网之间的对应关系如图 4.12 所示。由图 4.12 可知，父子格网之间并没有严密的对齐，父格网和其所对应的 7 个子格网之间有一定的差异，这种差异导致 Uber H3 不能表现出很好的层级关系。

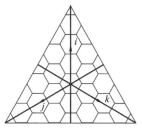
(a) Class II

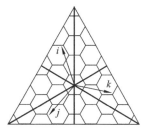
(b) Class III

图 4.11　Face IJK 坐标系

扫描封底二维码看彩图

为了突出层级之间的关联性，Uber H3 使用了一种方法：每个六边形都包含其父六边形的坐标，由此只需要规定每个格网的子格网坐标的计算方法，对于子格网，只需要在父格网的坐标后面追加子格网的坐标即可。因此只需要关注一个格网的 7 个子格网如何计算坐标，就可递归得到所有层级的每个格网坐标，这 7 个子格网坐标的计算方法如图 4.13 所示，格网坐标表示见表 4.2。由于 12 个五边形随着层级划分越来越小，而五边形仍然是 12 个，并且都在水里，可以将其忽略。Uber H3 系统为每个单元分配一个唯一的层次索引。分辨率为 r 的 Uber H3 索引以初始分辨率为 0 的基本单元编号开始，其后是 r 个数字 0～6 的序列。对于分辨率大于 0 的六边形格网，局部六边形坐标系分配给每个分辨率为 0 的基本单元格，并用于定向该基本单元格的所有分层索引子单元格。

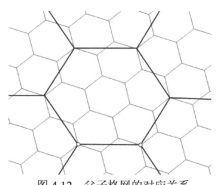
图 4.12　父子格网的对应关系

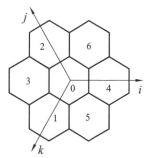
图 4.13　7 个子格网的坐标示意图

表 4.2　7 个子格网的坐标

项目	0	1	2	3	4	5	6
IJK 坐标	(0, 0, 0)	(0, 0, 1)	(0, 1, 0)	(0, 1, 1)	(1, 0, 0)	(1, 0, 1)	(1, 1, 0)

4.1.4　陆地环境通行量化空间统计法

通行因子参数量化是通行分析的必要环节之一，须将通行因子量化为利于分析的参数，才能更好地进行通行能力评价（王伟懿，2022）。陆地环境通行常用的量化方法主要以空间统计分析方法为主，还有空间插值分析方法、面积占比法、阈值分析法等。空间统计分析方法可对地理空间数据进行分析统计并探究空间关系；面积占比法在重要性程度的基础上给格网单元赋予了占据格网最大面积的属性值；阈值分析法则设定了边界值来进行通行条件的判断，可根据陆地环境的实际情况选择不同的量化方法。

1. 空间统计分析方法

空间统计分析，即空间数据的统计分析，是现代计量地理学中一个快速发展的方向和领域。空间统计分析主要研究如何应用数理统计工具来揭示和描述地理现象及其时空特征，即运用有关统计的方法，建立空间统计模型，从凌乱的数据中挖掘空间自相关与空间变异规律。空间统计分析方法的主要内容包括以下几点（汤国安，2007）。

1）基本统计量

统计量是统计分析的基础，反映了数据特征。常用的基本统计量包括均值、最大值、最小值、极值、标准差、方差、比例、种类、峰度和偏度等，这些基本统计量反映了数据的离散程度、空间分布、范围、集中情况等特征，为进一步的数据分析奠定了基础。

2）探索性数据分析

探索性数据分析方法注重数据的真实分布，强调数据的可视化，使分析者能明显看出数据中隐含的规律，从而依据数据分离出的模式和特点选择合适的模型，反映了数据对常规模型的偏离，能让用户更加深入地了解数据，认识研究对象，做出更好的决策。主要内容包括确定统计数据属性、探测数据分布、发现全局和局部异常值（过大值或过小值）、寻求全局的变化趋势、研究空间自相关和理解多种数据集之间相关性。

3）空间分类

空间分类是在地图表达的基础上，应用类似变量聚类分析的方法生成新型综合性或简明性专题地图，包括多变量统计分析。

4）空间回归

空间回归研究两个以上（含两个）变量间的统计关系并应用空间关系（包括对空间自相关性的考虑）将属性数据和空间位置关系相结合，以较好地说明地理事物中的空间关系。

2. 空间插值分析方法

在陆地通行环境的参数量化中，针对各参数进行一些基本统计分析和空间插值分析，例如数字高程模型（DEM）数据的量化使用的即为空间插值分析法。格网高程由 DEM 数据转换而来，DEM 数据由于观测方法和获取途径不同，数据分布规律、数据特征有明显的差异，按其空间分布特征可分成两类：格网状数据和离散数据。DEM 数据应用在横、纵方向上都是等间隔排列的地形点的高程来表示地形，正四边形格网类型的数据是其常用的数据结构，当用来量化的格网为六角格网时，不能直接应用于六角格网中，需要对其进行相关的数据转换，即将正四边形格网数据转换为正六边形格网数据，从而获取六角格网单元的高程。对于六角格网单元高程的获取问题，实质上是采用空间插值分析方法对栅格数据进行重采样，用格网格元中心高程来表示整个格元的高程。因此，如何选取合适的空间插值分析方法是提高计算精度和效率的关键。内插放大或重采样时，常用的方法有邻近插值法、双立方插值法和双线性内插法等（郭宏伟，2022）。

空间插值常用于将离散点的测量数据转换为连续的数据曲面，以便与其他空间现象的分布模式进行比较，它包括空间内插和外推两种算法。空间数据插值基于探索性数据的分析结果，选择合适的数据内插模型，由已知样点来创建表面并评估其不确定性，然后研究其空间分布。由于每一种内插方法的特点和适用范围不同，此处未分析和探讨全部空间插值算法，而是依据内插点分布范围划分方法对整体内插法、局部分块内插法的特点作简单分析和总结，本节仅对概念进行描述，具体实现方法及对应内容请查阅相关资料。

1) 整体内插法

整体内插是指在整个研究区域用一个数学曲面函数来逼近地形表面，如图 4.14（汤国安，2007）所示。整体内插函数一般为高次多项式，需要地形采样点个数大于或等于多项式系数数量。在地形采样点个数等于多项式系数数量的情况下，可以求出唯一解，多项式经过所有地形采样点都属于纯二维插值，在采样点个数大于多项式系数数量情况下则不存在唯一解，此时通常用最小二乘法进行解算，即求多项式曲面与地形采样点之差的平方是最小值，属于曲面拟合插值或者趋势面插值。从数学上看，任何一个复杂曲面均可以用多项式以任意精度近似，但是整体内插保凸性较差，即大范围内的地形很复杂，若选取参考点个数较少，用整体内插法不足以描述整个地形，而若选用较多的参考点则多项式易出现振荡现象，保凸性较差；很难获得稳定的数值解，即高阶线性方程组解算时的计算舍入误差和采样误差会引起高阶多项式系数的极大变化；而且高阶多项式系数无明显物理意义，解算速度慢，计算机容量需求大；此外，不能提供区域的局部地形特征，常被用于模拟大范围内的宏观变化趋势，因此整体内插应用不多。

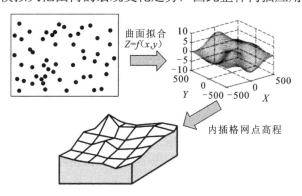

图 4.14　整体内插法示意图

整体内插虽具有如上之不足，但是它的优势也很明显。例如由于函数在整个区域范围内具有唯一性，可得到全局光滑连续的空间曲面及充分体现宏观地形特征，通常采用整体内插函数来揭示整个区域地形的宏观起伏态势（汤国安，2007）。

2) 局部分块内插法

局部分块内插是把地形区域按一定的方法进行分块，对每一个分块根据地形曲面特征单独进行曲面拟合，是地形表达的一个常用手段，分块内插的关键在于如何分块并保证各分块的连续性（任志峰，2008）。从理论上看，任何一个复杂曲面均可以用多项式来近似，但是高阶多项式又不是一种较为理想的描述地形的手段。为了更好地表达较复杂的地形地貌，可采用分而治之的方法，即把复杂地形地貌按一定的方法进行分块，在这些分块内部曲面构造单一，且缩小了范围，同时简化了曲面形态，因此应用简单曲面就可以很好地对地形曲面进行描述。

不同的分块单元可用不同的内插函数，分块内插法常用的方法有线性内插法、双线性内插法、样条函数内插法、克里金内插法等具体的方法，以下将对其中几种常用的内插方法进行简要介绍。

（1）线性内插法、双线性内插法

局部线性分块内插采用多项式对地形表面进行拟合，线性内插法则是指插值函数为一次多项式的插值方式，其在插值节点上的插值误差为零，线性插值可以用来近似代替原函数。双线性内插法使用邻近 4 个点的像元值，按照其距内插点的距离赋予不同的权重，进行线性内插，其核心思想是在两个方向分别进行一次线性插值。线性内插和双线性内插函数由于物理意义明确、计算简便，成为基于不规则三角网和基于规则格网 DEM 数据重采样内插和分析应用的常用方法（汤国安，2007）。

（2）样条函数内插法

当采用分块拟合法，用低阶多项式进行局部拟合时，样条函数拟合即为常用的方法。它将数据平面分成若干单元，在每一单元上用低阶多项式，通常为三次多项式（三次样条函数）构造一个局部曲面，对单元内的数据点进行最佳拟合，并使由局部曲面组成的整个表面连续。与整体内插函数相比，样条函数不但保留了局部地形的细部特征，还能获取连续光滑的 DEM。同时样条函数在拟合时，由于多项式的阶数比较低，对数据误差的响应不敏感，具有较好的保凸性和逼真性，同时也有良好的平滑性（汤国安，2007）。

（3）克立金内插法

克里金内插法是依据协方差函数对随机过程/随机场进行空间建模和预测（插值）的回归算法，近年来已广泛用于 GIS 中的空间内插。克立金内插法与最小二乘配置比较类似，也是将变量的空间变化分为数据整体变化趋势、局部数据之间的关系、不确定因素影响，求解过程也比较相似。不同之处在于所采用的相关性计算方法，最小二乘采用协方差矩阵，而克立金内插法采用半方差，或者称为半变异函数。克立金内插法的假设条件是空间属性是均匀的，即一旦趋势确定后，变量在一定范围内的随机变化是同性变化，位置之间的差异仅仅是位置间距离的函数（汤国安，2007）。与传统的插值方法相比，克里金内插法的优势为在数据格网化的过程中考虑了描述对象的空间相关性质，使插值结果更科学、更接近于实际情况；能给出插值的误差，即克里金方差，使插值的可靠程度一目了然（吴信才，2002）。

（4）逐点内插法

所谓逐点内插，就是以内插点为中心，确定一个邻域范围，用落在邻域范围内的采样点计算内插点的高程值（汤国安，2007）。逐点内插法由于内插效率较高而成为目前DEM 生产常采用的方法，图 4.15 所示为逐点内插法的基本步骤。

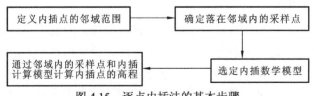

图 4.15 逐点内插法的基本步骤

3. 面积占比法

地图可以用来表示不同的专题属性，对地图数据进行格网量化，对每一格网覆盖的属性数据综合赋值，即为该格网栅格数据的值。通常会遇到同一格网可能对应地图上多种专题属性信息，而每一个单元只允许取一个值，针对这种多重属性的格网，有以下 4 种赋值方法，如图 4.16（吴信才，2002）所示。

（1）中心归属法：每个栅格单元的值以格网中心点对应的面域属性值来确定，如图 4.16（a）所示。

（2）长度占优法：每个栅格单元的值以格网中线（水平或垂直）的大部分长度对应的面域属性值来确定，如图 4.16（b）所示。

（3）面积占优法：每个栅格单元的值以在该格网单元中占据最大面积的属性值来确定，如图 4.16（c）所示。

（4）重要性法：根据栅格内不同地物的重要性程度，选取特别重要的空间实体决定对应的栅格单元值，易发生地质灾害如滑坡、泥石流等的区域，其所在区域尽管面积很小或不位于中心，也应采取保留的原则，如图 4.16（d）所示。

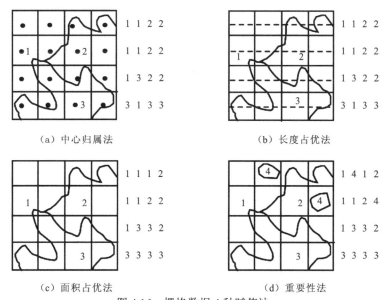

（a）中心归属法　　　　　　　　　　　　（b）长度占优法

（c）面积占优法　　　　　　　　　　　　（d）重要性法

图 4.16　栅格数据 4 种赋值法

在陆地环境通行分析中，应用面积占比法进行地表覆盖要素数据量化，是在栅格数据赋值方法——面积占优法的基础上改进而来的。在面积占优法中，一个格网单元内如果存在两个或多个优势类型，则随机选择其中之一作为输出单元的类型。范林林（2017）在进行地表面状属性信息量化时，基于改进的面积占优法和重要性法相结合的方法对六角格网的格元进行地表面状属性信息量化。这种方法与传统单一的面积占优法和重要性法相比，既保留了影响车辆通行的陆地环境要素信息，又不会产生较大的计算量。其基本思路是：计算某类型面状要素与格元相交部分的面积比重，根据面积比重的比较，得出对应较大的地表要素类型，当比重一致时，判断地表覆盖要素的重要程度，得出重要程度较大的地表覆盖要素类型，即为格元的地表属性。

4. 阈值分析法

阈值又称临界值，是指一个效应能够产生的最低值或最高值（中国社会科学院语言研究所词典编辑室，2012）。在数学中，对于 $y=f(x)$ 的函数关系，自变量 x 必须在函数的定义域内，因变量 y 才能有确定的值。这个函数的定义域就是 x 的阈值。

分段函数是阈值分析的一个体现（梁伟 等，2021）。分段函数就是对自变量 x 的不同的取值范围有不同的解析式的函数。它是一个函数，而不是几个函数；分段函数的定义域是各段函数定义域的并集，值域也是各段函数值域的并集。以水体提取为例，常用的水体提取方法如单波段阈值法、光谱阈值分析法等都用到了阈值分析法。以单波段阈值法为例，水体的各波段光谱反射强度对比其他地物相对较低，拥有对近红外波段强吸收、低反射的特点，而植被、裸土、建筑等非水体在近红外波段的光谱反射都呈上升趋势且达到峰值。单波段阈值法是应用某类地物在某个波段的光谱反射与其他地物存在的差异，进而区分目标地物与其他背景地物（毕海芸 等，2012）。因此应用水体在近红外波段光谱反射率的特点，可以很好地把水体与非水体区分开来（段纪维，2021）。

段纪维（2021）在喀斯特地区水体提取方法研究中，选取高分二号（GF-2）影像的近红外波段为水体提取研究数据，根据水体光谱反射强度的特点，在其光谱值中选取一个实验所得到的经验阈值作为提取水体的分界值，即当近红外波段光谱值小于或等于该经验阈值为水体，否则为其他地物，单波段阈值法水体提取流程如图 4.17 所示。

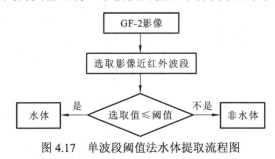

图 4.17　单波段阈值法水体提取流程图

4.2　陆地环境量化数据存储格式

如何将陆地环境信息的量化数据存储到格网单元内是陆地环境通行分析的重要内容，不同的量化存储数据格式优劣各不相同，不同的需求可以选择不同的数据存储格式。量化存储数据格式有 NRMM MAPTBL 格式，以及常用的栅格量化格式——GeoTIFF 格式，矢量量化格式——MapGIS 简单要素类格式、Shapefile 格式等。本节将对量化时可用的数据存储格式进行介绍。

4.2.1　MAPTBL 量化数据格式

MAPTBL 是 NRMM 使用的陆地环境量化存储格式。NRMM 主要是用于比较车辆设计和评估现有车辆在特定条件下机动性的一种仿真工具，旨在预测车辆在特定地形上移动的能力，可用于公路和越野场景（Bradbury et al.，2018）。NRMM 于 20 世纪 70 年代至 80 年代开发，目前 AVT-248 团队正在研究新的方法，用基于物理的模型来更新和改进 NRMM，研究结果将作为下一代 NRMM（NG-NRMM）。

1. MAPTBL 数据组织结构

MAPTBL 格式是一种传统的 ASCII 格式，它将地理空间数据和属性存储在三个不同的文件中。

（1）ASC 文件：数字地形单元（number of terrain units，NTU）及其空间位置的 ASCII 栅格格式，如图 4.18（Bradbury et al.，2018）所示。

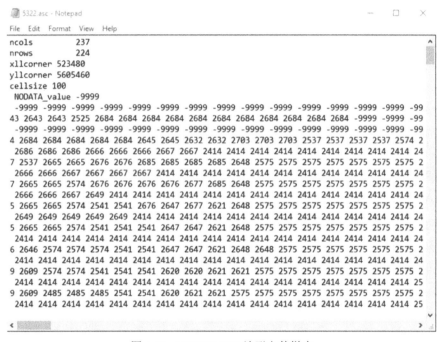

图 4.18　NRMM ASC 地形文件样本

（2）PRJ 文件：存储地理空间坐标系。

（3）TER 文件：存储每个 NTU 的属性数据，如图 4.19（Bradbury et al.，2018）所示。

2. MAPTBL 数据格式特点

NRMM MAPTBL 格式的优点之一是简单。这种格式的文件可以用文本阅读器快速打开，而无需专业软件就能很容易地对文件进行编辑。ASCII 格式是数据交换最基本的格式之一。这种格式还提供了向后兼容性，以支持 NRMM 的当前版本。ASCII 的缺点是它的可扩展性和格式支持。它适用于 NTU 和属性较少的小区域，然而，随着数据量的增大，文件大小会变得难以处理、移动并且容易损坏。虽然这种格式可以在任何文本阅读器中打开，但必须写入特殊的库来读取文件并提取必要的数据。因此，ASCII 格式不是一种通用或标准化的数据交换格式。

```
2707 4 QUAD-5322C (LAUTERBACH) 08/11/82  8.393
   1 1  6 4             4 300 277 243 227  16 179   4 458   1 198   1   5   3   9  13
   2 1  6 4             4 287 284 283 282   9 208   8  27  86 143   2   4 118 118 118
   3 1  6 4             4 300 270 255 240   6 192   3  13  90 194   2   7  29  29  29
   4 1  6 4             4 287 284 277 277   8 188   8  34  82 185   2  10 328 328 328
   5 1  6 4             4 291 284 284 284   6 210  11  30  87  67   2   3 328 328 328
   6 1  6 4             4 299 244  75  72   4 156   5  25  87   4   2  11 328 328 328
   7 1  6 4             4 289 284 272 272   7 188   4  35  62  97   2   4 328 328 328
   8 1 16 4             4 291 250 143 138   7 192   4  43  49 174   2   7 254 328 328
   9 1  6 2             4 288 281 267 267  53 209  13  41  80  42   1  15 328 328 328
  10 1  6 3             4 299 297 291 289  35 186  10  19  91 162   2   8   5  11  15
  11 1  6 4             4 293 269  68  64   5 179   3 343   1 198   1  15   5  12  15
  12 1  6 4             4 284 240  71  68   4 194   6  13  83 134   2  10 328 328 328
  13 1  6 4             4 286 282 282 282   9 192   5  25  93 108   2   5 328 328 328
  14 1  6 4             4 283 256 255 241   8 185  14  16  80 142   2   5 328 328 328
  15 1  6 4             4 286 279 264 264   8 185  11  45  73  80   2   6 328 328 328
  16 3 20 4             4  97  81  67  48   9 186   7  36  98 109   2   5 328 328 328
  17 1 16 4             4 281 170  65  65  10 189   9  38  46 118   2  13 328 328 328
  18 1  6 4             4 285 284 281 281   8 194   8  44  70 109   2  10  31  31  31
  19 1  4 4             4 249 154  35  35   5 179   4 458   1 198   1   7   5  11  15
  20 1 16 4             4 289 200  95  71   9 100   8  21  13 168   1   8   3  12  16
  21 1  4 4             4 283 278  47  46   9 198   8  19  85 165   2   5   6  10  14
  22 1  6 4             4 295 236 225 225  12 130  12  20   3  18   1  10   3  15 328
  23 1  4 4             4 298 270  49  43  12 197  14  38  77  61   1  15 328 328 328
  24 1  4 4             4 291 225  35  34  24 209   5  27  92  76   2   7   5  10  13
```

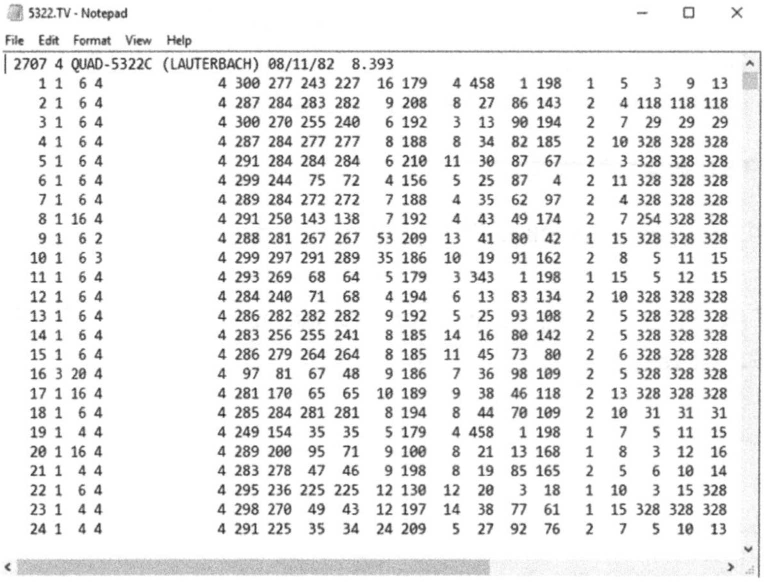

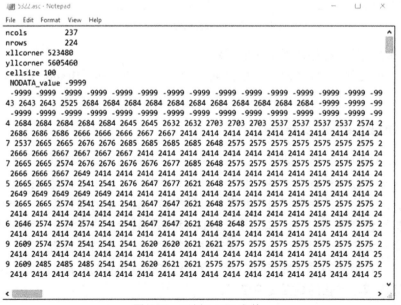

图 4.19　NRMM TER 地形文件样本

3. Code 11 MAPTBL 标准的数据组织存储形式

Code 11 MAPTBL 标准的数据组织存储形式如下。

1）ASCII 栅格格式（*.ASC）

ASCII 栅格格式是数字地形单元基于栅格的专题图像，如图 4.20（Bradbury et al.，2018）所示。该示例*.ASC 文件中，左上角是对该数据文件的说明，ncols 描述了该栅格数据文件的列数，nrows 描述了该栅格数据文件的行数，（xllcorner，yllcorner）描述了该栅格数据文件原点坐标。cellsize 描述了该栅格数据的空间分辨率，-9999 表示该栅格数据文件中的 NODATA 值，其余的数字代表地形数据信息。其中，*.ASC 文件各参数含义见表 4.3。

```
ncols         237
nrows         224
xllcorner 523480
yllcorner 5605460
cellsize 100
 NODATA_value -9999
 -9999 -9999 -9999 -9999 -9999 -9999 -9999 -9999 -9999 -9999 -9999 -9999 -9999 -9999 -99
43 2643 2643 2525 2684 2684 2684 2684 2684 2684 2684 2684 2684 2684 2684 -9999 -9999 -99
 -9999 -9999 -9999 -9999 -9999 -9999 -9999 -9999 -9999 -9999 -9999 -9999 -9999 -9999 -99
4 2684 2684 2684 2684 2684 2645 2645 2632 2632 2703 2703 2703 2537 2537 2537 2537 2574 2
 2686 2686 2686 2666 2666 2666 2667 2667 2414 2414 2414 2414 2414 2414 2414 2414 2414 24
7 2537 2665 2665 2676 2676 2685 2685 2685 2685 2648 2575 2575 2575 2575 2575 2575 2575 2
 2666 2666 2667 2667 2667 2667 2414 2414 2414 2414 2414 2414 2414 2414 2414 2414 2414 24
7 2665 2665 2574 2676 2676 2676 2676 2677 2685 2648 2575 2575 2575 2575 2575 2575 2575 2
 2666 2666 2667 2649 2414 2414 2414 2414 2414 2414 2414 2414 2414 2414 2414 2414 2414 24
5 2665 2665 2574 2541 2541 2676 2647 2677 2621 2648 2575 2575 2575 2575 2575 2575 2575 2
 2649 2649 2649 2649 2649 2414 2414 2414 2414 2414 2414 2414 2414 2414 2414 2414 2414 24
5 2665 2665 2574 2541 2541 2541 2647 2647 2621 2648 2575 2575 2575 2575 2575 2575 2575 2
 2414 2414 2414 2414 2414 2414 2414 2414 2414 2414 2414 2414 2414 2414 2414 2414 2414 24
6 2646 2574 2574 2574 2541 2541 2647 2647 2621 2648 2648 2575 2575 2575 2575 2575 2575 2
 2414 2414 2414 2414 2414 2414 2414 2414 2414 2414 2414 2414 2414 2414 2414 2414 2414 24
9 2609 2574 2574 2541 2541 2541 2620 2620 2621 2621 2575 2575 2575 2575 2575 2575 2575 2
 2414 2414 2414 2414 2414 2414 2414 2414 2414 2414 2414 2414 2414 2414 2414 2414 2414 25
9 2609 2485 2485 2485 2541 2541 2620 2621 2621 2575 2575 2575 2575 2575 2575 2575 2575 2
 2414 2414 2414 2414 2414 2414 2414 2414 2414 2414 2414 2414 2414 2414 2414 2414 2414 25
```

图 4.20　示例*.ASC 文件

表 4.3 *.ASC 文件各参数含义

参数	描述	要求
ncols	单元格列数	大于 0 的整数
nrows	单元格行数	大于 0 的整数
xllcenter/xllcorner	原点的 X 坐标（通过单元格的中心或左下角）	与 Y 坐标类型匹配
yllcenter/yllcorner	原点的 Y 坐标（通过单元格的中心或左下角）	与 X 坐标类型匹配
cellsize	单元格大小	大于 0
NODATA-value	输入值为输出栅格中的节点数据	可选择的默认值到-9999

注：*.PRJ ASCII 栅格空间引用支持文件；*.PRJ 支持文件存储比*.ASC 栅格文件更多的坐标系统信息；*.PRJ 格式是描述基本坐标系参数的基本文本文件

2）地形文件（*.TER）

地形数据输入的表格按照 Code 11 MAPTBL 标准数据组织格式进行设计。这种格式提供了在空格分隔的电子表格中输入地形数据信息的功能，地形数据项为字段（列），地形单元为记录（行）。表格输入的第一行指定特定的地形项目，其余的"标题"标记为注释，以"!"开头，可以包括创建日期、时间、作者和联系方式等。在一般注释之后是字段标题元数据，用"!#"标记，这些行描述了其余表中的字段（列）数据。字段头元数据之后的第一行是字段头，它们按顺序（从左到右）由空格字符分隔。其余的行是*.TER文件的数据部分。*.TER 文件包含下列内容。

（1）第一条记录

文件的第一行包含文件中的数据记录数、格式类型和文件说明（长度不超过 60 个字符）。第一条记录是"标准"的 NRMM 地形文件标题，格式为<NTU> <KTYPE> <TERID>，各字段的含义见表 4.4。

表 4.4 各字段的含义

属性	格式	描述
NTU	整数	地形单元数（在*.TER 文件的数据部分中的行）
KTYPE	整数	地形文件类型和格式代码（此格式必须为 11）
TERID	文本（长度=60）	字母数字标题/描述

（2）一般注释

一般注释行以"!"字符开头。该行的其余部分被视为文本注释，不进行处理。

（3）字段头元数据

相关数据表中每个字段的信息都包含在*.TER 的文件标题中。每一行都用"!"注释标记，后面跟着一个"#"字符，以标识字段元数据行。下一个字符串是 FIELD_NAME，它在第一行作为文件的数据值存在，名称与元数据标签列表之间用冒号"："分隔。

目前，字段头存在三个元数据标签，标签值的含义见表 4.5。

表 4.5　字段头元数据标签的描述

标签	描述
FIELD_DESCRIPTION	数据字段描述
DEFAULT_VALUE	行/字段没有数据时接收的值。用字符串"NULL"或其他数字作为默认值代替"无数据（NODATA）"。早期 NRMM 版本不支持"NULL"字符串默认值，被迫使用数字值，早期 NRMM 常用 0 或-9999
DATA_SOURCE_TYPE	表示数据采集来源类型

DATA_SOURCE_TYPE 标签有 5 个值，具体描述见表 4.6。

表 4.6　DATA_SOURCE_TYPE 标签各值的含义

标签	描述
MEASURED	直接测量或从测量源计算
INFERRED	由单个或多个来源估计或插值
LEGACY	为以前版本的 NRMM 标准构建的
NOTIONAL	数据值是对没有一致数据源的字段从非源数据推断或估计的。这使得建模和模拟软件可与尚不存在的所需数据一起运行
UNKNOWN	在不知道数据来源的情况下捕获或获得的数据的通用标志

各字段行的格式如下，元数据标签的含义见表 4.7。

!#　<FIELD_NAME>：[<FIELD_DESCRIPTION>，<DEFAULT_VALUE>，<DATA_SOURCE_TYPE>]

　　　　Example：!# SHAPE_LENGTH：["boundary length"，"NULL"，"m"]

表 4.7　元数据标签的含义

元数据标签	描述	值
FIELD_NAME	字段名称	文本
FIELD_DESCRIPTION	字段描述	文本
DATA_SOURCE_TYPE	源条件	"m" = "MEASURED" "m" = "INFERRED" "m" = "LEGACY" "m" = "NOTIONAL" "m" = "UNKNOWN"

（4）字段标题

字段标题是文件头元数据之后的行，也是第一行没有以"!"作为开始字符的第一行，是文件标题行。这是数据段中要遵循的字段（列）的空格分隔列表。"字段头元数据"部分中的每个字段名都在这个列表中，字段的顺序就是数据列的顺序，格式如下：

　　　　<field_1> <field_2> <field_3> <field_4> <field_5> … <field_n>

（5）数据部分

数据部分为文件中的后续行，存储了实际的数据值，用空格分隔。数据行数为第一条记录中列出的 NTU 数，值的顺序与文件头中字段的顺序相同。

由于分隔字符的性质，数据值永远不会包含空格，因为这将导致字段值的移动并损坏数据值，数据值格式如下。

<row_1_field_1> <row_1_field_2> <row_1_field_3> <row_1_field_4> …
<row_1_field_n>

<row_2_field_1> <row_2_field_2> <row_2_field_3> <row_2_field_4> …
<row_2_field_n>

<row_3_field_1> <row_3_field_2> <row_3_field_3> <row_3_field_4> …
<row_3_field_n>

<row_4_field_1> <row_4_field_2> <row_4_field_3> <row_4_field_4> …
<row_4_field_n>

…

<row_m_field_1> <row_m_field_2> <row_m_field_3> <row_m_field_4> …
<row_m_field_n>

4.2.2 栅格量化数据格式

栅格数据是将工作区域的平面表象，按一定分解力进行行和列的规则划分，形成许多格网，每个格网单元上的数值表示空间对象的属性特征（汤国安，2007；吴信才，2002）。每一个格网单元称为一个像素或像元，栅格中的每个像元是栅格数据中最基本的信息存储单元。陆地环境通行量化过程中用到的栅格数据格式主要有 GeoTIFF 和 TIFF，本小节将对这两种格式进行介绍。

1. TIFF 格式

TIFF 格式是一种基于标签的图像文件格式。它对图像信息的存放灵活多变，因此得到广泛应用。Aldus 公司于 1986 年发布了 TIFF 规范的第一个版本。TIFF 用于描述和存储栅格图像数据，TIFF 格式的主要优点是应用广泛，它非常紧凑，可处理黑白、灰度和彩色图像，允许用户根据扫描仪、显示器或打印机的特性进行调整。作为一种标记语言，TIFF 与其他文件格式最大的不同为 TIFF 格式还可以记录很多图像的其他信息。由于它的可扩展性，TIFF 在数字影像、遥感、医学等领域中得到广泛的应用，TIFF 文件的后缀是.tif 或者.tiff。1992 年 6 月发布的 TIFF6.0 规范以 GeoTIFF 作为参考。

TIFF 图像文件的结构包括图像文件头（image file header，IFH）、图像文件目录（image file directory，IFD）和图像数据区。每一个图像文件只能有一个图像文件头，但允许有多个图像文件目录和多个图像数据区；每一个图像文件目录和一个图像数据区对应一幅图像，图像文件目录包含每一幅图像的一些基本信息及各种数据在文件中的位置，因此一个 TIFF 文件可以存储多幅图像（牛苓涛 等，2004）。

1）图像文件头

TIFF 文件以 8 字节的文件头开头，它提供了有关文件的基本信息，如字节顺序（小字节序或大字节序）、TIFF 文件 ID 或版本号（始终为 42）及指向第一个图像文件目录的指针。

2）图像文件目录

图像文件目录（IFD）是 TIFF 中非常重要的数据结构，是以链表的形式存放的，一个 TIFF 文件可以包含多个 IFD，即表示此文件包含多个图像，一个 IFD 标识一个图像的属性。IFD 的结构如图 4.21 所示。

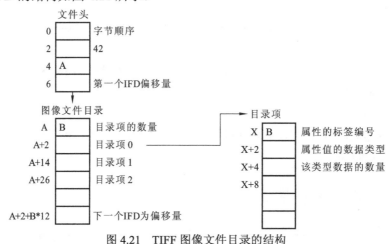

图 4.21　TIFF 图像文件目录的结构

A 为指向第一个文件目录的指针；B 为目录项；X 为目录项属性的标签编号

2. GeoTIFF 格式

GeoTIFF 格式是常用的栅格量化数据格式（Ritter et al.，2003）。GeoTIFF 是一种可选的栅格数据存储格式，适用于地理空间数据，是陆地环境通行分析结果输出的一种数据格式，主要用于存储量化后的数据。几乎所有的地理信息系统和图像处理软件包都具有 GeoTIFF 兼容性。GeoTIFF 中的数据可以存储单波段数据集，代表每个地形属性。尽管 GeoTIFF 比 ASCII 格式更好，但其数据量较大，甚至在压缩后仍然很大（Bradbury et al.，2018）。在栅格数据集中，每个像元都有一个值，表示影响陆地环境通行的量化属性值，如类别、高度等。其中的类别可以是草地、森林或居民地等地表覆盖物所表示的值；高度则可表示平均海平面以上的表面高程，可以用来派生出由高程数字模型转换而来的格网高程、坡度、坡向和流域属性。

GeoTIFF 格式是在 TIFF 格式的基础上发展而来的。TIFF 格式是被广泛使用的通用栅格数据格式之一。TIFF 是存储、传输、显示和打印栅格图像（如剪贴画、标识、扫描文档等）的常用格式。TIFF 文件格式可用于存储和传输数字卫星图像、扫描的航空照片、高程模型和扫描地图。考虑 TIFF 的普及，许多使用 TIFF 格式存储数字卫星图像的用户认为需要以某种方式将地理信息（如经纬度、地图投影、坐标、比例尺等地理编码信息）嵌入 TIFF 文件中，以便可以轻松地被各种 GIS 包使用，但是，TIFF 格式的图像文件具有一定的局限性，很难做到存储和读取这些信息，这一要求促使了 GeoTIFF 的开发。GeoTIFF 将地理（或制图）数据作为标记嵌入 TIFF 文件中，在 TIFF 的基础上定义了一些 GeoTag（地理标签），来对各种坐标系统、椭球基准、投影信息等进行定义和存储，使图像数据和地理数据存储在同一图像文件中，这样就为广大用户制作和使用带有地理信息的图像提供了方便的途径（牛芩涛 等，2004）。GeoTIFF 图像文件是一个 TIFF6.0文件，它的结构继承了 TIFF6.0 规范中的文件结构，其扩展不会违反 TIFF 的规范，也不会限制 TIFF 支持的栅格数据的范围，GeoTIFF 将信息编码在一些未使用的 TIFF 预留 Tag（标签）中。GeoTIFF 使用 MetaTag（元标签），也称为 GeoKey（地理关键字）的方法，把众多的信息元素编码到 6 个标签中，充分应用了与 TIFF 平台无关的数据表示形式，以避免平台间数据相互转换的困难（牛芩涛 等，2004）。

　　GeoTIFF 文件把投影参数存储在一系列与标签功能相同但更抽象的地理关键字 GeoKey 中。与标签相同的是，一个地理关键字有一个范围从 0 到 65535 的 ID 号；与标签不同的是，所有这些地理关键字的 ID 号在 GeoTIFF 参数定义中都是可以得到的。类似地，GeoTIFF 在地理关键字中也使用数字编码来描述各种投影类型、坐标系统、基准、椭球等。GeoTIFF 对地理信息的存储根据图像所要定义的地理空间的不同而采用不同数量的地理标签。对一幅地理参考图像而言，需要表示图像空间与模型空间的关系，可以选择 ModelPixelScaleTag、ModelTiepointTag 和 ModelTransformationTag 三个标签来进行定义，各标签的适用情况见表 4.8。地理编码图像表示的是图像上点的坐标与地球上的点之间的关系，因此还需要用到 GeoKeyDirectoryTag（地理关键字目录标签）、GeoDoubleParamsTag（地理 DOUBLE 参数标签）和 GeoAsciiParamsTag（地理 ASCII 参数标签）三个标签，见图 4.22（牛芩涛 等，2004）。

表 4.8　地理标签表示的定义

标签	描述
ModelPixelScaleTag	已知影像上某点的模型坐标及像素的比例
ModelTiepointTag	影像与实际模型间不存在旋转和错切变换
ModelTransformationTag	影像与地理模型空间存在旋转或仿射变形

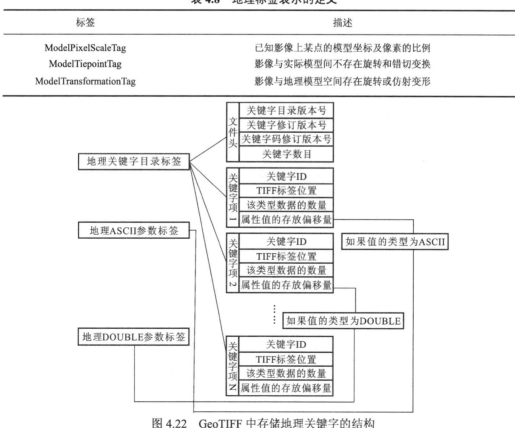

图 4.22　GeoTIFF 中存储地理关键字的结构

4.2.3 矢量量化数据格式

矢量量化数据格式具有对地理数据的表达精度较高、空间拓扑关系清晰、利于空间分析等优点，同时其数据结构严密、数据存储量小。栅格量化数据格式则存在数据量过大、需要压缩处理，用较大的像元减小数据量时精度与信息量损失较大且定位精度较低等缺点。在陆地环境通行量化过程中，主要应用 MapGIS 六角格网和 ArcGIS 渔网两种矢量量化数据格式。

1. MapGIS 六角格网（简单要素类）

MapGIS 简单要素类及交换矢量文件格式（*.wt，*.wl，*.wp），是由中地数码公司研发的一套闭源矢量文件格式，是目前国内地理信息科学、地学工程等科研领域的重要矢量数据存储格式。近年来，随着地理空间分析、地质调查工作等的转型升级，MapGIS 六角格网与各类学科的交叉融合越来越深入，对国民经济的支撑作用也愈发重要。同时，一种能够无损解析 MapGIS 矢量文件空间数据的开源工具包对地质空间数据交换、多源数据集成，以及大数据挖掘等新形势下地调事业转型发展的现实需求具有积极意义。

简单要素类是 MapGIS 基本的矢量类型，是相同类型简单要素的集合。简单要素类既是要素分类的概念性表示，也是一种描述地理要素的格式分类。在数据的组织管理中，陆地环境通行影响因子以 MapGIS 点、线、区简单要素类的形式存在。六角格网在 MapGIS 中是以区要素存储的，采用六角格网对相关因子进行量化处理，即对陆地环境点、线、区要素的"栅格化"，在对其进行相关的陆地环境通行分析时，需要首先将其相关影响因子和特征属性提取到六角格网中，并在此基础上进行量化分析（郭宏伟，2022）。MapGIS 简单要素类量化过程如图 4.23 所示。

图 4.23　MapGIS 六角格网量化存储过程

因子量化之后，格网存储了依据陆地通行环境指标体系进行因子量化后的数据量化结果，如索引、格网高程、格网的面积和周长，以及因子量化后的数据等。格网坐标可通过索引计算得到。图 4.24 是格网存储数据的示例，其存储了通过面积占比法量化后的地表覆盖要素、道路数据、滑坡数据及格网的高程、索引等数据。

应用 Uber H3 开源算法生成六角格网后，任意一个地理坐标在每个格网层次中都具有唯一的格网索引与之对应。六角格网以 MapGIS 简单要素类的区文件格式存储，如图 4.24 所示，H3Index 即为六角格网的索引，也是 Uber H3 索引的整数表示。Uber H3 索引是 64 位整数，通常序列化为十六进制字符串。索引的位布局提供了一个相对紧凑的结构，用于存储有关给定索引的信息并定义其地理位置，其结构如表 4.9 所示。

序号	OID	ID	mpArea	mpPerim.	H3INDEX	水体	草地	森林	灌木丛	岂通	黔西滑坡	高程	人造地表	未知数据	capacity	mpLayer
1	1	1	74.319591	32.113906	88400888.	0.0	23.0645783.	7.4729515.	1.52854.	0	0	1161.4941921.	0.0	67.93392.	0.167566	8
2	2	2	74.315561	32.113047	88400888.	0.0	17.7581132.	9.3368030.	0.0	0	0	1185.3843717.	32.2472.	40.65780.	0.124307	8
3	3	3	74.308790	32.111609	88400888.	0.0	24.4545485.	7.8997651.	0.0	0	0	1154.9768177.	4.86678.	62.77889.	0.171182	8
4	4	4	74.312818	32.112467	88400888.	0.0	61.1980394.	6.3897827.	0.0	0	0	1186.7265047.	0.0	32.41217.	0.428386	8
5	5	5	74.323619	32.114764	88400888.	0.0	23.6512676.	0.0	0.0	0	0	1157.2460401.	0.0	76.34873.	0.165559	8
6	6	6	74.330390	32.116202	88400888.	0.0	25.9035371.	0.0	0.0	0	0	1162.0527983.	0.0	74.09646.	0.181325	8
7	7	7	74.326360	32.115343	88400888.	0.0	7.83002349.	18.567428.	0.0	0	0	1186.2769556.	9.38654.	64.21599.	0.054810	8
8	8	8	74.322328	32.114484	88400888.	0.0	15.1235350.	0.0	1.87177.	0	0	1185.2893347.	49.8248.	33.17982.	0.113352	8
9	9	9	74.311530	32.112188	88400888.	0.0	13.6879961.	0.0	0.0	0	0	1165.0885142.	7.23773.	79.07427.	0.095816	8
10	10	10	74.304761	32.110750	88400888.	0.0	20.2494796.	0.0	0.0	0	0	1157.8915789.	24.4366.	55.31384.	0.141746	8
11	11	11	74.297989	32.109311	88400888.	0.0	49.3369427.	4.3815889.	0.0	0	0	1156.9736842.	0.0	46.28146.	0.345359	8
12	12	12	74.302016	32.110170	88400888.	0.0	100	13.597936.	3.77090.	0	0	1192.3827549.	8.48574.	0.0	0.715084	8
13	13	13	74.306042	32.111028	88400888.	0.0	27.4319428.	70.243664.	0.0	0	0	1234.4122621.	1.96998.	0.354404.	0.000000	8
14	14	14	74.316845	32.113325	8840088D.	0.0	83.9883069.	2.4136671.	0.0	0	0	1212.9259255.	0.0	13.59802.	0.587918	8
15	15	15	74.327646	32.115622	88400088D.	0.0	75.1999444.	0.0	0.0	0	0	1194.6828752.	0.0	24.80005.	0.526400	8
16	16	16	74.334419	32.117061	88400888.	0.0	100	0.0	0.0	0	0	1163.9166666.	0.0	0	0.700000	8
17	17	17	74.341188	32.118498	88400888.	0.0	29.9686300.	3.9352519.	0.0	0	0	1180.3480546.	0.0	66.09611.	0.209780	8
18	18	18	74.337157	32.117640	88400888.	0.0	67.4415719.	9.8600311.	0.0	0	0	1182.3467230.	0.0	22.69839.	0.472091	8
19	19	19	74.333126	32.116781	88400888.	0.0	1.23059952.	0.0	0.0	0	0	1171.1375661.	0.0	98.76940.	0.008614	8

图 4.24　格网存储数据示例

表 4.9　索引的位布局结构

位数	含义
0～3 位	索引模式。0 表示无效，1 表示普通的格网，2 表示单向边，3 表示双向
4～6 位	如果索引模式是 0 或 1，则没用；如果是 2 或 3，表示这条边是这个六边形的哪条边，取值范围为 1～6
7～10 位	表示层级，取值范围为 0～15
11～17 位	表示这个格网属于哪个基格网，取值范围为 0～121
18～21 位	表示这个格网的第一代祖宗格网在 IJK 七格网坐标系下的坐标
n～$n+2$（$n\leqslant 61$）位	表示这个格网的第 i 代祖宗格网在 IJK 七格网坐标系下的坐标

对于层级数比较小的格网，后面很多位是不需要的，如果全设置为 0 会浪费很多空间，因此 H3 索引值是可以压缩的。H3Index 的位布局如表 4.10 所示，"保留"字段的解释因索引的模式而异。

表 4.10　Uber H3 索引表示

模式	含义	索引
模式 0	被保留并指示无效的 Uber H3 索引。模式 0 包含一个特殊的索引 H3_NULL，它是唯一的：它与 0 位等价。该索引具体表示无效、丢失或未初始化的 Uber H3 索引；由于其唯一性和易于识别性，应使用它而不是任意模式 0 索引	
模式 1	Uber H3 单元（六边形/五边形）索引。Uber H3 单元索引（模式 1）表示 Uber H3 格网系统中特定分辨率的单元（六边形或五边形）	Uber H3 单元索引的组成部分按顺序打包成一个 64 位整数，最高位在前，如下： ● 1 位保留并设置为 0 ● 4 位指示 Uber H3 细胞索引模式 ● 保留 3 位并设置为 0 ● 4 位表示单元格分辨率（0～15） ● 7 位指示基本单元（0～121） ● 3 位表示从分辨率 1 到单元分辨率的每个后续数字 0～6（总共 45 位保留用于分辨率 1～15） 每个未使用数字的三位设置为 7

模式	含义	索引
模式 2	Uber H3 单向边缘（六角形 A→六角形 B）索引。Uber H3 单向边缘索引（模式 2）表示两个单元（"起始"单元和相邻"目标"单元）之间的单个有向边缘	Uber H3 单向边索引的组成部分按顺序打包成一个 64 位整数，最高位在前，如下： ● 1 位保留并设置为 0 ● 4 位指示 Uber H3 单向边缘索引模式 ● 3 位表示源单元的边缘（1~6），与原始单元格的索引位匹配的后续位
模式 3 双向边缘索引（六角形 A↔六角形 B）		
模式 4	Uber H3 顶点（即 Uber H3 单元的单个顶点）。Uber H3 顶点索引（模式 4）表示 Uber H3 格网系统中的单个拓扑顶点，由三个单元共享。请注意，这不包括偶尔出现在单元格地理边界中的扭曲顶点。一个 Uber H3 顶点被任意指定为三个相邻单元之一作为它的"所有者"，用于计算顶点的规范索引和地理坐标	Uber H3 顶点索引的组件按顺序打包成一个 64 位整数，最高位在前，如下： ● 1 位保留并设置为 0 ● 4 位表示 Uber H3 顶点索引模式 ● 3 位表示所有者单元上顶点的顶点编号（0~5），与所有者单元的索引位匹配的后续位

2. ArcGIS 渔网

在进行格网量化时，也可以使用 ArcGIS 中的创建"渔网"（Fishnet）工具，通过创建由矩形像元（四角格网）组成的"渔网"给每个单元格赋予量化后的值，量化后的数据是以 SHP 格式存储的，见图 4.25。Fishnet 是 ArcGIS 平台下的一种空间分析工具，由一个可自由定义的基本单元格组成。根据不同图件的需要，可设定单元格大小，拆分或合并单元格，并赋予每一个单元格属性，使其具有无限的表达能力（董敏 等，2010）。

图 4.25　ArcGIS 四角格网量化存储过程

1）创建"渔网"

创建"渔网"工具可创建包含由矩形像元所组成网络的要素类。创建"渔网"需要 4 组参数，分别为"渔网"的空间范围、行数和列数、旋转的角度及输出要素类，这 4 组参数信息的指定可通过多种方法，图 4.26 为创建"渔网"的参数设置窗口。

2）设置空间范围

可通过以下 4 种方法设置"渔网"的范围参数。

（1）在模板范围参数中输入现有数据集。此数据集的范围将用作"渔网"的范围。

（2）如果未在模板范围参数中输入现有数据集，则可提供最小 x、y 坐标与最大 x、y 坐标。

（3）使用"渔网"原点坐标和"渔网"的右上角参数输入渔网原点和右上角的坐标。

（4）在"渔网"原点坐标、像元宽度、像元高度、行数和列数参数中分别输入相应数值。

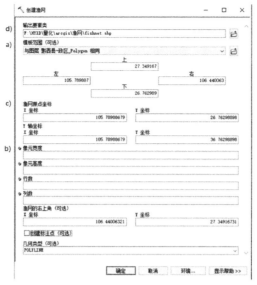

图 4.26　创建"渔网"的参数设置窗口

3）设置行数和列数

行数和列数的参数设置方法有以下 4 种。

（1）通过像元宽度和像元高度参数定义像元的宽度和高度，然后将行数和列数参数留空或设置为 0。"渔网"工具运行时，将计算出覆盖"渔网"范围所需的行数和列数。

（2）如上所述定义像元的宽度和高度，但另外还需要输入行数和列数。

（3）通过设置参数定义行数和列数，然后将像元宽度和像元高度参数留空或设置为 0。此工具运行时，将根据行数和列数及"渔网"的右上角参数的值计算出像元的宽度和高度。

（4）如上所述定义行数和列数，但另外还需要输入像元大小和宽度。如果使用该方法，则参数"渔网"的右上角将被忽略（在该工具对话框中，此参数呈不可用状态）。该工具运行时会计算出右上角的坐标。

4）旋转角度

旋转角度是 Y 轴与连接"渔网"原点坐标与 Y 轴坐标点的线之间的角度。要创建旋转的"渔网"，需要指定 Y 轴坐标来定义旋转角度，从而使原点至此点的线与正北方向形成所需的角度，如图 4.27 所示。

依据旋转角度，便可按照以下方法计算出 Y 轴坐标参数的值：假设"渔网"要被顺时针旋转 60°。从"渔网"的原点出发画一条与垂直轴顺时针成 60°的线（图 4.28）。这

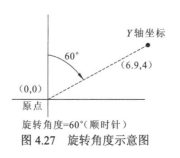

图 4.27　旋转角度示意图

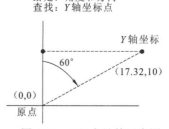

图 4.28　正切角计算示意图

条线上的任意一点都可作为 Y 轴坐标参数的值。为 Y 坐标选取一个合适的值，然后根据式（4.5）计算出 X 坐标[假设原点位于$(0, 0)$]：

$$正切角 = x 坐标 / y 坐标 \qquad (4.5)$$

3. 输出要素类

输出要素类可选择是创建线要素类还是创建面要素类。若"渔网"与现有数据集叠加时，则选择面作为几何类型参数。如果"渔网"仅作显示之用，则选择折线作为几何类型参数。如果"渔网"单元的数量较多，则通过面创建"渔网"比通过折线创建"渔网"慢得多。也可以通过选中创建标注点参数来创建点要素类。这些点将位于各像元的中心。如果只想获得点输出，选择折线作为几何类型参数（因为这是构造"渔网"最快的方法），然后选中创建标注点参数。此工具执行完成后，删除输出线要素类。输出要素类主要数据格式为矢量的 SHP 文件格式。

SHP 文件格式是美国 ESRI 公司开发的 ArcView 和 ArcGIS 软件的专用数据格式，将地理空间数据以坐标点串的形式存储起来（刘锋 等，2006），是一种用于存储地理要素的几何位置和属性信息的非拓扑简单格式，采用了编码效率较高的二进制格式。SHP 文件中的地理要素可通过点、线或面（区域）来表示。SHP 文件是目前最常见的一种矢量数据格式。作为行业的标准格式，几乎所有的商业和开源 GIS 软件都支持 SHP 文件格式。

一个 SHP 文件数据主要由主文件（*.shp）、索引文件（*.shx）、dBASE 表文件（*.dbf）三个文件组成。

（1）主文件（*.shp）：存储地理要素的几何图形的文件。

（2）索引文件（*.shx）：存储图形要素与属性信息索引的文件，如每个地物元素的起始位置和所占字节的大小。

（3）dBASE 表文件（*.dbf）：存储要素信息属性的 dBASE 表文件，用于存储可连接到 Shapefile 的要素的附加属性。

（4）其他可选的文件有空间参考文件（*.prj）、几何体的空间索引文件（*.sbn 和 *.sbx）、只读的 Shapefile 的几何体的空间索引文件（*.fbn 和 *.fbx）等。

根据刘锋等（2006）对 SHP 文件格式的解析可知，每个 SHP 文件都包含 100 字节的文件头信息，文件头记录了文件中常用的基本信息，如表 4.11 所示。

表 4.11　主文件头的描述

位置	域	值	类型	字节次序
Byte0	文件代码	9 994	整型	Big
Byte4	未使用	0	整型	Big
Byte8	未使用	0	整型	Big
Byte12	未使用	0	整型	Big
Byte16	未使用	0	整型	Big
Byte20	未使用	0	整型	Big

位置	域	值	类型	字节次序
Byte24	文件长度	文件长度	整型	Big
Byte28	版本	1 000	整型	Little
Byte32	形状类型	形状类型	整型	Little
Byte36	边界盒	X 坐标最小值	双精度	Little
Byte44	边界盒	Y 坐标最小值	双精度	Little
Byte52	边界盒	X 坐标最大值	双精度	Little
Byte60	边界盒	Y 坐标最大值	双精度	Little
Byte68	边界盒	Z 坐标最小值	双精度	Little
Byte76	边界盒	Z 坐标最大值	双精度	Little
Byte84	边界盒	M 最小值	双精度	Little
Byte92	边界盒	M 最大值	双精度	Little

其中：0~3 字节表示文件代码，固定值为 9 994，字节排列方式为倒序排列；3~19 字节为空，固定值为 0，字节排列方式为倒序排列；19~23 字节为文件的大小，取值为文件的长度，字节排列方式为倒序排列（并以 16 bit 存储）；24~27 字节为文件的版本，固定值为 1000，字节排列方式为正序排列；28~31 字节为地物的形状类型，取值如表 4.12（刘锋 等，2006）所示（x，y 为二维坐标，m 为度量坐标，z 为高程坐标），字节排列方式为正序排列。

表 4.12　形状类型

值	形状类型	描述
0	NULL Shape	空地物类型
1	Point	单点类型（包含 x，y 坐标）
3	PolyLine	线类型（每个点包括 x，y 坐标）
5	Polygon	多边形类型（每个点包括 x，y 坐标）
8	Multi Point	多点类型（每个点包含 x，y 坐标）
11	PointZ	单点类型（包含 x，y，m，z 坐标）
13	PolyLineZ	线类型（每个点包含 x，y，m，z 坐标）
15	PolygonZ	多边形类型（每个点包括 x，y，m，z 坐标）
18	Multi PointZ	多点类型（每个点包含 x，y，m，z 坐标）
21	PointM	单点类型（包括 x，y，m 坐标）
23	PolyLineM	M 线类型（每个点包括 x，y，m 坐标）
25	PolygonM	多边形类型（每个点包括 x，y，m 坐标）
28	Multi PointM	多点对象（每个点包括 x，y，m 坐标）

4.3 陆地环境通行能力评价方法

对陆地环境通行因子量化并存储后，可以用相应的评价方法衡量陆地环境通行指标体系中各因子对通行的影响。先进行独立分析，再根据一定的规则对通行因子进行总体分析，由此得到最终的格网通行性分析结果，这一过程被称为陆地环境通行能力评价。通行能力评价以研究区域的整体通达条件和地形概况为基础，为路径规划、通行专题图绘制等任务提供数据支持（张萌，2020）。陆地环境通行分析中的通行能力评价应遵循一定的原则。

1）整体性原则

陆地通行环境是一个复杂的整体系统，首先要对陆地环境及环境间的相互关系进行总体认知分析。地理环境中各因素的相互作用和整体效应纷繁复杂，在分析每个因子对通行性的影响时，应该考虑在地形可通行性方面各因子之间的相互作用，但因子间的互相影响具有很大的复杂性，难以被全面估计和讨论。

2）重要性原则

影响陆地环境通行性的因子有重要程度的差别，分析判断时应根据影响因子的重要程度先后进行评估（张萌，2020）。地理因子是陆地环境最为基础的影响因子，应首先进行评估。同一因子内部的多个影响要素也应按照重要程度先后进行评估。

3）安全性原则

对陆地环境通行性的分析判断，应遵循保守及谨慎的原则，预留误差空间，充分保障人员及机动装备的通行安全。

传统的陆地环境通行分析研究常采用可分层的栅格数据，既可以实现单因子分析，也可通过叠置分析法对不同因子的图层进行多因子综合分析。在一系列的通行性分析之后，给予格网一个定性的通行能力评价结果，如该格网是易通行、可通行或不可通行的，再把整个区域内的结果用不同的符号或颜色标识出来，得到一幅定性的研究区通行能力图，这种图具有直观性强、便于再加工等优点（张萌，2020）。上述方法简单便捷，但是模糊了格网具体的通行能力，简单的图层叠加会影响格网通行分析的准确性，同时也影响路径规划结果。基于这一问题，本节介绍通行能力的定性及定量评价方法，采用 IOP（Pokonieczny et al.，2018；Pokonieczny，2018，2017）作为格网通行能力的定量评价指标，IOP 的数值范围为 0～1，数值越大，则通行能力越强。

4.3.1 单因子评价方法

单因子通行分析只考虑单一因子对研究区域通行性的影响，其他因子不做考虑（张萌，2020）。单因子通行分析通过阈值分析法判断因子量化后的值是否达到可通行、不可通行的临界值，进而确定该因子影响下的格网通行性。该部分主要用于对阻碍通行的要素进行判断，例如若地理因子中森林、水域等要素的面积占比大于临界值，则格网不可

通行。单因子通行分析的方法为

$$\begin{cases} s_i \geqslant p, \text{格网不可通行} \\ s_i < p, \text{格网可通行} \end{cases} \tag{4.6}$$

式中：s_i 为阻碍通行的要素在对应格网内的量化值；p 为比例系数。

以基于地表覆盖要素表面积或长度的阈值法和植被粗糙度因子法两个方法为例，介绍如何应用单因子分析方法进行陆地环境通行能力评价。

1. 基于地表覆盖要素表面积或长度的阈值法

基于地表覆盖要素表面积或长度的阈值法，根据任务场景选取陆地通行环境指标体系中合适的因子及要素，并根据格网覆盖要素数据的类型，选取不同的栅格赋值方法。如表4.13（Pokonieczny, 2017）所示，把格网覆盖要素数据量化为4类数据：格网内面状地表覆盖要素（如森林、湖泊）的总表面积；格网内线要素（如河流、公路、铁路）的总长度；格网内单一要素（如建筑物、围墙）的数量；格网中所有测量点确定的高程或坡度平均值。量化后的这4类数据将被存储并用来描述格网属性。上述方式构建数据模型会导致详细的几何图形和描述性属性数据的丢失。但是这种方法的优势是以参数形式描述地表覆盖要素，可以很容易地进行统计分析（Pokonieczny, 2017）。

表 4.13 阈值法确定通行性的示例

特征类	可通行区域	不可通行区域	示例	
	阈值1	阈值2	值	IOP
森林/%	30	60	15	0
建筑物/%	20	40	50	2
河流（面积）/%	30	60	35	1
河流（长度）/m	1 500	3 000	300	0
道路（长度）/m	2 000	1 000	4 000	0
湖泊/%	30	60	0	0
沼泽/%	30	60	0	0
坡度/(°)	7	14	1	0
合计				3

阈值法通过确定所选要素在格网中的面积或长度（对于线性对象）来确定IOP，基于这些地形参数指标判断通行对象可通行性类别。IOP的计算原则如下。

（1）对于每个要素，都设置两个阈值用来判断该格网是否可以通行。面要素量化参数值为该要素面积占格网面积的百分比；线要素的量化参数值为格网内该线要素的总长度，但线要素对通行的作用不同，道路对通行为促进作用，河流对通行为阻碍作用；坡度量化参数值为格网内坡度的平均值。

（2）如果格网中的要素量化值低于下限阈值，则该要素IOP设置为0（易通行区域）。

（3）人工神经网络是一种有监督学习算法，通过修改神经元输入的权重，使人工神经网络输出预期的IOP结果值。

（4）如果该值高于阈值，则为该要素分配的 IOP 为 2（不可通行区域）。

（5）把为所有要素分配的 IOP 相加，这样可以同时考虑格网内对通行产生积极影响和消极影响的要素。

（6）根据特征缩放法将求和结果归一化为 0～1 的数。

2. 植被粗糙度因子法

植被粗糙度因子（vegetation roughness factor，VRF，物理量符号为 I_{VRF}）法是一种反映车辆通过不同类型地表覆盖要素时的速度限制程度的数值评价方法，I_{VRF} 值的范围是-1（不可通行区域）～1（易通行区域），如表 4.14（Pokonieczny，2017）所示。在给定的数据模型中，每一类对象以任意方式分配一个阻力系数 I_{VRF}。对阻碍通行的地形对象（如河流、沼泽、森林，$I_{VRF}<0$）、促进通行的地形对象（如道路，$I_{VRF}>0$）、不影响通行的地形对象（主要是单个对象，如独立树、独立房等，$I_{VRF}=0$）进行隔离。实验中，对未被地表要素覆盖的区域归类为促进通行的要素类，I_{VRF} 值被赋为+0.5（Pokonieczny et al.，2018）。

表 4.14　植被粗糙度系数的样本值

促进		阻碍		不影响	
要素	I_{VRF}	要素	I_{VRF}	要素	I_{VRF}
道路	0.7	河流	−1.0	纪念碑	0
人行道	0.4	沼泽	−0.8	树木	0
防火闸	0.3	森林（面积）	−0.8	烟囱	0
开放区域（没有地表要素覆盖）	0.5	果树林	−0.5	森林（点）	0

基于植被粗糙因子法计算 IOP，其数学计算公式为

$$IOP_i = A_i^{n1} \cdot I_{VRF}^{n1} + L_i^{n2} \cdot I_{VRF}^{n2} + N_i^{n3} \cdot I_{VRF}^{n3} + \cdots \tag{4.7}$$

式中：IOP_i 为格网 IOP；对于面对象，A_i^{n1} 为格网内 $n1$ 类别的归一化面积；对于线对象，L_i^{n2} 为格网内 $n2$ 类别的归一化长度；对于点对象，N_i^{n3} 为格网内 $n3$ 类别格网的归一化点对象数量。I_{VRF} 为 $n1$、$n2$、$n3$ 对象类的植被粗糙度因子。

计算得到的 IOP 值被归一化为 0～1 的数，其中 0 表示不可通行区域，1 表示易通行区域。

4.3.2　多因子综合评价方法

在进行通行能力评价时,研究者把叠置分析的思想应用于多因子综合分析过程中(郭宏伟，2022；王伟懿，2022；李天琪，2021；张萌，2020)。地学相关问题分析中，通常涉及多种因子，常需要进行多因子分析。一是因为陆地环境是一个统一的整体，直接对整体分析难度较大，需要将其分解为多因子分别进行研究；二是因为在研究实际问题时，只对单一因子进行分析具有片面性，需要将其合并为一个整体进行综合分

析。把多因子综合起来进行分析的过程就是叠置（又称叠加），这种分析方法就是叠置分析法。

叠置分析法是地理信息系统领域进行空间分析的一种常用方法。叠置分析法把同一地区内的多个图层要素根据位置对应关系进行叠加，再根据不同的需求选择交、并、差等叠加方式，从而得到一个新的图层或属性，新的图层综合了原有的属性信息（黄鲁峰，2008）。按照叠置数据类型的不同，叠置分析可分为矢量数据叠置、栅格数据叠置及矢量栅格数据混合叠置三种类型。矢量数据叠置产生新的要素图层；栅格数据叠置时要求栅格大小应具有统一分辨率，且不同图层对应的同一行列号的像元具有相同的坐标；矢量栅格数据混合叠置通过判断矢量数据落在哪个栅格区域给栅格赋予对应的值。按照计算方法的不同，叠置分析可分为合成叠置分析和统计叠置分析，合成叠置分析的结果仍保留了原有的属性，统计叠置分析的结果得到的是新的属性。无论哪种叠置方式都需要满足基于空间位置完全对应、数据意义一致、数据与数据运算法则对应，否则无法进行叠加。

采用叠置分析法进行多因子综合分析时，叠置分析可以分为定性的通行属性叠置分析和定量的 IOP 叠置分析（王伟懿，2022）。通行属性叠置依次对格网各因子的通行属性进行叠加，得到格网综合条件下定性化描述的通行属性，格网通行属性叠置分析法则见表 4.15。定量的 IOP 叠置得到的是一个定量化的 IOP 值，并可在此基础上做出进一步的路径规划。

表 4.15　格网通行属性叠置分析法则

通行性	易通行	可通行	不可通行
易通行	易通行	可通行	不可通行
可通行	可通行	可通行	不可通行
不可通行	不可通行	不可通行	不可通行

当格网的通行性为可通行时，应用可通行的要素进行格网通行能力度量，以 IOP 来表征格网的通行能力，各类因子影响下的 IOP 计算公式为

$$IOP = \sum_{i=0}^{n} p_i \cdot m_i \tag{4.8}$$

式中：IOP 为格网对应的通行能力指数；m_i 为因子所在格元的量化结果值；p_i 为各类因子对通行影响程度的权重。

在进行通行能力评价时，由于不同的机动装备对陆地环境的要求和适应性是不同的，针对不同的机动装备，第 3 章已经列举了在地理因子、地质因子、自然灾害因子、气象水文因子和地面力学因子影响下的通行条件。陆地环境通行分析模型通过将所涉及的影响因子图层与格网图层进行叠加来模拟野外环境。针对不同的因子，选取合适的量化方法进行因子量化，量化后的结果存储在格网中，依据通行条件进行格网属性信息判断，得出单因子是否可通行的结论，然后采取多因子叠置分析方法进行综合分析，最终得到多因子综合影响下的 IOP。陆地环境通行模型的设计如图 4.29 所示。

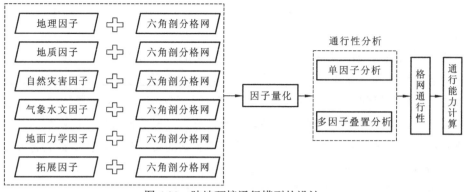

图 4.29　陆地环境通行模型的设计

通行分析模型的数学表达式为

$$G = \{X, P, P_i\} \tag{4.9}$$

式中：G 为剖分格网自身的通行分析模型；P 为陆地环境通行指标体系中的因子；P_i 为各因子的 IOP。

下面介绍使用多因子综合分析方法进行陆地环境通行能力评价的示例。

硬质路面、土质路面、草地和森林的土质松软程度和地面粗糙程度各不相同，对车辆通行速度也存在不同的影响。该示例的评价规则分为两种：当格网中存在硬质路面时，格网通行能力不受地表覆盖类型影响；当格网中不存在硬质路面时，使用土质路面、草地和森林在格网中的面积占比对车辆速度的影响系数的乘积之和来表示它们对格网通行能力的影响。评价规则 W_c 为

$$\begin{cases} W_c = \lambda_t \dfrac{s_t}{S} + \lambda_g \dfrac{s_g}{S} + \lambda_e \dfrac{s_e}{S}, & \text{不存在硬质路面} \\ W_c = \lambda_h, & \text{存在硬质路面} \end{cases} \tag{4.10}$$

式中：S 为对应格网面积；s_t、s_g、s_e 分别为土质路面、草地和森林在对应格网中的面积；λ_h、λ_t、λ_g、λ_e 分别为格网中覆盖类型为硬质路面、土质路面、草地和森林时对车辆速度的影响系数。综合以上两种评价规则，得出格网 n 处的 IOP 为

$$\text{IOP}(n) = \begin{cases} 0, & \text{格网不可通行} \\ W_c(n), & \text{格网可通行} \end{cases} \tag{4.11}$$

式中：$W_c(n)$ 为格网 n 处地表覆盖类型通行能力属性值。为了方便使用，还需要对 $W_c(n)$ 进行归一化操作，由此，可以得到顾及多种影响因子的格网 IOP 为

$$\text{IOP}(n) = \begin{cases} 0, & \text{格网不可通行} \\ \dfrac{W_c(n) - W_c \min}{W_c \max - W_c \min}, & \text{格网可通行} \end{cases} \tag{4.12}$$

多因子综合分析使用叠置分析法将单因子通行分析结果合并成多因子共同作用下的区域通行分析结果。多因子综合分析得到的 IOP 可作为通行能力评价的指标，通过对 IOP 进行分级，可以很容易地区分通行能力水平不同的地区。然而，不同的评价方法得到的通行能力图在效果上有明显的差异，例如使用阈值法生成的通行能力图在视觉效果上差异不是很明显，可通行区域的范围更大，因为阈值法只考虑了少量的地表覆盖要素。使

用基于机器学习的方法生成的通行能力图能够给出类似的、正确的结果，但神经网络的实施与其他方法相比较为复杂。

4.3.3 基于机器学习的通行评价方法

传统的通行能力分析通常是由经验丰富的专家以手动方式在地形图上进行简单的叠加来判断某一区域是否可通行，这种方法不仅需要分析人员具有丰富经验，还很耗时。基于以上问题，Pokonieczny（2018）提出了一种基于人工神经网络的地形通行性分类方法，应用人工神经网络解决 IOP 的确定问题，以显著改善和加速整个地形评估过程。人工神经网络可以用来解决必须处理大量输入数据的问题，此外，人工神经网络满足模糊逻辑的标准，其可以在连续范围内（如 0~1）确定格网的 IOP，学习之后的神经网络可以用来确定任何地区的 IOP。

1. 数据输入

构建陆地环境通行指标体系，获取各因子量化后的数据集，选取对陆地环境通行影响较大的指标因子，通过格网量化，将参数因子的属性值归一化为 0~1 的数，作为神经网络模型的输入数据集。

$$V' = \frac{V - V_{\min}}{V_{\max} - V_{\min}}(\text{new\_max} - \text{new\_min}) + \text{new\_min} \qquad (4.13)$$

式中：V 为输入值；V' 为归一化值；$[V_{\max}, V_{\min}]$ 为输入数据的间隔；$[\text{new\_max}, \text{new\_min}]$ 为新的数据范围。

2. 人工神经网络数据处理流程

图 4.30 所示为人工神经元模型，$x_1 \sim x_n$ 是神经元的输入信号，x 可能来自其他神经元也可能是初始输入值；$w_1 \sim w_n$ 是每个输入对应的权重，代表了每个特征的重要程度；输入信号和权重分别相乘并相加后的结果值将由激活模块来处理，f 为激活模块的激活函数，其主要作用是加入非线性因素，解决线性模型的表达、分类能力不足的问题；y 为当前神经元的最终输出。

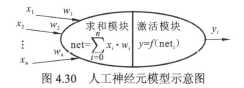

图 4.30 人工神经元模型示意图

为了确定 IOP，Pokonieczny 等（2021）使用了一个三层感知机，如图 4.31 所示。三层感知机的输入层接收输入信号，量化后的数据经归一化处理后被输入到输入层；第二层为进行数据处理的隐藏层；输出层由单个神经元组成，该神经元输出了最终的 IOP。

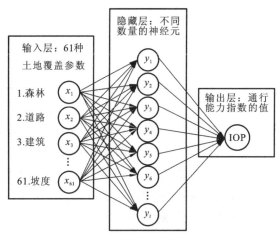

图 4.31　三层感知机示意图

Pokonieczny 等（2021）提出了一种使用多层感知机计算 IOP 的方法，如下所示。

（1）将归一化的地表覆盖参数（例如森林和河流的表面、道路长度等）引入输入层。

（2）训练数据是为随机选择的一组格网预先分配的 0～1 的 IOP，IOP 是由具有丰富经验和技能的专业开发通行能力地图的人员确认和标记。训练数据被分为两组，一组是用于拟合模型的训练集（80%的样本），另一组是用于选出效果最佳的模型所对应的参数，即用来调整模型参数的验证集（20%的样本）。

（3）人工神经网络是一种有监督学习算法，包括修改神经元输入的权重，使人工神经网络输出预期的 IOP 结果值。

（4）在学习之后，每个网络的"质量"需要被检验。皮尔逊相关系数被应用于训练数据的 IOP 和神经网络的预测，该系数是针对训练和验证样本确定的。生成的网络质量是确定 IOP 有用性的一个关键估计。

（5）学习过程结束后，将所有格网的地表覆盖参数引入神经网络。通过这种方式，可以确定整个分析区域的 IOP。

基于陆地环境通行分析原型系统是在 MapGIS 基础上开发的，越野通行场景量化模块是其主要功能，计算得到 IOP 后，可进行陆地环境通行分析制图，从而对陆地环境的通行性有更直观的感受。

参 考 文 献

白建军, 孙文彬, 2011. 球面格网系统特征分析及比较. 地理与地理信息科学, 27(2): 1-5.

白建军, 赵学胜, 侯妙乐, 2007. 全球离散格网的空间数字建模. 北京: 测绘出版社.

贲进, 2005. 地球空间信息离散网格数据模型的理论与算法研究. 郑州: 中国人民解放军战略支援部队信息工程大学.

毕海芸, 王思远, 曾江源, 等, 2012. 基于 TM 影像的几种常用水体提取方法的比较和分析. 遥感信息, 27(5): 77-82.

程承旗, 任伏虎, 濮国梁, 等, 2012. 空间信息剖分组织导论. 北京: 科学出版社.

董敏, 孙宝生, 陈川, 2010. 基于 ArcGIS 的地质图图例绘制及意义: 以《西准噶尔地区地质图》为例. 新疆地质, 28(1): 116-118.

段纪维, 2021. 基于 GF-2 号影像的喀斯特地区水体提取方法研究. 贵阳: 贵州师范大学.

范林林, 2017. 基于六角格网的越野路径规划技术方法研究. 郑州: 中国人民解放军战略支援部队信息工程大学.

范林林, 华一新, 2017. 一种基于六角格的越野通行方法. 测绘通报(2): 25-29.

郭宏伟, 2022. 顾及军事地质要素的越野路径规划研究. 郑州: 中国人民解放军战略支援部队信息工程大学.

贺毅辉, 2012. 作战模拟基础. 北京: 国防工业出版社.

黄鲁峰, 2008. 基于 GIS 的战场自然环境因子综合分析研究. 郑州: 中国人民解放军战略支援部队信息工程大学.

李坤伟, 武志强, 张欣, 等, 2014. 兵棋棋盘生成方法研究与实现. 测绘科学技术学报, 31(4): 436-440.

李天琪, 2021. 面向车辆野外路径规划的可通行区域建模与路径计算. 阜新: 辽宁工程技术大学.

李阳, 周毅, 雷雪, 等, 2019. 基于流域单元的黄土地貌正负地形因子量化关系模拟. 干旱区资源与环境, 33(7): 78-84.

梁伟, 陆安江, 邹倩, 2021. 一种非分段阈值函数的小波去噪算法. 微处理机, 42(5): 29-32.

刘锋, 张继贤, 李海涛, 2006. SHP 文件格式的研究与应用. 测绘科学, 31(6): 8, 116-117.

刘雅, 乔晓, 鱼江海, 2013. 兵棋地图地形量化方法及其实现. 指挥信息系统与技术, 4(3): 71-75.

马锦绢, 2012. 地形复杂度量化研究. 南京: 南京师范大学.

缪坤, 郭健, 苏旭明, 2015. 产生式规则条件下的六角格地形量化方法. 测绘科学技术学报, 32(1): 96-100.

牛岑涛, 盛业华, 2004. GeoTIFF 图像文件的数据存储格式及读写. 四川测绘, 27(3): 105-108.

任志峰, 2008. DEM 内插评价模型与应用系统开发研究. 南京: 南京师范大学.

宋伟华, 谭衢霖, 夏宇, 等, 2020. 线路工程带状走廊三维地形构建及轻量化研究. 铁路计算机应用, 29(1): 29-33.

孙文彬, 赵学胜, 高彦丽, 等, 2009. 球面似均匀格网的剖分方法及特征分析. 地理与地理信息科学, 25(1): 53-56.

汤奋, 武志强, 张欣, 等, 2016. 六角格兵棋地图表示方法及其设计探析. 测绘与空间地理信息, 39(5): 76-78.

汤国安, 2007. 地理信息系统教程. 北京: 高等教育出版社.

唐辉, 李占斌, 李鹏, 等, 2015. 模拟降雨下坡面微地形量化及其与产流产沙的关系. 农业工程学报, 31(24): 127-133.

童晓冲, 张永生, 贾进, 2006. 经纬度坐标与 QTM 编码的三向互化算法及其精度评价标准. 武汉大学学报(信息科学版), 31(1): 27-30.

王金鑫, 禄丰年, 郭同德, 等, 2013. 球体大圆弧 QTM 八叉树剖分. 武汉大学学报(信息科学版), 38(3): 344-348.

王伟懿, 2022. 基于剖分网格的复杂动态环境下的通行能力研究. 北京: 中国电子科技集团公司电子科学研究院.

王文刚, 张秀丽, 王曦鸣, 2009. 基于模糊化环境建模的无人车路径规划研究. 国防制造技术(3): 53-56.

吴信才, 2002. 地理信息系统原理与方法. 北京: 电子工业出版社.

薛青, 孟宪权, 黄玺瑛, 等, 2009. 一种地形分析结果的多层次表示及量化方法. 装甲兵工程学院学报, 23(2): 53-56.

杨南征, 2007. 虚拟演兵. 北京: 解放军出版社.

张萌, 2020. 地形可通行性分析研究. 西安: 长安大学.

张欣, 2011. 兵棋推演系统全球地理环境建模方法研究. 郑州: 中国人民解放军战略支援部队信息工程大学.

张欣, 李培宁, 顾明强, 2017. 计算机兵棋中越野机动路径网络分析. 地理空间信息, 15(3): 14-16.

张永生, 贲进, 童晓冲, 2007. 地球空间信息球面离散网格: 理论, 算法及应用. 北京: 科学出版社.

赵新, 仲辉, 李群, 等, 2008. 面向战役仿真的正六边形地形环境建模研究. 小型微型计算机系统, 29(11): 2157-2161.

赵学胜, 白建军, 2007. 基于菱形块的全球离散格网层次建模. 中国矿业大学学报, 36(3): 397-401.

赵学胜, 陈军, 2003. QTM 地址码与经纬度坐标的快速转换算法. 测绘学报, 32(3): 272-277.

赵学胜, 侯妙乐, 白建军, 2007. 全球离散格网的空间数字建模. 北京: 测绘出版社.

赵学胜, 贲进, 孙文彬, 等, 2016. 地球剖分格网研究进展综述. 测绘学报, 45(S1): 1-14.

赵学胜, 王磊, 王洪彬, 等, 2012. 全球离散格网的建模方法及基本问题. 地理与地理信息科学, 28(1): 29-34.

赵彦庆, 程芳, 魏勇, 2019. 一种海量空间数据云存储与查询算法. 测绘科学技术学报, 36(2): 185-189.

中国社会科学院语言研究所词典编辑室, 2012. 现代汉语词典. 6 版. 北京: 商务印书馆.

周成军, 张锦明, 范嘉宾, 等, 2010. 训练模拟系统中地形量化模型的探讨. 测绘科学技术学报, 27(2): 149-152.

Bell S B, Holroyd F C, Mason D C, 1989. A digital geometry for hexagonal pixels. Image & Vision Computing, 7(3): 194-204.

Bradbury M, Dasch J, Gonzalez R, et al., 2018. Next-generation NATO reference mobility model (NRMM) development. NATO Science and Technology Organization.

Crider J E, 2009. A geodesic map projection for quadrilaterals. Cartography and Geographic Information Science, 36(2): 131-148.

Dutton H G, 1996. Improving locational specificity of map data: A multi-resolution, metadata-driven approach and notation. Geographical Information Systems, 10(3): 253-268.

Dutton H G, 1999. A hierarchical coordinate system for geoprocessing and cartography. Lecture Notes in Earth Sciences, 79(2): 205.

Gooodchild M F, Shiren Y, 1992. A hierarchical spatial data structure for global geographic information systems. CVGIP: Graphical Models and Image Processing, 54: 31-44.

Kimerling J A, Sahr K, White D, et al., 1999. Comparing geometrical properties of global grids. Cartography and Geographic Information Science, 26(4): 271-288.

Middleton L, Sivaswamy J, 2006. Hexagonal image processing: A practical approach. Berlin: Springer Science & Business Media.

Paul S, 2007. The game of hex. The Australian Mathematics Teacher, 63(4): 3-5.

Pokonieczny K, 2017. Automatic military passability map generation system// 2017 International Conference on Military Technologies (ICMT), Bron, Czech Republic: 285-292.

Pokonieczny K, 2018. Use of a multilayer perceptron to automate terrain assessment for the needs of the armed forces. ISPRS International Journal of Geo-Information, 7(11): 430.

Pokonieczny K, Mościcka A, 2018. The influence of the shape and size of the cell on developing military passability maps. ISPRS International Journal of Geo-Information, 7(7): 261.

Pokonieczny K, Dawid W, Borkowska S, 2021. Comparison of the military maps of trafficability developed by different methods//2021 International Conference on Military Technologies (ICMT), Bron, Czech Republic: 1-8.

Ritter N, Mike Ruth, 2003. GeoTIFF format specification GeoTIFF revision 1.0. Reston: SPOT Image Corp.

Rogers R, 1964. Packing and covering. Mathematika, 6(3): 221-233.

Saff E B, Kuijlaars A B, 1997. Distributing many points on a sphere. The Mathematical Intelligencer, 19(1): 5-11.

Sahr K, White D, Kimerling A J, 2003. Geodesic discrete global grid systems. Cartography and Geographic Information Science, 30(2): 121-134.

Thuburn J, 1997. A PV-based shallow-water model on a hexagonal-icosahedral grid. Monthly Weather Review, 125(9): 2328-2347.

Uber Technologies Inc, 2018. H3: Hexagonal hierarchical geospatial indexing system. https://h3geo.org/docs/.

Vince A, 2006. Indexing the aperture 3 hexagonal discrete global grid. Journal of Visual Communication and Image Representation, 17(6): 1227-1236.

White D, 2000. Global grids from recursive diamond subdivisions of the surface of an octahedron or icosahedron. Environmental Monitoring and Assessment, 64(1): 93-103.

White D, Kimerling A J, Sahr K, 1998. Comparing area and shape distortion on polyhedral-based recursive partitions of the sphere. International Journal of Geographical Information Science, 12(8): 805-827.

Wüthrich C A, Stucki P, 1991. An algorithmic comparison between square-and hexagonal-based grids. CVGIP: Graphical Models and Image Processing, 53(4): 324-339.

第5章 陆地环境通行要素与通行分析制图

陆地环境通行分析专题制图是应用地理信息系统（GIS）技术和制图综合的方法对陆地环境通行分析中涉及的陆地环境要素、通行路径规划专题数据进行制图。陆地环境通行分析制图主要包括陆地环境要素制图（地形要素制图、地质要素制图）、通行能力制图、通行路径规划制图等。陆地环境通行分析制图是用户根据实际需求，基于陆地环境空间数据集选取专题要素数据集，进行陆地环境通行要素因子之间的关联分析与可视化表达，实现数字陆地环境通行分析制图。本章除介绍地图学与地理信息系统基础理论，如坐标系统、坐标变换、GIS空间分析等理论外，还将介绍陆地环境通行分析制图相关理论与方法。

5.1 陆地环境通行制图相关概念

5.1.1 坐标系统及坐标变换

GIS存储和表达地理空间数据，需要建立空间坐标系统来描述其在绝对空间中的几何特征，如位置、形状、大小、面积、长度等，以及在相对空间中的空间关系，如方位关系、拓扑关系等。在GIS中，空间有绝对空间和相对空间之分（龚健雅等，2019）。绝对空间是描述地理空间对象位置和几何元素的集合，由一系列不同位置上的空间对象的空间坐标值和几何特征元素组成，如点、线、面矢量元素及栅格单元等。相对空间是描述空间对象元素之间非图形化逻辑关系的集合（李建松等，2015）。地理空间坐标系统是表示地理空间对象位置的坐标系统。就目前而言，在GIS中使用的空间坐标系统有地理坐标系统（geographic coordinate system，GCS）和投影坐标系统（project coordinate system，PCS）。

1. 地理坐标系统

地理坐标系统又称真实世界坐标系统或球面坐标系。地理坐标系统（图5.1）采用三维球面来定义地球表面位置，是地球表面地理实体位置的空间参考系统，包括两方面的要素，即椭球体和椭球面（李建松等，2015）。

地球近似一个球体，其自然表面是一个极其复杂而又不规则的曲面。地球表面不规则，不能用数学公式直接表达，且无法进行计算，因此，必须寻找一个形状和大小与地球接近的球体或椭球体参与科学计算（杜华，2007）。大地水准面是假定海水处于"完全"静止状态，把海水面延伸到大陆之下形成包围整个地球的连续表面。大地水准面所包围的球体，称为大地球体（杜华，2007）。大地水准面虽然相对规则，但是地球内部质量分布不均匀导致微小起伏，不能用简单数学公式表示。为了便于测绘计算，通常使

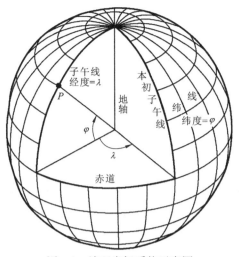

图 5.1 地理坐标系统示意图

用旋转椭球面代替大地水准面，该椭球面以地轴为短轴，称为地球椭球面，其包围的椭球体称为地球椭球体。我国历史上曾用与现用的椭球体如表 5.1（王忠礼 等，2021；王坚 等，2017；宁津生 等，2016）所示。

表 5.1　我国历史上曾用与现用的椭球体

椭球体	长半径 a/m	短半径 b/m	扁率 α	开始时间
贝塞尔椭球	6 377 397	6 356 078	1：299.152	1841 年
克拉克椭球	6 378 206	6 356 584	1：294.98	1866 年
海福特椭球	6 378 388	6 356 911	1：293.5	1910 年
克拉索夫斯基椭球	6 378 245	6 356 863	1：297.0	1940 年
IAG-75 椭球	6 378 140	6 356 755	1：298.257	1975 年
WGS-84 椭球	6 378 137	6 356 752	1：298.257 223 563	1984 年
CGCS2000 椭球	6 378 137	6 356 752	1：298.257 222 101	2000 年

　　有了参考椭球之后，建立地理空间坐标系统时还需要确定一个大地基准面（geodetic datum）来将椭球体与大地球体相关联。这个过程在大地测量学中被称为椭球定位。定位的目的是根据一定的条件将具有特定参数的椭球与大地球体的相关位置确定下来。大地基准面则是一种使用最密合部分或全部大地水准面的数学模型在特定区域内与地球表面极为吻合的椭球曲面。大地基准面提供一个精确的参考系，为地理空间进行测量和定位提供参考。大地基准面用来确定地球椭球体与真实地球体之间的关联关系，并对地球椭球体进行定位、定向。平移、旋转和缩放调整地球椭球体，使得地球椭球体更加贴近真实地球体的形状。因此，可以更精确地表示地理坐标系统，更准确地表示地球上的各种地理信息。大地基准面由椭球体本身及椭球体和地表上一点视为原点间之关系来定义。此关系能以 6 个量来定义，通常（但非必然）是大地纬度、大地经度、原点高度、原点垂线偏差之两分量及原点至某点的大地方位角。

　　地理坐标系统由椭球体和大地基准面决定，能够表达地球上任意一点的空间位置及相互之间的对应关系。大地基准面采用特定椭球体对特定地区地球表面进行逼近，因此，每个国家或地区大地基准面也不尽相同。根据采用的椭球的不同，地理坐标系统又可以分为天文地理坐标系统和大地地理坐标系统。

1）天文地理坐标系统

天文地理坐标系统用来表示地面点在大地水准面上的位置，其基准是铅垂线和大地水准面，以天文经度λ和天文纬度φ两个参数表示地面点在球面上的位置。如图 5.2 所示，天文地理坐标系统以地心（地球质量中心）为坐标原点，Z 轴与地球平均自转轴重合，ZOX 是天文首子午面，以英国格林尼治天文台 G 点的子午面定义，为 0° 经线。OY 轴与 OX、OZ 轴组成右手坐标系，XOY 为地球平均赤道面。地面垂线方向是不规则的，它们不一定指向地心，也不一定与地轴相交。通过测站垂线并与地球平均自转轴平行的平面称为天文子午面。

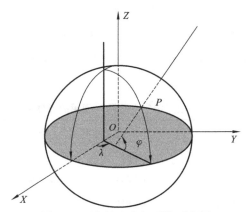

图 5.2　天文地理坐标系统示意图

天文纬度为测站垂线方向与地球平均赤道面的交角，常以φ表示，赤道面以北为正，以南为负。天文经度为天文首子午面与测站天文子午面的夹角，常以λ表示，首子午面以东为正，以西为负。地面点到大地水准面的投影距离为大地高。

2）大地地理坐标系统

大地地理坐标系统是以参考椭球面为基准面，地面点的位置使用大地经度、大地纬度和大地高度表示的坐标系统。如图 5.3 所示，大地地理坐标系统是一种用来表示地球上物体位置的坐标系统。它主要用大地经度和大地纬度来表示。大地经度是指过地面点 P 的大地子午面与首子午面之间的夹角。其中，首子午面是指以赤道面为基准面，经过地球极点的平面。而地面点 P 的大地子午面则是经过该点的平面。这个夹角通常以 L 来表示，并且以首子午面为基准面，向东为正，向西为负。大地纬度是指过地面点 P 的法线与赤道面之间的夹角。其中，法线是指该点与地球表面的垂直线。这个夹角通常以 B 来表示，并且以赤道面为基准面，向北为正，向南为负。高程是指地面点 P 到参考椭球面的投影距离。这个距离可以用来表示地面点 P 的海拔高度。大地经纬度是根据大地起始点的大地坐标，即大地原点坐标，按大地测量的数据推算得出的。这个起始点坐标通常是根据国际或国家的标准来确定的。

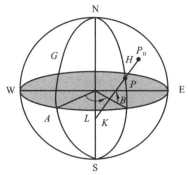

图 5.3　大地地理坐标系统示意图

WAE 为椭球赤道面，NAS 为大地首子午面，P_D 为地面任意一点，P 为 P_D 在椭球上的投影，则地面点 P_D 对椭球的法线 P_DPK 与赤道的交角为大地纬度，常以 B 表示，从赤道面起算，向北为正，向南为负；大地首子午面与 P 点的大地子午 面间的二面角为大地经度，常以 L 表示，以大地首子午面起算，向东为正，向西为负

在大地测量学中，通常采用天文经纬度来定义地理坐标。该坐标系统采用天文椭球，是一种理论上的椭球，采用天文观测其参数。但是，在地图学中，采用大地经纬度定义地理坐标。在天文经纬度定义的地理坐标中，经纬度地面等值线扭曲成非平面曲线，扭曲的线条不易进行投影，增加地图投影的难度。而基于规整的椭球面，采用大地经纬度定义的地理坐标，不仅每条经纬线投影到平面上都呈直线或平滑曲线，便于地图投影，而且投影到平面上的线条更加整齐，投影后的地图也更加美观。不同的椭球、不同的定位和定向参数，可以构建不同的坐标系统。新中国成立以来，我国曾主要采用1954 北京坐标系、1980 西安坐标系等坐标系，当前主要采用 2000 国家大地坐标系和WGS-84 坐标系。至今，我国在地球空间信息领域采用的 4 种坐标系统如表 5.2（王忠礼 等，2021；程鹏飞 等，2009）所示。

表 5.2　我国采用的大地地理坐标系

大地坐标系统名称	坐标系类型	地球参考椭球	X 轴	Y 轴	Z 轴
1954 北京坐标系	参心坐标系	克拉索夫斯基椭球	在赤道面指向格林尼治天文台起始子午线	与 Z 轴、X 轴构成右手正交坐标系	指向不明确
1980 西安坐标系	参心坐标系	IAG-75 椭球	在赤道面指向格林尼治天文台起始子午线	与 Z 轴、X 轴构成右手正交坐标系	平行于由地球质心指向地极 JYD1968.0 的方向
2000 国家大地坐标系	地心坐标系	CGCS2000 椭球	由原点指向格林尼治参考子午线与地球赤道的交点	与 Z 轴、X 轴构成右手正交坐标系	由原点指向历年 2000.0 的地球参考极的方向
WGS-84 坐标系	地心坐标系	WGS-84 椭球	指向 BIH（国际时间服务机构）1984.0 的零子午面和 CTP 赤道的交点	与 Z 轴、X 轴垂直构成右手坐标系	指向 BIH 1984.0 定义的协议地球极（CTP）方向

2. 投影坐标系统

在地球球面或地球椭球面上采用地理坐标系统表示地面点的位置，当将测区投影到地图平面上时，则需要建立平面坐标系统，即投影坐标系统，如图 5.4 所示。

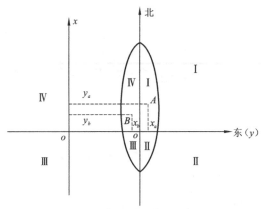

图 5.4　投影坐标系统示意图

　　在数学中，投影是建立两个点集之间一一对应的映射关系。在地图学中，地图投影是建立地球表面上的点与投影平面上的点之间的一一对应关系。地球表面是一个不规则的曲面，即使将其假设为椭球体或球体表面，在数学上也是一种不能直接展开成完整平面的曲面。如果将这样的曲面摊平成平面，就会发生破裂或褶皱。为了使地图不破裂，保持图形轮廓的完整一致，且其边界邻区延续对接无误，在地图学中使用某种数学法则来实现地球椭球面上的空间信息表现。

　　地图投影是将地球表面上的三维空间信息，采用一定的数学原理和方法，映射到二维平面上，使地球表面上的空间信息能够在平面地图上得到准确的表示。映射过程中可采用多种不同的投影方式，如正射投影、极射投影、等积投影、全球投影等，这些投影方式均可将地球表面的空间信息映射到平面上，但各有优缺点，根据实际需要来选择最合适的投影方式（黄信元 等，2008）。在实践中，常采用经度、纬度表示地球表面上点与平面直角坐标系或极坐标系上的点，通过一定的数学函数建立对应关系，如图 5.5 所示。

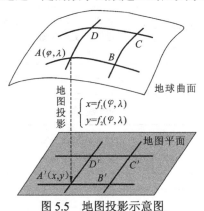

图 5.5　地图投影示意图

用数学表达式表示地图投影关系为

$$\begin{cases} x = f_1(\varphi, \lambda) \\ y = f_2(\varphi, \lambda) \end{cases} \tag{5.1}$$

式中：(φ, λ) 为地球表面纬度和经度坐标；(x, y) 为地图平面坐标；f_1 和 f_2 为对应的数学法则。

根据地图投影理论，采用不同的投影方法，可以得出不同的经纬线格网。地图投影的种类繁多，通常采用两种分类方法：按地图投影的变形性质分类和按地图投影的构成方法分类（王家耀 等，2014；孙达 等，2005）。

1）按地图投影的变形性质分类

（1）等角投影

等角投影又称正交投影，是指将地球表面的空间信息通过垂直于投影面的平行光线投射到投影面上，使地图上所有直线都保持它们在地球表面上的真实方向和长度比例。这种投影方法在保持地图上直线的实际方向和长度比例的同时，会导致纬度线和经度线之间的失真。

（2）等面积投影

等面积投影又称等积投影，是指将地球表面的空间信息投射到投影面上，使地图上各个部分所表示的地球表面面积之比等于实际面积之比。这种投影方法能够保证地图上各个部分表示的地球面积比例正确，但会导致地图上直线的长度和方向有所失真。

（3）等距投影

等距投影是指在投影图形中，地理空间中的所有点到投影中心的距离（通常为投影平面上的一点）都相等的投影方式。等距投影在地图制图中被广泛使用，因为它能够满足距离保真性要求，即在地图上两点之间的距离与实际距离之比是一定的。常用的等距投影有极点投影和中央点投影。

（4）任意投影

任意投影又称自由投影或非正交投影，是指除等角投影和等面积投影以外的其他各种投影方法。这类投影方法可以根据应用需求或地图制作目的选择不同的投影方式来进行，并且可以在保证一定正确度的前提下调整地图上的形状和比例。任意投影多用于要求面积变形不大、角度变形也不大的地图，如一般参考用图和教学地图。

2）按地图投影的构成方法分类

（1）几何投影

几何投影是指将地球表面上的地理信息映射到平面上的过程。几何投影包括两部分：投射和投影。投射是将地球表面上的点映射到一个平面上，而投影则是将投射得到的平面上的点投影到另一个平面上，以便在这一平面上进行图形处理。地图投影又可根据辅助投影面的类型及其与地球椭球体的关系进一步划分。

按辅助投影面的类型划分：①方位投影，以平面作为投影面；②圆柱投影，以圆柱面作为投影面；③圆锥投影，以圆锥面作为投影面。

按投影面与地球自转轴间的方位关系划分：①正轴投影，投影面的中心轴与地轴重合；②横轴投影，投影面的中心轴与地轴相互垂直；③斜轴投影，投影面的中心轴与地轴斜交。

按投影面与地球的位置关系划分：①割投影，以平面、圆柱面或圆锥面为投影面，使投影面与球面相割，将球面上的经纬线投影到平面、圆柱面或圆锥面上，然后将该投影面展为平面；②切投影，以平面、圆柱面或圆锥面为投影面，使投影面与球面相切，将球面上的经纬线投影到平面、圆柱面或圆锥面上，然后将该投影面展为平面。

（2）非几何投影

非几何投影是不借助几何面，根据某些条件用数学解析法确定球面与平面之间点与点的函数关系。在这类投影中，一般按经纬线形状分为 4 类。①伪方位投影：纬线为同心圆，中央经线为直线，其余经线均为对称于中央经线的曲线，且相交于纬线的共同圆心。②伪圆柱投影：纬线为平行直线，中央经线为直线，其余经线均为对称于中央经线的曲线。③伪圆锥投影：纬线为同心圆弧，中央经线为直线，其余经线均为对称于中央经线的曲线。④多圆锥投影：纬线为同周圆弧，其圆心均位于中央经线上，中央经线为直线，其余经线均为对称于中央经线的曲线。

圆锥投影、圆柱投影、方位投影（图 5.6）均可按其变形性质分为等角投影、等面积投影和任意投影。伪圆锥投影和伪圆柱投影中有等面积投影和任意投影。

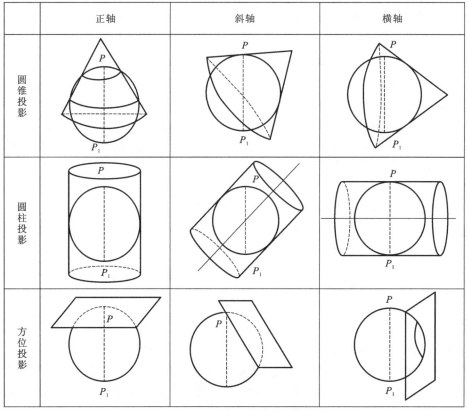

图 5.6 圆锥投影、圆柱投影、方位投影

地球投影命名规则通常由三部分组成，分别是投影面与地球自转轴间的方位关系、投影变形性质和投影面与地球的相割（或相切）情况。例如，正轴等角切圆柱投影。另外一种命名方法是使用投影发明者的名字命名，如高斯-克吕格投影（图 5.7）（又称横轴等角切圆柱投影）。这种命名方法可以确保每种投影都有一个独特的名称，便于地理学家和地图制图专业人员进行沟通和交流。

3）高斯-克吕格投影

我国的各种 GIS 平台中都采用了与我国基本比例尺地形图系列一致的地图投影系统，就是大于或等于 1∶50 万时采用高斯-克吕格投影，1∶100 万采用正轴等角割圆锥

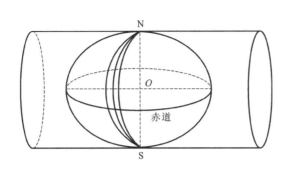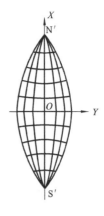

图 5.7 高斯-克吕格投影

投影。采用这种坐标系统的配置与设计的原则（张正栋 等，2005）为：①我国基本比例尺地形图（1∶5 000、1∶1 万、1∶2.5 万、1∶5 万、1∶10 万、1∶25 万、1∶50 万和1∶100 万）中大于或等于 1∶50 万的地形图均采用高斯-克吕格投影为地理基础；②我国 1∶100 万地形图采用正轴等角割圆锥投影，其分幅与国际百万分之一所采用的分幅一致；③我国大部分省区图多采用正轴等角割圆锥投影和属于同一投影系统的正轴等面积割圆锥投影；④在正轴等角割圆锥投影中，地球表面上两点间的最短距离（即大圆航线）表现为近于直线，这有利于 GIS 中空间分析和信息量度的正确实施。

我国 GIS 中采用高斯-克吕格投影既适合我国的国情，也符合国际上通行的标准，下面对这种投影予以介绍。

（1）高斯-克吕格投影概念：高斯-克吕格投影是由德国著名科学家高斯于 19 世纪20 年代首次提出，后经德国测量学家克吕格补充而形成的一种地图投影方式，它是一种等角横切椭圆柱投影，简称高斯投影（汤国安 等，2019）。高斯-克吕格投影的中央经线和赤道为互相垂直的直线，其他经线均为凹向并对称于中央经线的曲线，其他纬线均为以赤道为对称轴的向两极弯曲的曲线，经纬线呈直角相交。高斯-克吕格投影具有较高的精度，适用于范围较大的地图。

（2）高斯-克吕格投影条件：①中央经线和赤道投影后为互相垂直的直线，且为投影的对称轴；②投影具有等角性质；③中央经线投影后保持长度不变。

（3）高斯-克吕格投影的特点：①中央经线上没有任何变形，满足中央经线投影后保持长度不变的条件；②除中央经线上的长度比为 1 外，其他任何点上长度比均大于 1；③在同一条纬线上，离中央经线越远，变形越大，最大值位于投影带的边缘；④在同一条经线上，纬度越低，变形越大，变形最大值位于赤道上；④投影属于等角性质，故没有角度变形，面积比为长度比的平方；⑤长度比的等变形线平行于中央子午线。

4）投影带划分

我国规定 1∶1 万、1∶2.5 万、1∶5 万、1∶10 万、1∶25 万、1∶50 万比例尺地形图，均采用高斯-克吕格投影。为了控制投影变形不致过大，保证地形图精度，高斯-克吕格投影采用分带投影方法，即将投影范围的东西界加以限制，使其变形不超过一定的限度。我国规定 1∶2.5 万至 1∶50 万比例尺地形图采用经差 6°分带，1∶1 万比例尺地形图采用经差 3°分带。6°带是从 0°子午线起，自西向东每隔经差 6°为一投影带，全球分为 60 带，各带的带号用自然序数 1，2，…，60 表示。即以 0°E～6°E 为第 1 带，其中央经线为 3°E，6°E～12°E 为第 2 带，其中央经线为 9°E，其余类推。第 3 带是从 1°30′E 的经线开始，每隔 3° 为一带，全球划分为 120 个投影带（刘贵明 等，2008）。

图 5.8 所示为 6° 带与 3° 带的中央经线与带号的关系。

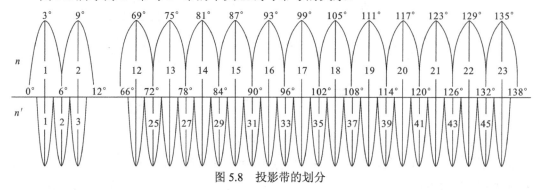

图 5.8　投影带的划分

3. 投影坐标变换

地图投影变换（map projection transformation）是随着计算机技术发展起来的研究领域，是数学制图学的一个分支学科。地图投影变换技术的发展可以分为两个阶段：传统的手工模拟制图阶段和数字化成图阶段。

（1）在传统的手工模拟制图阶段，由于设备条件的限制，地图投影变换技术精度不高。该阶段对制图资料的需求较为有限，只包括对应比例尺的纸质地图、测量成果和其他文献档案，并且都是模拟资料。在实际生产过程中，制图资料往往要经过多次投影坐标变换才能得到实际可用的数据。因此，这些方法均存在一定缺陷：①需要大量人力和物力；②不能自动完成；③转换后的地图坐标往往与原地理底图上所对应的实际位置坐标不一致；④计算量大、耗时长、效率低、成本高、误差大。转换难度和坐标点位精度与投影前后的投影类型关系很大，当两个投影之间相差很大时，两个地图数据或地图产品的投影坐标变换就无从谈起，精度也得不到保证。

（2）在数字化成图阶段，投影坐标变换是指在将地理信息数据转化为数字化图像时，对不同坐标系下的数据进行投影坐标变换的过程。该阶段需要对来自不同数据源、不同坐标系统的数据进行统一的投影变换，实现各种空间地理数据的空间基准一致，以便在同一坐标系统中进行地理空间数据的显示和分析，可以更好地比较和研究这些数据之间的关系。在实际应用中，将一种地图投影坐标变换为另一种地图投影坐标的方法有解析变换法、数值变换法等（王家耀 等，2014）。

1）解析变换法

解析变换法是求出两投影间坐标变换的解析计算公式，有反解变换法和正解变换法。

（1）反解变换法

反解变换法是通过中间过渡的方法反解出原地图投影点的地理坐标，代入新编地图投影公式求出其坐标。它通过对一组已知的投影坐标系下点的坐标与地理坐标系下点的坐标进行拟合，求解变换参数的方法来实现转换。反解变换法最常用的方法是三参数反解变换法，它通过平移、旋转和尺度变换三个参数来进行转换。这种方法可以用于大部分地理坐标系与投影坐标系之间的转换。以等角斜方位投影的反解变换为例，由下式得

$$\rho = \sqrt{x^2 + y^2}, \quad \delta = \arctan\frac{y}{x} \tag{5.2}$$

式中：ρ 为等高圈（纬线圈）投影半径；δ 为两垂直圈（经纬圈）投影后的夹角。

于是计算得极距 Z、方位角 α，有

$$Z = \arctan\left(\frac{\sqrt{x^2 + y^2}}{2R}\right), \quad \alpha = \arctan\frac{y}{x} \tag{5.3}$$

式中：R 为地球半径。

根据球面坐标到地理坐标的转换公式，有

$$\begin{cases} \sin\varphi = \sin\varphi_0 \cos Z + \cos\varphi_0 \sin Z \cos a \\ \tan(\lambda - \lambda_0) = \dfrac{\sin Z \sin a}{\cos\varphi_0 \cos Z - \sin\varphi_0 \sin Z \cos a} \end{cases} \tag{5.4}$$

式中：(φ_0, λ_0) 为球面极点。即可求得地理坐标 (φ, λ)，代入新的投影公式便可实现两个投影之间的坐标变换。

（2）正解变换法

正解变换法不要求反解出原地图投影点的地理坐标，而直接求出两种投影间点的直接坐标关系式。它通过使用一组变换参数，直接计算出投影坐标系下的坐标来实现转换。正解变换法是一种高精度的转换方法，可以通过使用高精度的椭球参数和投影参数来提高转换精度。对于地理坐标点 (λ, φ) 和投影坐标 (x_M, y_M)，以墨卡托投影到等角圆锥投影的正解变换为例，由

$$\begin{cases} x = c \ln\tan\left(\dfrac{\pi}{4} + \dfrac{\varphi}{2}\right)\left(\dfrac{1 - e\sin B}{1 + e\sin B}\right)^{\frac{e}{2}} \\ y = cl \\ \mu = m = n = \dfrac{c}{r} \\ p = \mu^2 \\ \varpi = 0 \end{cases} \tag{5.5}$$

式中：e 为地球椭球体第一偏心率；l 为经差；c 为常数，当圆柱与地球相切时，c 为赤道半径，当圆柱与地球相割时，r_0 为基准纬度的纬圈半径，即 $c = r_0 = N_0 \cos\varphi_0$；$\mu$ 为墨卡托投影变形比；m、n 为经纬线长度比；p 为面积比；ϖ 为角度变形。可得

$$U = e^{\frac{x_M}{r_0}}, \quad l = \frac{y_M}{r_0} \tag{5.6}$$

式中：U 为等量纬度。

代入下式，得到墨卡托投影到等角圆锥投影的正解变换关系式为

$$\begin{cases} x_c = \rho_s - \dfrac{C}{e^{\frac{\alpha x_M}{r_0}}}\cos\left(\dfrac{\alpha x_M}{r_0}\right) \\ y_c = \dfrac{C}{e^{\frac{\alpha x_M}{r_0}}}\sin\left(\dfrac{\alpha y_M}{r_0}\right) \end{cases} \tag{5.7}$$

式中：ρ_s 为区域最低纬度 φ_s 的投影半径；C 为积分常数。

2）数值变换法

数值变换法是一种地理坐标变换方法，用于将地理坐标系下的坐标变换为投影坐标系下的坐标。它使用数值插值算法，在已知的投影坐标系与地理坐标系之间建立插值模型，通过插值计算得到新的坐标。数值变换法的一般形式是：给定了被逼近曲面或函数 $F = F(x,y)$，或是给定了 $F(x,y)$ 的一组离散近似值 F，构造一个比较简单的函数 $F(x,y)$ 去逼近函数 $F(x,y)$ 或离散近似值 F，只要近似满足即可。数值变换常用的多项式有二元 n 次多项式和乘积型插值多项式。以二元三次多项式为例，其方程为

$$\begin{cases} X = a_{00} + a_{10}x + a_{10}y + a_{20}x^2 + a_{11}xy + a_{02}y^2 + a_{30}x^3 + a_{21}x^2y + a_{12}xy^2 + a_{03}y^3 \\ Y = b_{00} + b_{10}x + b_{10}y + b_{20}x^2 + b_{11}xy + b_{02}y^2 + b_{30}x^3 + b_{21}x^2y + b_{12}xy^2 + b_{03}y^3 \end{cases} \quad (5.8)$$

式中：a_{00} 和 b_{00} 为变换系数。

选取两个投影平面场 10 对共同点坐标 (x_i, y_i) 和 (X_i, Y_i)，代入式（5.8），构建两个 10 阶线性方程组，求解方程组并得出系数 a_{ij}、b_{ij}，将 a_{ij}、b_{ij} 代入式（5.8），即构成两个投影之间的数值变换方程式。

为了使两个投影在变换区域内实现最佳平方逼近，选取 10 个以上共同点数，根据最小二乘原理，组成最小二乘条件式为

$$\begin{cases} \varepsilon_x = \sum_{k=1}^{m}(X_k - X_k')^2 = \min \\ \varepsilon_y = \sum_{k=1}^{m}(Y_k - Y_k')^2 = \min \end{cases} \quad (5.9)$$

根据极值原理，在式（5.9）中，分别有 $\dfrac{\partial \varepsilon_x}{\partial a_{ij}} = 0, \dfrac{\partial \varepsilon_y}{\partial b_{ij}} = 0$，构建两个 N 阶线性方程组，并求解系数 a_{ij}、b_{ij}。

数值变换法的优点是可以高精度地将地理坐标系下的坐标与投影坐标系下的坐标进行转换，可以用于高精度的地图数据生成。缺点是需要大量的已知数据点，并且计算复杂度较高，计算速度可能较慢。

4. 坐标变换示例

地理坐标变换精确定位地球表面上的位置，使来自不同坐标系的地理空间数据能够得到整合和分析。目前，可以自动或半自动实现坐标变换功能的 GIS 软件工具很多，如 MapGIS、ArcGIS、ENVI 等，以 MapGIS 10 软件的坐标变换操作进行示例。在 MapGIS 10 软件中可应用投影转换工具来实现投影转换。点击"工具"菜单，选择"投影变换"下的"批量投影"，弹出对话框，可以对简单要素类、注记类和栅格数据进行投影转换和坐标变换。

（1）点击"添加"按钮，弹出"打开文件"对话框，在对话框中选择需要进行投影转换的数据，可选择多个，选择的数据将显示到"批量投影"对话框中，见图 5.9。

（2）设置投影参数：用户可在数据列表中点击任意文本输入框进行参数修改，也可选中一条或多条数据后（"全选"按钮可将列表中所有数据选中，"反选"即选择当前没有选中的数据），点击"修改"按钮，在弹出的对话框（图 5.10）中进行修改。

图 5.9　MapGIS 10 投影转换

图 5.10　MapGIS10 中设置投影参数

其中，"参数"这一项只能在数据列表中进行设置（用于不同椭球内的投影转换）。①统改目的数据名称：修改目的数据名，在原数据名称前或后添加后缀。建议对目的数据名称进行修改，以免结果保存路径同源数据一样时将源数据覆盖。②统改目的参照系：勾选后，点击设置目的参照系，则列表中所选数据的目的参照系都设置为该值。③统改MapGIS 目的数据目录：设置数据库结果保存路径。④统改 Windows 目的数据目录：设置本地文件结果保存路径。

投影转换参数设置完成后，可点击"其他"按钮检查参数是否设置正确。点击"其他"按钮选择"检查错误"，若状态栏显示"等待"则表示参数正确可开始投影，若显示为"×"则表示参数错误，此时可点击"×"，系统弹出提示框，根据提示框的内容对错误参数重新进行设置。点击"其他"按钮选择"清除错误"，系统将清除错误提示状态（并非修改错误）。若参数设置正确，点击"投影"按钮开始投影，对话框"状态"栏若显示为"√"，则表示投影成功，若显示为"×"则表示投影失败。

5.1.2 GIS 空间分析

1. 矢量栅格数据转换

GIS 的空间数据主要包括矢量数据和栅格数据两大类，两种数据格式各有优点和缺点，如表 5.3（万剑安 等，2013）所示。矢量数据是面向实体的结构，即对每一个具体的实体都直接赋予位置和属性信息，以及目标之间的拓扑关系说明。栅格数据是面向位置的结构，平面空间上的任意一点都可直接联系到某一个或某一类实体（黄信元 等，2008）。

表 5.3 矢量数据和栅格数据优缺点对照表

类型	优点	缺点
矢量数据	①数据结构严密，冗余度小，数据量小 ②空间拓扑关系清晰，易于网络分析 ③面向对象目标，不仅能表达属性编码，而且能方便地记录每个目标的具体的属性描述信息 ④能够实现图形数据的恢复、更新和综合；图形显示质量好、精度高	①数据结构处理算法复杂 ②叠置分析与栅格图组合比较难 ③数学模拟比较困难 ④空间分析技术上比较复杂，需要更复杂的软、硬件条件 ⑤显示与绘图成本比较高
栅格数据	①数据结构简单，易于算法实现 ②空间数据的叠置和组合容易，有利于与遥感数据的匹配应用和分析 ③各类空间分析、地理现象模拟均较为容易 ④输出方法快速简易，成本低廉	①图形数据量大，用大像元减小数据量时，精度和信息量受损失 ②难以建立空间网络连接关系 ③投影变化实现困难 ④图形数据质量低，地图输出不精美

在很多 GIS 应用中，经常会同时使用两种类型的数据，有些情况下还需要将矢量数据转换为栅格数据，或者把栅格数据转换为矢量数据。例如，遥感影像作为 GIS 的重要数据源，如何将栅格的遥感影像转换为相关专题的矢量数据是 GIS 数据生产和更新中的重要技术；在很多栅格数据分析中，需要将原始的矢量数据转换为栅格数据。

由于两种类型数据的特性互补，矢量数据与栅格数据的相互转换一直是地理信息系统的技术难题之一。下面分别介绍矢量-栅格数据转换和栅格-矢量数据转换的常用方法。

1）矢量数据转换成栅格数据

矢量数据转换成栅格数据是指将矢量数据转换为栅格数据的过程。这个过程通常称为栅格化或离散化，它可以将矢量数据转换为栅格数据，以便在栅格数据环境下进行分析和显示。要将矢量数据的平面直角坐标转换成栅格数据以行和列表示的栅格坐标，首先要建立矢量数据的平面直角坐标系和栅格行列坐标系之间的对应关系。如图 5.11 所示，直角坐标系 XOY 中有矢量数据结构的点、线和面实体。

设栅格坐标系的左下角位于直角坐标系 XOY 中的点 $(x_{\min}, y_{\min})$ 处，栅格单元在 x 和 y 的方向上长度分别为 d_x、d_y。

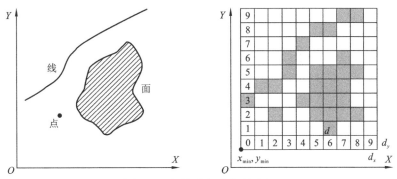

图 5.11 栅格坐标和矢量坐标

栅格化技术方法的分类如表 5.4 所示。

表 5.4 栅格化技术方法

类型	技术方法		
点的栅格化	矢量坐标转换		
线的栅格化	扫描线算法		
面的栅格化	基于弧段的栅格化	扫描线种子点填充算法	
	基于多边形的栅格化	内点填充法	
		边界代数法	
		包含检验法	检验夹角之和法
			铅垂线法（交点个数法）

（1）点的栅格化

设矢量坐标点 (x, y)，转换后的栅格单元行列值为 (I, J)，则有

$$\begin{cases} I = \left[\dfrac{y - y_{\min}}{d_y}\right] \\ J = \left[\dfrac{x - x_{\min}}{d_x}\right] \end{cases} \tag{5.10}$$

式中：方括号表示取整数运算。

（2）线的栅格化

线的栅格化在 GIS 中可以分解为对组成线的每一个线段进行栅格化。首先使用点栅格化方法来栅格化线段的两个端点，然后再栅格化线段中间的部分。但对线段中间的部分进行栅格化，需要分两种情况来处理。

设线段两端点坐标分别为 (x_1, y_1) 和 (x_2, y_2)，栅格化后的单元行列值分别为 (I_1, J_1) 和 (I_2, J_2)。则：行数差 $\Delta I = |I_2 - I_1|$；列数差 $\Delta J = |J_2 - J_1|$。分两种情况来处理。

①列数差大于行数差（$\Delta J > \Delta I$）的情况。

如图 5.12 所示，当列数差大于行数差（$\Delta J > \Delta I$）时，平行于 y 轴作每一列的中心线，称为扫描线。求每一条扫描线与线段的交点，按点的栅格化方法将交点转为栅格坐标。

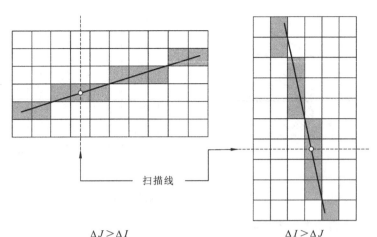

$$\Delta J > \Delta I \qquad\qquad\qquad \Delta I > \Delta J$$

图 5.12　线段栅格化的两种处理情况

设 x_m 为每列的中心扫描线的横坐标，(x_1, y_1) 和 (x_2, y_2) 为线段的两个端点坐标，则交点坐标为

$$x = x_m \tag{5.11}$$

$$y = (x - x_1)\frac{y_2 - y_1}{x_2 - x_1} + y_1 \tag{5.12}$$

②行数差大于列数差（$\Delta I > \Delta J$）的情况。

当行数差大于列数差（$\Delta I > \Delta J$）时，平行于 x 轴作每一行的中心扫描线。求每一条扫描线与线段的交点，按点的栅格化方法将交点转为栅格坐标。

设 y_m 为每行的中心扫描线的纵坐标，则交点坐标为

$$y = y_m \tag{5.13}$$

$$x = (y - y_1)\frac{x_2 - x_1}{y_2 - y_1} + x_1 \tag{5.14}$$

（3）面的栅格化

面的栅格化是将面域数据转换为栅格数据的过程。种子点填充算法和扫描线种子点填充算法都可以用于面域栅格化（吴信才 等，2019）。

①种子点填充算法：种子点填充算法是将面域数据转换为栅格数据的一种方法，像素表示面域。它使用一个或多个种子点来填充图像中的区域，直到遇到与种子点颜色不同的像素。算法可以采用递归方式实现：对符合填充条件的种子点近邻点赋予与种子点相同的像素值，并以它们作为新的种子点再进行相同的近邻填充，直到不再产生新的种子。

算法表示为

```
Seed-Fill-4 (x,y,con,value)
{  if(pixel(x,y)<>con)
  {
   Putpixel (x,y,value);
    For (i=-1;i<=1;i=i+2)
      Seed-Fill-4 (x+i,y,con,value);
```

```
        for(i=-1;i<1;i=i+2)
         Seed-Fill-4 (x,y+i,con,value);
       }
      }
```

其中，con 为面域的边界色，value 为要填充色。

②扫描线种子点填充算法：扫描线种子点填充算法是一种改进的种子点填充算法，它使用扫描线来遍历图像中的像素。算法会将面域转换为栅格数据，其中每个像素都表示一个面域。这种算法可以更快地处理大型图像。其算法步骤如下。

i 选择一个种子点 Seed(x, y)，并将其存入栈内。

ii 若栈已空，则算法结束，否则执行步骤 iii。

iii 从栈中取出要填色的像素，对在同一条扫描线上与该点相连的所有需要填色的点进行填色操作，记下进行填色的最左和最右位置：X_{left} 和 X_{right}。

iv 对步骤 iii 的上一行和下一行进行扫描，当 $X_{\text{left}} \leqslant x \leqslant X_{\text{right}}$ 时，考察是否全是边界点或已被填色的点，若不完全是，则将要填色的每一段最右位置作为新的种子点存入栈内。

v 返回步骤 ii。

2）栅格数据转换成矢量数据

栅格数据转换成矢量数据是一个常见的图像处理任务，也称为矢量或影像分割。矢量化的目的：矢量数据比栅格数据更适合缩小和放大，因为矢量数据是由点、线、面等几何元素组成的，而栅格数据是由像素组成的，放大后会出现马赛克现象；矢量数据文件通常比栅格数据文件小，因为矢量数据只需要记录几何元素的坐标信息，而栅格数据需要记录每个像素的颜色信息；矢量数据通常具有更高的精度，因为它们是由几何元素组成的，而栅格数据是由像素组成的，在放大和缩小时容易出现误差。基于图像数据的矢量化方法如下。

图像数据是不同灰阶的影像，通过扫描仪按一定的分辨率进行扫描采样，得到不同灰度值（0～255）表示的数据，如图 5.13 所示。对一般粗细（如宽 0.1 mm）的线条，其横断面扫描后也会有大约 8 个像元，而矢量的要求只允许横断面保持一个栅格的宽度，因此需要实施二值化、细化和跟踪等矢量化步骤。

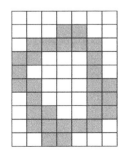

250	253	253	221	192	250	254
246	200	212	55	35	210	222
225	56	50	27	11	35	213
41	37	216	220	218	20	202
38	214	218	215	216	16	201
19	17	219	214	214	19	27
255	13	211	217	217	13	21
233	26	21	233	244	15	28
231	27	16	22	12	19	235
255	253	5	5	222	221	220

（a）图像数据

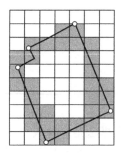

X	Y
244.02	704.80
241.68	711.77
242.81	714.60
246.82	716.77
250.01	707.80
244.02	704.80

（b）矢量数据

图 5.13　图像数据与矢量数据的表示法

（1）二值化

线画图形扫描后产生图像栅格数据，是按 0～255 的不同灰度值量度的，如图 5.14（a）所示，设以 $G(i,j)$ 表示第 i 行第 j 列的像素灰度值，为将 256 级不同的灰度压缩到 2 个灰度形成二值图，即 0 和 1 两级灰度图，首先要在最大与最小灰度之间定义一个阈值 T，根据下式使灰度图像二值化，如图 5.14（b）所示。

$$B(i,j)=\begin{cases}1, & G(i,j)\geqslant T \\ 0, & G(i,j)<T\end{cases} \tag{5.15}$$

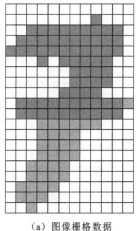

（a）图像栅格数据

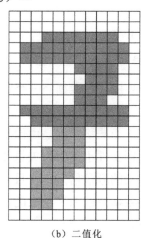

（b）二值化

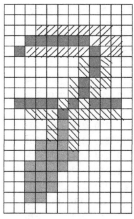

（c）细化

（d）跟踪

图 5.14　栅格数据与矢量数据转换过程

（2）细化

细化是消除线画横断面栅格数的差异，使每一条线只保留代表其轴线或周围轮廓线（对面状符号而言）位置的单个栅格的宽度。对栅格线画的细化方法，可分为剥皮法和骨架法两大类，此处主要介绍剥皮法。

剥皮法的实质是从曲线的边缘开始，每次剥掉等于一个栅格宽的一层，直到最后留下彼此连通的由单个栅格点组成的图形。因为一条线在不同位置可能有不同的宽度，所以在剥皮过程中必须注意不允许剥去会导致曲线不连通的栅格。解决办法是根据待剥栅格为中心的 3×3 栅格组合图来决定。一个 3×3 的栅格窗口，其中心栅格有 8 个邻域，因此组合图共有 28 种不同的排列格式，若将相对位置关系的差异只是转置 90°、180°、270° 或互为镜像的方法进行归并，则共有 51 种排列格式。显然，其中只有格式 2、3、4、5、10、11、12、16、21、24、28、33、34、35、38、42、43、46 和 50 可以将中心点剥去。这样，通过最多核查 256×8 个栅格，便可确定中间栅格点保留或删除，直到最后得到经细化处理后应予保留的栅格系列，如图 5.14（c）所示。

（3）跟踪

跟踪的目的是将细化处理后的栅格数据转换为从节点出发的线段或闭合的线条，并以矢量形式存储线段的坐标。跟踪时，从起始点开始，根据 8 个邻域搜索下一个相邻点的位置，记录坐标，直到完成全部栅格数据的矢量化，如图 5.14（d）所示。

2. 空间叠置分析

空间叠置分析是指在相同的空间坐标系条件下，将同一地区两个不同地理特征的空间和属性数据重叠相加，以产生空间区域的多重属性特征，或建立地理对象之间的空间对应关系。一般用于搜索同时具有几种地理属性的分布区域（Donlon et al.，1999）。

叠置分析可分为基于矢量数据和基于栅格数据两种类型。基于矢量数据的叠置分析包括点与多边形的叠置、线与多边形的叠置和多边形与多边形的叠置。而基于栅格数据的叠置分析，也称为"地图代数"，提供了一系列用于进行叠置分析的计算方法。

1）基于矢量数据的叠置分析

（1）点与多边形的叠置

点与多边形的叠置是通过确定一个点状空间特征中的点落在另一个多边形空间特征中的哪一个多边形内，以便为每个点赋予新的多边形属性。例如，应用某地滑坡数据与行政区多边形相叠置，可以用来确定滑坡所在区域乡镇，如图 5.15 所示。

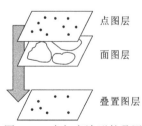

图 5.15　点与多边形的叠置

（2）线与多边形的叠置

线与多边形的叠置是通过检测线状空间特征中的线是否经过多边形空间特征中的某个多边形来实现的。这样就可以为线赋予新的多边形属性。例如，为了确定某地的道路修建情况，需要将道路线状数据与行政区划多边形数据相叠置。GIS 计算线与多边形边界的交点，在交点处截断线，并对新产生的线重新编号，建立线与多边形的对应关系，如图 5.16 所示。

（3）多边形与多边形的叠置

多边形与多边形叠置是通过将两个不同的多边形空间数据相重叠来产生新的多边形特征数据。这种方法可用于解决多种地理变量的分析、区域多重属性的研究、地理特征的动态变化分析、图幅要素的更新和区域信息的提取等问题，如图 5.17 所示。

图 5.16　线与多边形的叠置　　　　图 5.17　多边形与多边形的叠置

多边形叠置分析通常有以下 5 种叠置方式。

①Union：一个多边形数据是某地的行政区域分布情况，另一个多边形数据是某地地表覆盖的分布情况，则这两个多边形数据进行 Union 叠置，产生新的多边形数据。其中，每一个新的多边形都包含了它所属的行政区域和地表覆盖的属性信息，有助于进一步分别统计各个行政区域的地表覆盖情况。

Union 叠置是其他叠置的基础，它将两个多边形空间特征中的各个多边形进行对比，若是所在的区域相互覆盖，则把多边形切割成重叠的小多边形，每个小多边形包含两个空间特征的全部属性数据。其他类型的叠置分析是在 Union 叠置的基础上，进行多边形的取舍和组合而完成的。Union 叠置简化表示形式如图 5.18 所示。

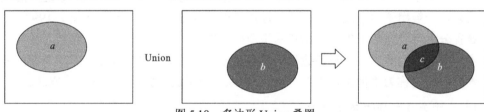

图 5.18　多边形 Union 叠置

②Intersect：多边形 Intersect 叠置，输出数据为保留原来两个输入多边形的共同部分，如图 5.19 所示。

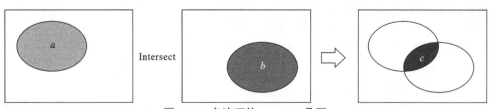

图 5.19　多边形的 Intersect 叠置

③Identity：多边形 Identity 叠置，输出数据为保留以其中一个输入多边形为控制边界之内的所有多边形，如图 5.20 所示。

④Erase：多边形 Erase 叠置，输出数据为保留以其中一个输入多边形为控制边界之外的所有多边形，如图 5.21 所示。

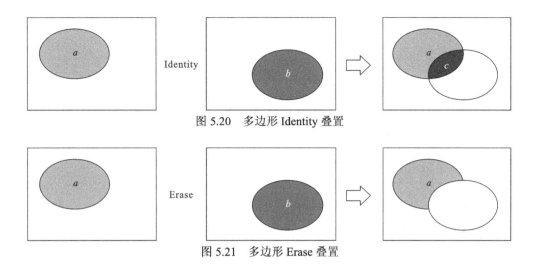

图 5.20　多边形 Identity 叠置

图 5.21　多边形 Erase 叠置

⑤Update：多边形 Update 叠置，输出数据为一个经删除处理后的多边形与一个新特征多边形，如图 5.22 所示。

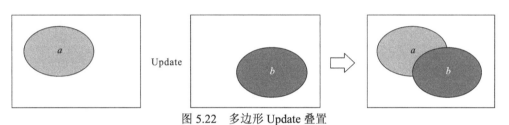

图 5.22　多边形 Update 叠置

2）基于栅格数据的叠置分析

基于栅格数据的叠置分析是指在栅格数据环境下对两个或多个栅格数据图层进行叠加分析。叠置分析可以用来确定栅格数据图层之间的关系，如求交集、并集、补集等。栅格叠置分析虽然数据占用存储量比较大，但是运算过程比较简单。

栅格叠置分析的条件是，在同一区域内有两个或多个行列数相同的格网数据，且格网单元的大小也相同。格网叠加分析的结果是一个新生成的栅格数据，其中每个格网的值都是从原始格网数据中计算出来的，格网叠加借助计算生成新的空间信息，如图 5.23 所示。

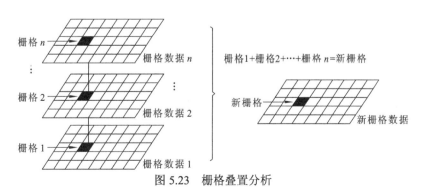

图 5.23　栅格叠置分析

3. 缓冲区分析

空间缓冲区是地理空间实体的一种影响范围或服务范围。空间缓冲区分析是围绕空间的点、线、面实体，自动建立其周围一定宽度范围内的多边形。空间缓冲区可以采用矢量方式实现，也可以采用栅格方式实现，前者称为矢量缓冲区，后者称为栅格缓冲区。矢量缓冲区又可以分为基于点特征的缓冲区、基于线特征的缓冲区和基于面特征的缓冲区（Chang，2019）。陆地环境通行分析系统中常常通过空间缓冲区分析获得地质灾害的影响范围、道路影响的地理区域等。

1）矢量缓冲区的建立

基于点特征的缓冲区分析是 GIS 中常用的分析方法之一，它是指在点特征数据环境下，对点特征进行缓冲区分析。点缓冲区分析是通过在点周围按照一定半径或距离建立一个圆形或椭圆形的区域来评估点特征周围环境的方法，如滑坡的范围和滑坡的影响区域，如图 5.24（a）所示。

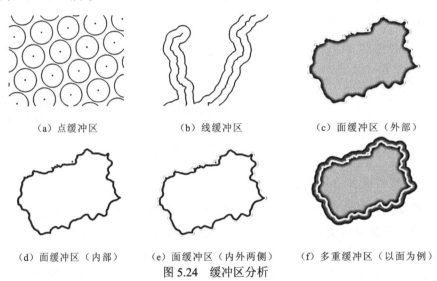

(a) 点缓冲区　　　　　　　　(b) 线缓冲区　　　　　　　(c) 面缓冲区（外部）

(d) 面缓冲区（内部）　　　(e) 面缓冲区（内外两侧）　　(f) 多重缓冲区（以面为例）

图 5.24　缓冲区分析

基于线特征的缓冲区分析是 GIS 中常用的分析方法之一，它是指在线特征数据环境下，对线特征进行缓冲区分析。线缓冲区分析是通过在线的两侧按照一定宽度建立一个长方形的区域来评估线特征周围环境的方法。相互靠近的线的缓冲区可以相互重叠，如图 5.24（b）所示。

基于面特征的缓冲区分析是 GIS 中常用的分析方法之一，它是指在面特征数据环境下，对面特征进行缓冲区分析。面缓冲区分析是通过在面的周围按照一定半径或距离建立一个圆形或椭圆形的区域来评估面特征周围环境的方法，如图 5.24（c）～（e）所示。

空间缓冲区分析还可以根据给定的多个缓冲区距离生成多个嵌套的缓冲区多边形，称为多重缓冲区，如图 5.24（f）所示。多重缓冲区有利于空间分析中针对不同的距离采用不同的处理方法。

2）栅格缓冲区的建立

基于栅格的缓冲区分析是一种 GIS 中常用的分析方法，它是指在栅格数据环境下对点、线、面等地理要素进行缓冲区分析。栅格缓冲区分析是基于栅格空间分析模型和栅格空间运算技术进行的。栅格缓冲区的生成可以通过两个步骤来实现：首先对需要做缓冲区的栅格单元进行距离扩散，即计算其他栅格到需要做缓冲区的栅格的距离，然后按照设定的缓冲区距离提取出符合要求的栅格单元，如图 5.25 所示。

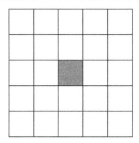

2.8	2.2	2.0	2.2	2.8
2.2	1.4	1.0	1.4	1.2
2.0	1.0	0.0	1.0	2.0
2.2	1.4	1.0	1.4	2.2
2.8	2.2	2.0	2.2	2.8

2.8	2.2	2.0	2.2	2.8
2.2	1.4	1.0	1.4	1.2
2.0	1.0	0.0	1.0	2.0
2.2	1.4	1.0	1.4	2.2
2.8	2.2	2.0	2.2	2.8

（a）栅格点　　　　（b）栅格距离扩散　　（c）按距离2求出缓冲区栅格

图 5.25　栅格缓冲区的建立

4. 路径分析

路径分析是 GIS 中一种重要的分析方法，它是指在 GIS 系统中对路径进行分析的过程。陆地环境通行分析中需要了解从起点到终点哪条路走得最快，或者选择费用最小的方案，这些都是最佳路径求解的例子。最佳路径求解是指在给定的网络结构中，找出从起点到终点的最佳路径。最佳路径可能根据不同的应用场景定义不同，常见的最佳路径包括最短路径、最短时间路径、最小代价路径等。最佳路径的产生基于网线和节点转角（如果模型中节点具有转角数据）的阻碍强度。例如，如果要找最快的路径，阻碍强度要预先设定为通过网线或在节点处转弯所花费的时间；如果要找费用最小的路径，阻碍强度就应该是费用。当网线在顺逆两个方向上的阻碍强度都是该网线的长度，而节点无转角数据或转角数据都是 0 时，最佳路径就成为最短路径。

另一种路径分析功能是求解最佳游历方案。陆地环境通行分析中需要找到从起始点到终点最有效的线路，这就是最佳游历方案。最佳游历方案的求解分为网线游历和节点游历两种类型，网线游历是给定一个网线集合和一个节点，求解最佳路径，使之由指定节点出发至少经过每条网线一次而回到起始节点。结点最佳游历方案求解是给定一个起始节点、一个终止节点和若干个中间节点，求解最佳路径，使之由起点出发遍历全部中间节点而到达终点。

5. 空间统计分析

空间统计分析（spatial statistical analysis）包括空间数据的统计分析和数据的空间统计分析。前者着重于应用数学统计模型描述和模拟空间现象及过程，进行非空间特性的统计分析，例如多元统计分析方法对空间数据的处理，空间数据所描述的事物的空间位置在这些分析中不起制约作用。而空间数据的统计分析则着重于描述空间过程，揭示空间规律和空间机制，虽然分析过程中没有考虑数据抽样点的空间位置，但结果的解释必须依托于地理空间。

数据的空间统计分析是直接从空间物体的空间位置、联系等方面出发，研究具有随机性和结构性、空间相关性和依赖性的自然现象，主要是对空间数据的结构性和随机性、空间相关性和依赖性、空间格局和变异进行研究，进行最优无偏内插估计或模拟离散性和波动性。数据的空间统计分析并不是抛弃传统统计学理论和方法，而是在传统基础上发展起来的。数据的空间统计学与经典统计学的共同之处在于：它们都是在大量采样的基础上，通过对样本属性值的频率分布、均值、方差等关系及其相应规则的分析，确定其空间分布格局与相关关系。数据的空间统计学区别于经典统计学的最大特点是：数据的空间统计学既考虑样本值的大小，又重视样本空间位置及样本间的距离。空间数据具有空间依赖性（空间自相关）和空间非均质性（空间结构），扭曲了经典统计方法的假设条件，使经典统计模型对空间数据的分析会产生虚假的解释。经典统计学模型是在观测结果相互独立的假设基础上建立的，但实际上地理现象之间大多不具有独立性。数据的空间统计学研究的基础是空间对象间的相关性和非独立的观测，它们与距离有关，并随着距离的增加而变化。这些问题为经典统计学所忽视，但却成为数据的空间统计学的核心（汤国安，2007）。

1）基本统计量

空间统计分析是 GIS 空间分析的核心内容之一，基本的空间统计量为空间分析和可视化提供重要的数据集。通常，获取某数据集的均值、极值和标准差等基本统计量，均属于空间数据的常规统计分析。例如，对于空间分布的一组点要素，按照行政单元进行统计，可以通过点要素和面要素的各种空间关系，统计行政单元面域中的点要素。此外，地图制图是 GIS 的基本功能，制作专题地图时，对于专题属性变量数值，需要基于特定的统计方法对其进行等级划分，这也属于常规的空间数据统计分析。其他的基本统计量（图 5.26）包括：最大值、最小值、极差、均值、中值、总和、众数、种类、离差、方差、标准差、变差系数、峰度和偏度等。这些统计量反映了数据集的范围、集中情况、离散程度、空间分布等特征，对进一步的数据分析起着铺垫作用。

代表数据集中趋势的统计量包括平均数、中位数、众数等，它们都可以用来表示数据的分布位置和一般水平。其中 x_i $(i=1,2,3,\cdots,n)$ 代表数据集中的第 i 个变量。

（1）平均数

n 个数据的总和与数据的总个数 n 的比值为

$$\overline{x} = \frac{\sum\limits_{i=1}^{n} x_i}{n} \tag{5.16}$$

平均数是统计学中最常用的统计指标之一，它可以度量一组数据的中间位置。平均数可分为三种：算术平均数、几何平均数、调和平均数。其中，前两者在 GIS 分析中最常用到。

（2）加权平均数

加权平均（weighted mean）数是统计学中常用的一种平均数，它是指为每个数据项赋予一个权重，并将所有数据项与其对应的权重相乘后求和，再除以权重和：

$$\overline{x} = \frac{f_1 x_1 + f_2 x_2 + \cdots + f_n x_n}{\sum f_i} \tag{5.17}$$

式中：$n = f_1 + f_2 + \cdots + f_n = \sum f_i$。

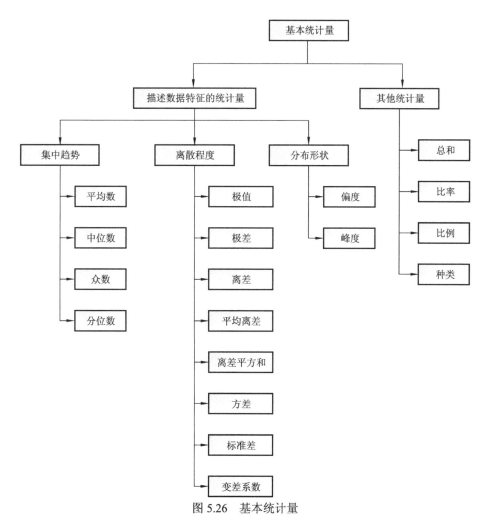

图 5.26　基本统计量

加权平均数可以用来衡量一组数据的移动平均值,在统计学中有着广泛的应用,特别是在评估成绩时,将不同项目的分值赋予不同的权重来计算平均分。

(3) 几何平均数

n 个数据的连乘积再开 n 次方所得的方根数为

$$\overline{x_g} = \sqrt[n]{x_1 x_2 \cdots x_n} \qquad (5.18)$$

几何平均(geometric mean)数是统计学中常用的一种平均数,它是指对数据的乘积的 n 次方根。几何平均数主要用于度量一组数值的移动平均值,特别适用于对数据具有较强的移动性质的序列进行分析。

(4) 离差

离差表示各数值与其平均值的离散程度,其值等于某个数值与该数据集的平均值之差:

$$d_i = x_i - \overline{x} \qquad (5.19)$$

两个数据集的均值相同,但其离差可以有很大的差别,这说明两个数据集与各自平均值的离散程度不同。

（5）离差平方和

离差平方和（sum of squares deviations，SSD）是对离差求平方，然后求和：

$$SSD = \sum_i (x_i - \overline{x})^2 \tag{5.20}$$

离差平方和是一种度量数据与平均值之间差异的方法，它是指每个数据项与平均值之差的平方值的总和。离差平方和在统计学中被广泛应用，主要用于度量数据的离散程度。在趋势面分析中，对趋势面的拟合程度可以用离差平方和来检验，其方法也是将原始数据的离差平方和分解为剩余平方和与回归平方和两部分，回归平方和的值越大，表明拟合程度越高。

（6）方差

方差是均方差的简称。它是以离差平方和除以变量个数而得到的：

$$\delta^2 = \frac{\sum_i (x_i - \overline{x})^2}{n} \tag{5.21}$$

它们是最重要的基本指标，表示一个数据库数据集的离散程度。为了方便，常用概率分布的平方根，即标准差。概率分布和标准差均可用于相关数据的具体分析、相关分析、高斯分布的化学分析等，也可用于具体的测量误差分析、数据库数据的需求评价。

（7）标准差

对方差进行开方可得标准差：

$$\delta = \left(\frac{\sum_i (x_i - \overline{x})^2}{n} \right)^{\frac{1}{2}} \tag{5.22}$$

标准差可用于误差分析，评价数据精度，求取变差系数、偏度系数和峰度系数等；还可用于数据分级。

（8）偏度

偏度是描述数据在均值两侧的对称程度的参数，用偏度系数来衡量：

$$g_1 = \sqrt{\frac{1}{6n} \sum \left(\frac{x_i - \overline{x}}{S} \right)^3} \tag{5.23}$$

偏度可以表示数据分布的不对称性，刻画出是向正的方向偏还是向负的方向偏（小于或大于 $\overline{x}$）。峰度可以表示数据频数分布曲线峰形的相对高耸程度或尖平程度。

2）空间自相关分析

大部分的地理现象都具有空间相关特性，即距离越近的两个事物越相似。这一特性也是空间统计分析的基础。半变异/协方差函数就是这种相似性的定量化表示。空间自相关（spatial autocorrelation）是指对空间数据进行分析的一种方法，用来检验空间数据之间是否存在空间自相关性。空间自相关分析是空间统计学中的重要方法之一。下面介绍两个常用的分析空间自相关的参数：Moran's I 和 Geray C。

（1）空间权重矩阵

地理事物在空间上的此起彼伏和相互影响是通过它们之间的相互联系得以实现的，

空间权重矩阵（spatial weights matrix）是传载这一作用过程的实现方法。因此，构建空间权重矩阵是研究空间自相关的基本前提之一。空间数据中隐含的拓扑信息提供了空间邻近的基本度量。通常定义一个二元对称空间权重矩阵 $M_{n×n}$ 表达 n 个空间对象的空间邻近关系，可根据邻接标准或距离标准来度量，还可以根据属性值 W 和二元空间权重矩阵来定义一个加权空间邻近度量方法。空间权重矩阵的表达形式为

$$M_{n×n} = \begin{bmatrix} W_{11} & W_{12} & \cdots & W_{1n} \\ W_{21} & W_{22} & \cdots & W_{2n} \\ \vdots & \vdots & & \vdots \\ W_{n1} & W_{n2} & \cdots & W_{nn} \end{bmatrix} \tag{5.24}$$

根据邻接标准，当空间对象 i 与空间对象 j 相邻时，空间权重矩阵的元素 W_{ij} 为 1，其他情况 W_{ij} 为 0，表达式为

$$W_{ij} = \begin{cases} 1, & i \text{ 与 } j \text{ 相邻} \\ 0, & i=j \text{ 或 } j \text{ 不相邻} \end{cases} \tag{5.25}$$

根据距离标准，当空间对象 i 和空间对象 j 在给定距离 d 之内时，空间权重矩阵的元素 W_{ij} 为 1，否则为 0，表达式为

$$W_{ij} = \begin{cases} 1, & \text{对象 } i \text{ 与 } j \text{ 的距离小于} d \text{ 时} \\ 0, & \text{其他} \end{cases} \tag{5.26}$$

如果采用属性值 x_j 和二元空间权重矩阵来定义一个加权空间邻近度量方法，则对应的空间权重矩阵可以定义为

$$W_{ij}^* = \frac{W_{ij} x_j}{\sum\limits_{j=1}^{n} W_{ij} x_j} \tag{5.27}$$

（2）Moran's I 参数

Moran's I 是应用最广的一个参数。对于全程空间自相关，Moran's I 定义为

$$I = \frac{n}{S_0} \cdot \frac{\sum\limits_{i=1}^{n}\sum\limits_{j=1}^{n} W_{ij} z_i z_j}{\sum\limits_{j=1}^{n} z_i^2} \tag{5.28}$$

式中：z_i 为要素 i 的属性与其平均值 $x_i - \bar{x}$ 的偏差；W_{ij} 为要素 i 和 j 之间的空间权重；n 为要素总数；S_0 为所有空间权重的聚合：

$$S_0 = \sum\limits_{i=1}^{n}\sum\limits_{j=1}^{n} W_{ij} \tag{5.29}$$

统计的 z_I 得分计算公式为

$$z_I = \frac{I - E[I]}{\sqrt{v[I]}} \tag{5.30}$$

式中

$$E[I] = -1/(n-1) \tag{5.31}$$

$$V[I] = E[I^2] - E[I]^2 \tag{5.32}$$

Moran's I 如果是正值且显著的，则具有正的空间相关性，即在一定范围内各位置的值是相似的；Moran's I 如果是负值且显著的，则具有负的空间相关性，数据之间不相似。若 Moran's I 接近 0，则表明数据的空间分布是随机的，没有空间相关性。

（3）Geray C 系数

对于全局空间自相关的 Geray C 系数：

$$C(d) = \frac{(n-1)\sum\limits_{i}^{n}\sum\limits_{j}^{n}W_{ij}(x_i - x_j)}{2nS^2\sum\limits_{i}^{n}Z_i^2\sum\limits_{j}^{n}W_{ij}} \tag{5.33}$$

对于局部位置 i 的空间自相关：

$$C_i(d) = \sum\limits_{j \neq i}^{n}W_{ij}(x_i - x_j)^2 \tag{5.34}$$

式中：C 值总是正的。假设检验是如果没有空间自相关，C 的均值为 1。显著性的低值（0～1）表明具有正的空间自相关，显著性的高值（大于 1）表明具有负的空间自相关。

3）回归分析

回归分析法是指应用数据统计原理对大量统计数据进行数学处理，并确定因变量与某些自变量的相关关系，建立一个相关性较好的回归方程（函数表达式），并加以外推，用于预测今后的因变量变化的分析方法。根据因变量和自变量的个数，回归分析可分为一元回归分析和多元回归分析；根据因变量和自变量的函数表达式，回归分析可分为线性回归分析和非线性回归分析。在所有的回归方法中，普通最小二乘（ordinary least squares，OLS）法最为著名。而且，它也是所有空间回归分析的正确起点。它是使全部观察值的残差平方和最小的一种参数估计方法，在回归分析中应用得最为广泛。其基本原理如下。

设 (x, y) 是一对观测量，且 $\boldsymbol{x} = [x_1 \quad x_2 \quad \cdots \quad x_n]^\mathrm{T} \in \mathbf{R}^n$，$\boldsymbol{y} \in \mathbf{R}$ 满足以下的理论函数：

$$\boldsymbol{y} = f(\boldsymbol{x}, \boldsymbol{\omega}) \tag{5.35}$$

式中：$\boldsymbol{\omega} = [\omega_1 \quad \omega_2 \quad \cdots \quad \omega_n]^\mathrm{T}$ 为待定参数。

为了寻找函数 $f(\boldsymbol{x}, \boldsymbol{\omega})$ 的参数 $\boldsymbol{\omega}$ 的最优估计值，对于给定的 m 组（通常 $m > n$）观测数据 (x_i, y_i) $(1, 2, \cdots, m)$，求解目标函数：

$$L(\boldsymbol{y}, f(\boldsymbol{x}, \boldsymbol{\omega})) = \sum\limits_{i=1}^{m}[y_i - f(x_i, \omega_i)]^2 \tag{5.36}$$

取最小值的参数 ω_i $(i = 1, 2, \cdots, n)$。求解这类问题成为最小二乘法，求解该问题的方法的几何语言称为最小二乘拟合。对于无约束最优化问题，最小二乘法的一般形式为

$$\min f(\boldsymbol{x}) = \sum\limits_{i=1}^{m}L_i^2(\boldsymbol{x}) = \sum\limits_{i=1}^{m}L_i^2[y_i, f(x_i, \omega_i)] = \sum\limits_{i=1}^{m}[y_i - f(x_i, \omega_i)]^2 \tag{5.37}$$

式中：$L_i(\boldsymbol{x})$ $(i = 1, 2, \cdots, m)$ 称为残差函数。

地理加权回归（geographic weighted regression，GWR）是空间回归技术中的一种，广泛用于地理等学科。通过局部区域建立回归方程拟合数据集中每个要素的不同变量之

间的关系。GWR 有助于对了解/预测的变量或过程提供局部模型。相较于全局模型，GWR 模型更能反映要素在空间分布的异质性，对要素空间变化具有更好的拟合效果（Brunsdon et al.，1996）。GWR 构建这些独立方程的方法是：将落在每个目标要素的带宽范围内的要素的因变量和解释变量进行合并。模型结果计算式为

$$y_i = \beta_0(u_i, v_i) + \sum_{k=1}^{p} \beta_k(u_i, v_i) x_{ik} \varepsilon_i \tag{5.38}$$

式中：(u_i, v_i) 为第 i 个样本单元的地理中心坐标，$i = 1, 2, \cdots, n$；$\beta_k(u_i, v_i)$ 为连续函数 $\beta_k(u, v)$ 在 i 样本的第 k 个回归参数；ε_i 为第 i 个样本的随机误差。

通过回归分析可以对空间关系进行建模、检查和探究；回归分析还可解释所观测到的空间模式背后的诸多因素。对空间关系进行建模，也可使用回归分析对这些现象加以预测。

4）趋势分析

趋势分析（trend analysis）是一种统计分析方法，它是指应用统计学方法，研究数据变化趋势的过程。趋势分析最早可以追溯到 19 世纪末期，随着统计学和计算机科学的发展，趋势分析逐渐成为研究时间序列数据变化趋势的重要工具。

通常一个表面主要由两部分组成：确定的全局趋势和随机的短程变异。空间趋势分析是指应用空间统计方法，通过对空间数据的分析，探究其在空间上的变化趋势和特征。趋势面分析是一种空间趋势分析方法，它用一个二维平面来表示这些趋势。如果能够准确识别和量化全局趋势，在空间分析统计建模中就可以方便地剔除全局趋势，从而能更准确地模拟随机的短程变异。线性或一阶趋势面用如下方程表示：

$$z_{x,y} = b_0 + b_1 x + b_2 y \tag{5.39}$$

式中：属性值 z 为坐标 x 和 y 的函数；系数 b 由已知点估算。因为趋势面模型的构建方法类似于回归模型的最小二乘法，其拟合程度可用相关系数（R^2）确定和检验。而且，可以计算出每个已知点的观测值和估算值之间的偏差或残差。

大多数自然现象的分布通常比由一阶趋势面生成的倾斜面更复杂。因而，需要更高阶的趋势面模型来拟合更复杂的表面。例如，包含山脊和山谷的三阶面。该模型基于如下方程：

$$z_{x,y} = b_0 + b_1 x + b_2 y + b_3 x^2 + b_4 xy + b_5 y^2 + b_6 x^3 + b_7 x^2 y + b_8 xy^2 + b_9 y^3 \tag{5.40}$$

一阶趋势面需要估算 3 个系数，相比之下，三阶趋势面需要估算 10 个系数（如 b_i），才能预测未测点的值。因此，趋势面模型的阶数越高，计算量就越大。

5.2　陆地环境通行要素制图

5.2.1　基于地形特征制图

基于地形特征制图是将由数字高程模型（DEM）计算得到的坡度、坡向、高程、地势起伏度（相对高差）等地形因子空间数据进行集中管理，并进行通行要素之间的关联

分析，根据制图规则将地形特征可视化，生成地形特征图。本节主要介绍高程、坡度和坡向的分层设色图的制作流程。

1. 基于 DEM 数据的高程分层设色图

基于 DEM 数据的高程分层设色图是根据等高线划分出地形的高程带，逐层设置不同的颜色，用以表示地势起伏的一种方法。在陆地环境通行分析中，绘制基于 DEM 数据的高程分层设色图，流程（图 5.27）如下。

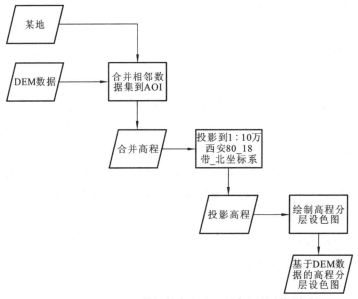

图 5.27　基于 DEM 数据的高程分层设色图的制图流程

（1）数据导入。将某地 DEM 数据导入 MapGIS 10 软件，应用该地区范围数据裁剪 DEM 数据集获得所需数据。

（2）投影变换。将该地 DEM 数据做投影变换，投影到 1∶10 万西安 80_18 带_北坐标系（单位为 mm），以确保空间精度。

（3）制图。应用 MapGIS 10 软件提供的制图工具，绘制高程图。

（4）地图输出。导出基于 DEM 数据的高程分层设色图。

根据以上流程，在 MapGIS 10 软件编绘了某地基于 DEM 数据的高程分层设色图，如图 5.28 所示。

2. 基于坡度数据的分层设色图

坡度是地面某点法线与垂线之间的夹角（李建松 等，2015）。坡度引起的路线延长的间接影响和坡度对机动装备爬坡速度的直接影响均会对机动装备的机动性造成影响。通行目标的爬坡阻力随着坡度增大而增加，越野目标的通行速度下降。因此坡度是影响越野目标的主要静态因子之一。在陆地环境通行分析中，以某地作为示例区，绘制基于坡度数据的分层设色图流程（图 5.29）如下。

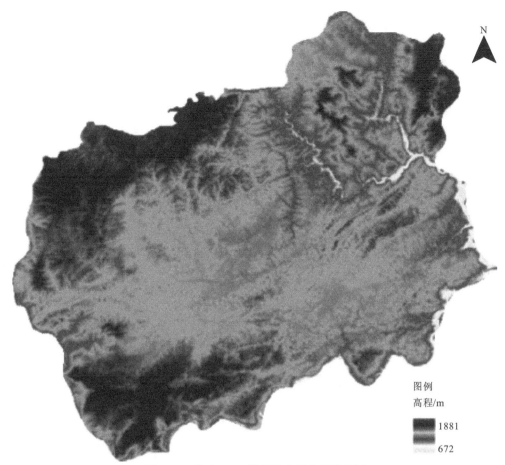

図例

高程/m

1881

672

图 5.28 基于 DEM 数据的高程分层设色图

扫描封底二维码看彩图

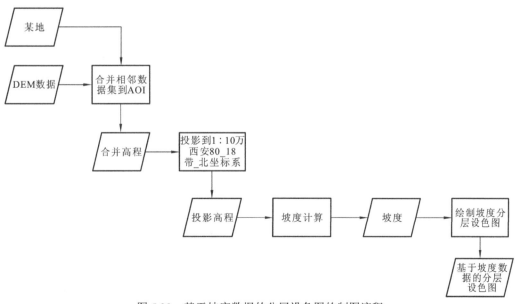

图 5.29 基于坡度数据的分层设色图的制图流程

（1）数据导入。将某地高程数据导入 MapGIS 10 软件，应用该地区范围数据裁剪高程数据集获得所需数据。

（2）投影变换。将该地高程数据做投影变换，投影到 1∶10 万西安 80_18 带_北坐标系（单位为 mm），以确保空间精度。

（3）坡度计算。在 MapGIS 10 软件中通过高程数据计算得到坡度数据集。

（4）制图。应用 MapGIS 10 软件提供的制图工具，绘制坡度图。

（5）地图输出。导出基于坡度数据的分层设色图（图 5.30）。

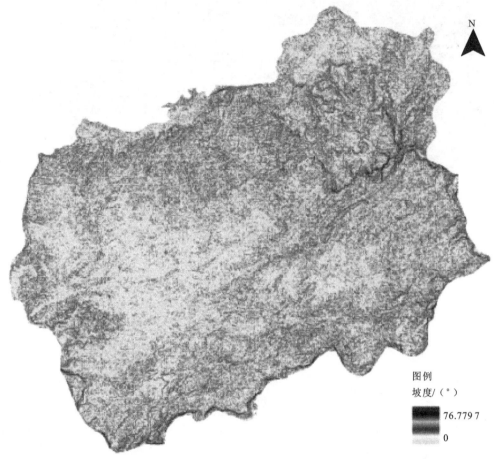

图 5.30　基于坡度数据的分层设色图
扫描封底二维码看彩图

3. 基于坡向数据的分层设色图

坡向是指地面的倾斜方向，由地形和地貌等因素决定，在地质学、地形学等领域中都有重要的应用。坡向可以用度数或方向来表示，度数为 0°～90°，0° 表示水平面，90° 表示垂直面，方向表示为东、南、西、北等。坡向对土壤侵蚀、地下水流动、植被生长等有重要影响。在陆地环境通行分析中，将某地作为示例区，绘制基于坡向数据的分层设色图，流程（图 5.31）如下。

（1）数据导入。将某地高程数据导入 MapGIS 10 软件，应用该地区范围数据裁剪高程数据集获得所需数据。

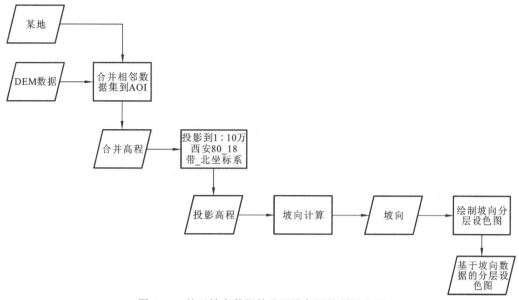

图 5.31　基于坡向数据的分层设色图的制图流程

（2）投影变换。将该地高程数据作投影变换，投影到 1 : 10 万西安 80_18 带_北坐标系（单位为 mm），以确保空间精度。

（3）坡向计算。在 MapGIS 10 软件中通过高程数据计算得到坡向数据集。

（4）制图。应用 MapGIS 10 软件提供的制图工具，绘制坡向图。

（5）地图输出。导出基于坡向数据的分层设色图（图 5.32）。

5.2.2　基于土壤类型和容重制图

1. 基于土壤类型的分层设色图

土壤是指地球表面的一层疏松的物质，由各种颗粒状矿物质、有机物、水分、空气、微生物等组成，能生长植物。土壤是一个国家最重要的自然资源，它是农业发展的物质基础。我国土壤类型数据采用了传统的"土壤发生分类"系统，基本制图单元为亚类，共分出 12 个土纲、61 个土类、227 个亚类。在陆地环境通行分析中，将某地作为示例区，绘制基于土壤类型的分层设色图，流程（图 5.33）如下。

（1）数据导入。将某地土壤类型数据导入 MapGIS 10 软件，应用该地区范围数据裁剪土壤类型数据集获得所需数据。

（2）投影变换。将该地土壤类型数据做投影变换，投影到 1 : 10 万西安 80_18 带_北坐标系（单位为 mm），以确保空间精度。

（3）制图。应用 MapGIS 10 软件提供的制图工具，绘制土壤类型图。

（4）地图输出。导出基于土壤类型的分层设色图（图 5.34）。

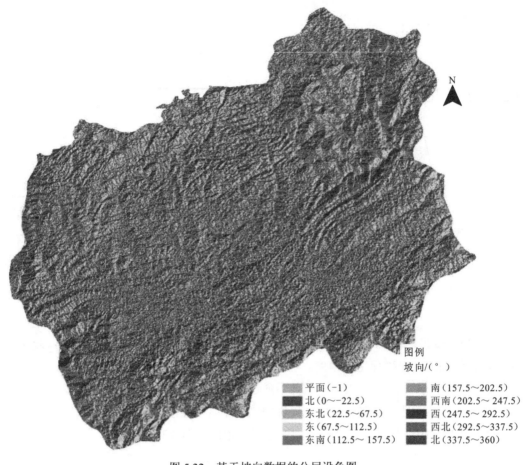

图例
坡向/(°)

▨	平面(-1)	▨	南(157.5~202.5)
■	北(0~-22.5)	▨	西南(202.5~247.5)
▨	东北(22.5~67.5)	■	西(247.5~292.5)
░	东(67.5~112.5)	■	西北(292.5~337.5)
▨	东南(112.5~157.5)	■	北(337.5~360)

图 5.32　基于坡向数据的分层设色图

扫描封底二维码看彩图

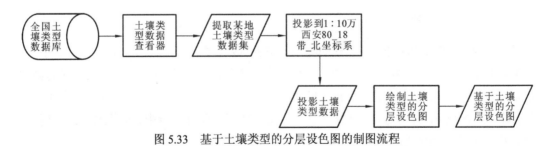

图 5.33　基于土壤类型的分层设色图的制图流程

2. 基于土壤容重的分层设色图

　　土壤容重（bulk density，BD）应称为干容重，又称土壤假比重，是一定容积的土壤（包括土粒及粒间的孔隙）烘干后质量与烘干前体积的比值。由于土壤水分受蒸发等因素影响，土壤容重时时变化，尤其是在季节更替时，单位体积湿土的质量不具有完全的参考意义。中国土壤容重空间分布数据是根据土壤普查获取到的土壤剖面数据编制而成，用来表示土壤容重的空间分布含量。在陆地环境通行分析中，将某地作为示例区，绘制基于土壤容重的分层设色图，流程（图 5.35）如下。

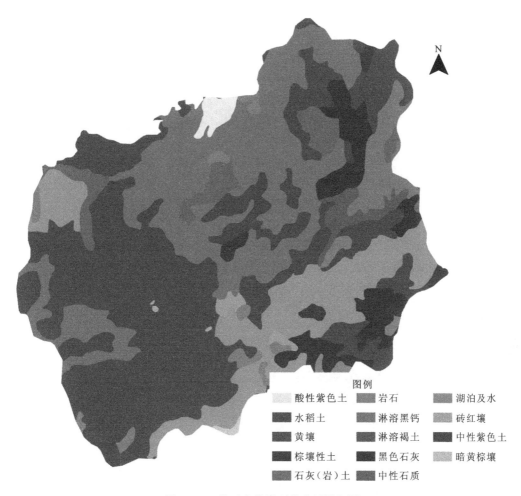

图 5.34 基于土壤类型的分层设色图

扫描封底二维码看彩图

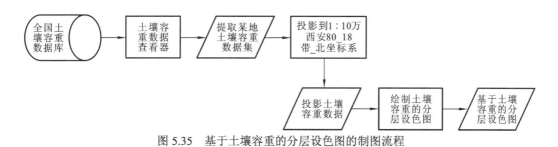

图 5.35 基于土壤容重的分层设色图的制图流程

（1）数据导入。将全国土壤容重数据导入 MapGIS 10 软件，应用该地区范围数据裁剪土壤容重数据集获得所需数据。

（2）投影变换。将该地土壤容重数据做投影变换，投影到 1∶10 万西安 80_18 带_北坐标系（单位为 mm），以确保空间精度。

（3）制图。应用 MapGIS 10 软件提供的制图工具，绘制土壤容重图。

（4）地图输出。导出基于土壤容重的分层设色图（图 5.36）。

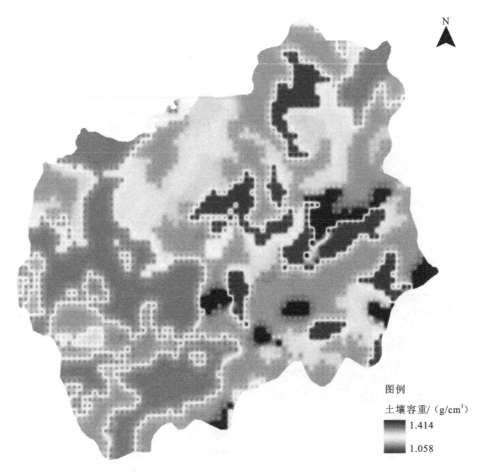

图 5.36　基于土壤容重的分层设色图

扫描封底二维码看彩图

5.2.3　基于土壤水分制图

土壤含水量是指土壤中水分的含量。它是土壤中水分总量与土壤干重之比，可以用百分比或 g/kg 表示。土壤含水量是土壤水分状况的重要指标，影响土壤的基本物理性质和生物生态系统的稳定。高含水量的土壤被称为湿土，低含水量的土壤被称为干土。土壤含水量可以用重量法和容量法来计算。重量法是将土壤中水分的重量除以土壤干重，容量法是将土壤中水分的体积除以土壤体积，通常采用重量含水率和体积含水率两种表示方法。中国土壤含水量空间分布数据是根据土壤普查获取到的土壤剖面数据编制而成，用来表示土壤含水量的空间分布。在陆地环境通行分析中，将某地作为示例区，绘制基于土壤水分的分层设色图流程（图 5.37）如下。

（1）数据导入。将全国土壤水分数据导入 MapGIS 10 软件，应用该地区范围数据裁剪土壤水分数据集获得所需数据。

（2）投影变换。将该地土壤水分数据做投影变换，投影到 1∶10 万西安 80_18 带_北坐标系（单位为 mm），以确保空间精度。

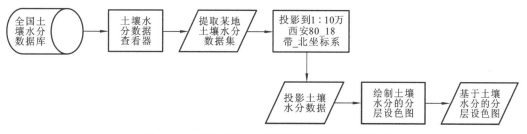

图 5.37 基于土壤水分的分层设色图的制图流程

（3）制图。应用 MapGIS 10 软件提供的制图工具，绘制土壤水分参数图。

（4）地图输出。导出基于土壤水分的分层设色图（图 5.38）。

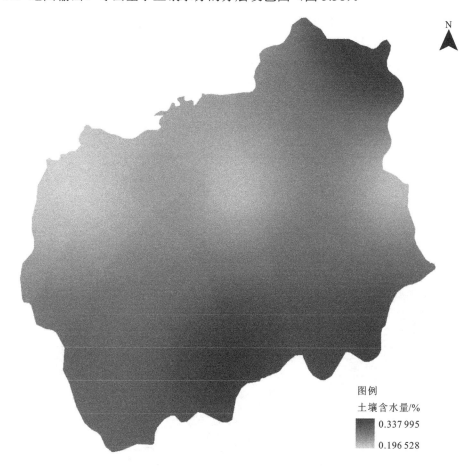

图 5.38 基于土壤水分的分层设色图

扫描封底二维码看彩图

5.2.4 基于地表覆盖制图

地表覆盖指地表所属的植被覆盖物（森林、草原、耕作植被等）或非植被覆盖物（冰雪、建筑物等）的具体类型。地表覆盖类型是覆盖在地表上的自然或人工植被，是随遥感技术发展而出现的一个新概念，主要是指森林、草地、灌木丛等地表植被。这些覆盖物可能是固定不变的，也可能是可变动的，例如季节性植被。在陆地环境通行分析中，将某地作为示例区，绘制基于地表覆盖的分层设色图，流程（图5.39）如下。

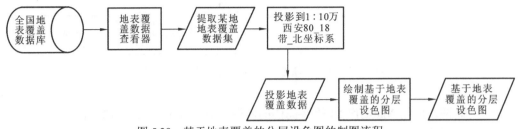

图 5.39　基于地表覆盖的分层设色图的制图流程

（1）数据导入。将全国地表覆盖数据导入 MapGIS 10 软件，应用该地区范围数据裁剪地表覆盖数据集获得所需数据。

（2）投影变换。将该地地表覆盖数据做投影变换，投影到 1∶10 万西安 80_18 带_北坐标系（单位为 mm），以确保空间精度。

（3）制图。应用 MapGIS 10 软件提供的制图工具，绘制基于地表覆盖的分层设色图。

（4）地图输出。导出基于地表覆盖的分层设色图（图5.40）。

图 5.40　基于地表覆盖的分层设色图

扫描封底二维码看彩图

5.3 陆地环境通行分析制图

5.3.1 基于量化模型的通行能力制图

在进行路径规划时，无论是最短路径还是最短时间规划，都需要对六角格网的通行能力进行度量，本小节将格网的通行速度系数作为度量格网通行能力的指标，当格网一定时，格网的通行速度系数越大，通过该单元的时间越短，格网的通行能力越强。根据第 4 章中的不同因子对通行速度的影响，确定不同因子影响下的机动装备通行速度，将各类影响因子下的速度进行综合叠加，基于量化模型确定格网的通行能力。在陆地环境通行分析中，将某地作为示例区，绘制基于量化模型的通行能力图，流程（图 5.41）如下。

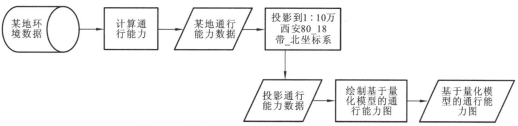

图 5.41　基于量化模型的通行能力图的制图流程

（1）数据导入。将该地通行能力数据导入 MapGIS 10 软件。

（2）投影变换。将该地通行能力数据做投影变换，投影到 1∶10 万西安 80_18 带_北坐标系（单位为 mm），以确保空间精度。

（3）制图。应用 MapGIS 10 软件提供的制图工具，绘制基于量化模型的通行能力图。

（4）地图输出。导出基于量化模型的通行能力图（图 5.42）。

通行能力图（图 5.42）描述了基于通行环境因子量化的通行能力系数，其中环境因子包括水体、草地、森林、灌木丛、道路、滑坡、人造地表和高程等。图中有三种区域类型，分别是可通行区域、困难通行区域与不可通行区域。

5.3.2 基于机动装备性能的通行速度制图

格网通行能力的指标主要以机动装备的通行速度来度量。不同的机动装备通行速度受地形及环境因子的影响程度不同。在陆地环境通行分析中，将某地作为示例区，绘制基于机动装备性能的通行速度图，流程（图 5.43）如下。

（1）数据导入。将该地通行能力数据导入 MapGIS 10 软件。

（2）投影变换。将该地通行速度数据做投影变换，投影到 1∶10 万西安 80_18 带_北坐标系（单位为 mm），以确保空间精度。

（3）制图。应用 MapGIS 10 软件提供的制图工具，绘制基于机动装备性能的通行速度图。

（4）地图输出。导出基于机动装备性能的通行速度图（图 5.44）。

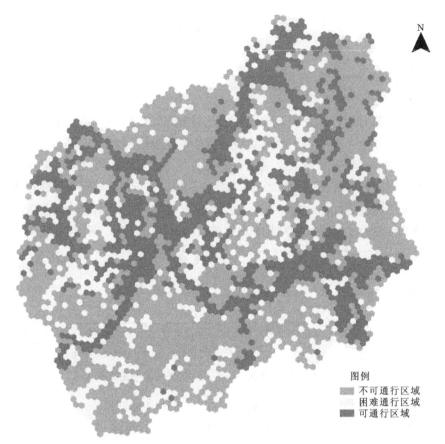

图 5.42 基于量化模型的通行能力图

扫描封底二维码看彩图

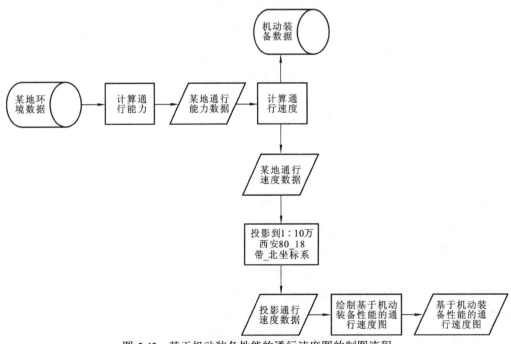

图 5.43 基于机动装备性能的通行速度图的制图流程

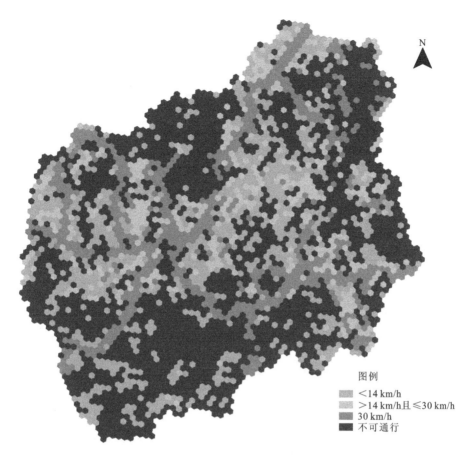

图例
<14 km/h
>14 km/h且≤30 km/h
30 km/h
不可通行

图 5.44　基于机动装备性能的通行速度图

扫描封底二维码看彩图

5.3.3　基于全局分析的路径规划制图

将路径规划结果在空间上可视化，对模拟路径规划结果进行分析。例如，最小成本路径是对地形和其他因素的分析，以减少从起始位置到目的地的"最简单"或最有效的路径。路径规划的"易用性"基于成本面，该成本面是一个或多个因素的组合，包括地形、植被、土壤成分等。在起点和终点之间，计算其穿越每个六角格网的成本，这些成本累积要求尽可能低。

在陆地环境通行分析中，将某地作为示例区，绘制基于全局分析的路径规划图，流程（图 5.45）如下。

（1）数据导入。该该地通行能力数据导入 MapGIS 10 软件，应用路径规划算法计算路径规划图。

（2）投影变换。将该地路径规划数据做投影变换，投影到 1∶10 万西安 80_18 带_北坐标系（单位为 mm），以确保空间精度。

（3）制图。应用 MapGIS 10 软件提供的制图工具，绘制基于全局分析的路径规划图。

（4）地图输出。导出基于全局分析的路径规划图（图 5.46）。

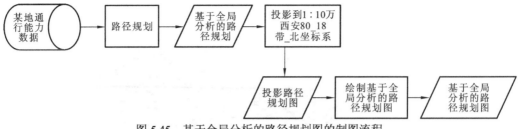

图 5.45   基于全局分析的路径规划图的制图流程

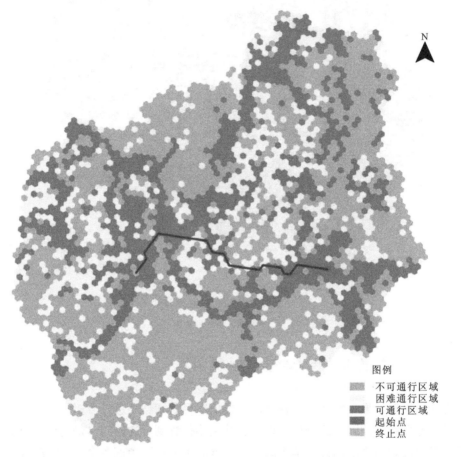

图 5.46   基于全局分析的路径规划图

扫描封底二维码看彩图

如图 5.46 所示，随机选择起始点，应用路径规划算法综合考虑环境因子找到了一条连接起始点的路径。

5.3.4   基于要素分析的不可通行原因制图

陆地环境通行分析系统生成基于要素分析的不可通行原因图，以进一步深入分析陆地环境不可通行原因。基于要素分析的不可通行原因图可以为不同任务的路线规划，选择合适的机动装备，并为现代化决策提供信息。

在陆地环境通行分析中，将某地作为示例区，绘制基于要素分析的不可通行原因图，流程（图 5.47）如下。

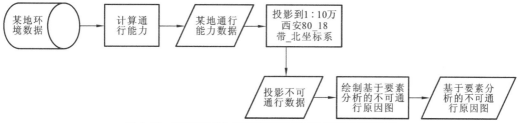

图 5.47　基于要素分析的不可通行原因图的制图流程

（1）数据导入。将该地通行能力数据导入 MapGIS 10 软件，分析不可通行原因。

（2）投影变换。将该地不可通行数据做投影变换，投影到 1∶10 万西安 80_18 带_北坐标系（单位为 mm），以确保空间精度。

（3）制图。应用 MapGIS 10 软件提供的制图工具，绘制基于要素分析的不可通行原因图。

（4）地图输出。导出基于要素分析的不可通行原因图（图 5.48）。

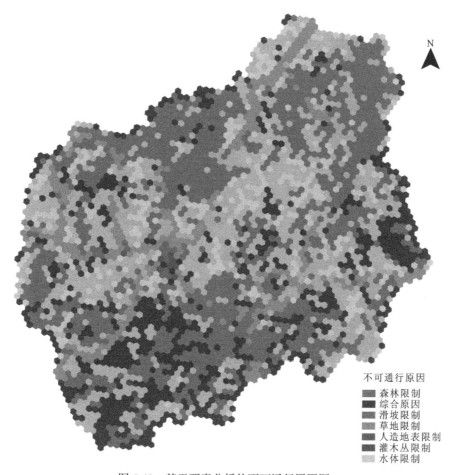

图 5.48　基于要素分析的不可通行原因图

扫描封底二维码看彩图

参 考 文 献

程鹏飞, 文汉江, 成英燕, 等, 2009. 2000 国家大地坐标系椭球参数与 GRS 80 和 WGS 84 的比较. 测绘学报, 38(3): 189-194.

杜华, 2007. GIS 中电子地图坐标系的转换研究与实现. 贵阳: 贵州大学.

龚健雅, 秦昆, 唐雪华, 等, 2019. 地理信息系统基础. 北京: 科学出版社.

黄信元, 马劲松, 2008. 地理信息系统概论. 北京: 高等教育出版社.

李建松, 唐雪华, 2015. 地理信息系统原理. 武汉: 武汉大学出版社.

刘贵明, 毛政利, 2008. 地理信息系统原理及应用. 北京: 科学出版社.

宁津生, 陈俊勇, 李德仁, 等, 2016. 测绘学概论. 武汉: 武汉大学出版社.

孙达, 蒲英霞, 2005. 地图投影. 南京: 南京大学出版社.

汤国安, 2007. 地理信息系统教程. 北京: 高等教育出版社.

汤国安, 刘学军, 闾国年, 等, 2019. 地理信息系统教程. 北京: 高等教育出版社.

王家耀, 孙群, 王光霞, 等, 2014. 地图学原理与方法. 2 版. 北京: 科学出版社.

王坚, 张安兵, 2017. 卫星定位原理与应用. 北京: 测绘出版社.

王忠礼, 刘德利, 2021. 测绘领域中常用坐标系统及其转换计算. 吉林建筑大学学报, 5(38): 34-38.

万剑安, 安聪荣, 李连伟, 2013. 地理信息系统基础教程. 2 版. 青岛: 中国石油大学出版社.

吴信才, 吴亮, 万波, 等, 2019. 地理信息系统原理与方法. 北京: 电子工业出版社.

张正栋, 邱国锋, 郑春燕, 等, 2005. 地理信息系统原理、应用与工程. 武汉: 武汉大学出版社.

Brunsdon C, Fotheringham A S, Charlton M E, 1996. Geographically weighted regression: A method for exploring spatial nonstationarity. Geographical Analysis, 28(4): 281-298.

Chang Kang-tsung, 2019. 地理信息系统导论(原著第九版). 陈健飞, 胡嘉骢, 陈颖彪, 等, 译. 北京: 科学出版社.

Donlon J J, Forbus K D, 1999. Using a geographic information system for qualitative spatial reasoning about trafficability//Proceedings of the 13th International Workshop on Qualitative Reasoning, Loch Awe, Scotland: 1-11.

第6章 陆地环境通行路径规划算法

　　陆地环境通行分析是基于通行环境分析评估后，建立环境通行能力模型，设计适应需求的路径规划算法，最后对生成的路径轨迹进行针对性优化。本章基于前5章的相关研究成果，归纳总结目前在陆地环境通行领域常用的两类多种路径规划算法；针对其中具有代表性的A*算法和遗传算法，详细介绍其在实际场景中的使用方法和注意要点；阐述常用轨迹优化算法的优化原理。

6.1 传统路径规划算法

　　传统路径规划算法主要为基于路径拓扑网络的搜索算法。在陆地环境通行路径规划应用中，常用的传统路径规划算法主要有 Dijkstra 算法、Floyd 算法、A*算法、D*算法及其改进的优化算法。传统路径规划算法能在有限的时间内规划出有效的路径，但在不同的约束条件下算法的效率差别巨大，因此，选择路径规划算法时应充分了解算法的优缺点，结合各类约束条件（如场景大小、通行对象类型、算法效率约束等），选取合适的路径规划算法（陈虓，2012）。

6.1.1 Dijkstra 算法

　　Dijkstra 算法是由荷兰计算机科学家 Dijkstra 发明，通过计算初始点到空间内其他任何一点的最短路径，进而得到全局最优路径，算法示例见图 6.1（Fan et al.，2010；Dijkstra，1962）。该算法基本原理如下。

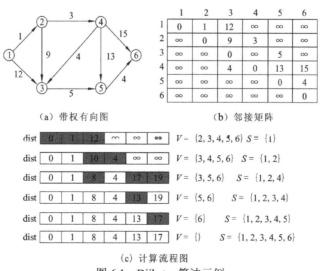

图 6.1　Dijkstra 算法示例

对于给定一个带权有向图 $G = (V, E)$，其中 V 是网络拓扑结构上所有节点的集合，E 是所有边的集合，而且每条边的权是一个非负实数。网络中所有节点首先初始化为未标记节点，在搜索过程中与最短路径中的节点相连通的节点为临时标记节点，每次循环都是从临时标记节点中搜索距原点路径长度最短的节点作为永久标记节点，直至找到目标节点或者所有的节点都成为永久标记节点来结束算法，算法流程见图 6.2。每当确定一条最短路径，就把该路径的终点标志成永久标记节点，并加到一个不断扩充的顶点集合 S 中，开始时 S 仅包含原点 v。引进一个辅助变量 $\text{dist } m$，两个辅助向量 **distnodes** 和 **dist**，**distnodes** 中的每个分量 distnodes[i] 存放原点 v 到节点 v_i 最短路径所经过的节点，其初始态为 distnodes[i] = v, $i = 1, 2, \cdots, n$。**dist** 的每个分量 dist[i] 表示当前所找到的从原点 v 到每个终点 v_i 的最短路径的长度。其初态为：若 v 到 v_i 有弧，则 dist[i] 为弧上的权值；否则 dist[i] = ∞。显然，长度为 $\text{dist } m = \min(\text{dist}[i] | v_i \in V)$ 的路径就是从 v 出发的长度最短的路径，此路径记为 (v, v_i)，假设下一条长度次短的路径的终点是 v_k，则这条路径可以是 (v, v_k)，也可以是 (v, v_i, v_k)，相应地，它的长度或是从 v_i 到 v_k 的弧上的权值，或是 $\text{dist } m$ 再加上从 v_i 到 v_k 的弧上的权值。如果 dist[j]（其中 $v_j \in V - S$）发生改变，则 distnodes[j] = distnodes[j] $\cup (v_i)$, $v_i \in S$（刘爽，2007；王芬，2006）。

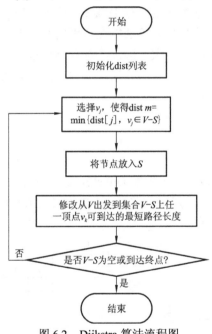

图 6.2　Dijkstra 算法流程图

以此类推，一般情况下，假设 S 为已求得最短路径的终点集合，则通过反证法可证明：下一条最短路径（设其终点为 X）是弧 (V, X) 或是中间只经过 S 中的顶点而最后到达终点 T 的路径。也就是说，下一条长度次短的路径的长度必为

$$\text{dist}[k] = \min(\text{dist } m + (v_i, v_k) | v_i \in S, v_k \in V - S) \tag{6.1}$$

如果 dist[k] 值发生改变，则有

$$\text{distnodes}[k] = \text{distnodes}[k] \cup \{v_i\}, v_i \in S \tag{6.2}$$

其中 $\text{dist } m$ 为 dist[i] 与弧 (v_i, v_k) 上的权值之和的最小值，$v_i \in S$，$v_k \in V - S$。当 $V = S$ 时，查找结束。

根据以上分析，具体算法如下。

（1）假设用邻接矩阵 **cost** 来表示带权有向图，cost[i, j]代表弧(v_i, v_j)上的权值。若(v_i, v_j)不存在，则 cost[i, j]=∞，S 为已找到从 v 出发的最短路径的终点的集合，其初始状态为空集。那么从 v 出发到图上其余各顶点 v_i 的最短路径长度的初始值为

$$\text{dist}[i] = \text{cost}[v, v_i], \quad v \in V \tag{6.3}$$

（2）选择 v_j，使 dist $m = \min\{\text{dist}[j], v_j \in V - S\}$，其中 v_j 为当前求得的一条从 v 出发的最短路径的终点。并令 $S = S \cup \{v_j\}$。

（3）修改从 V 出发到集合 $V-S$ 上任一顶点 v_k 的最短路径长度。若 dist$[j]$+cost$[j, k]$ < dist$[k]$，则修改 dist$[k]$ 为

$$\text{dist}[k] = \text{dist}[j] + \text{cost}[j, k]$$
$$\text{distnodes}[k] = \text{distnodes}[k] \cup \{v_j\}, v_j \in S \tag{6.4}$$

（4）重复步骤（2）和（3）共 $n-1$ 次，由此求得从 v 到图上其余各顶点的最短路径长度。

Dijkstra 算法是一种盲目式搜索算法，因此搜索效率较低，对于 n 个节点的图，计算起点到其他各节点的最短距离，算法的时间复杂度为 $O(n^2)$，因此，Dijkstra 算法在大规模场景中寻路效率比较低。

6.1.2 Floyd 算法

Floyd 算法是一种应用动态规划思想的多源最短路径算法，由美国斯坦福大学计算机科学系教授 Floyd 于 1962 年提出，主要用于求多源、无负权边的最短路径。其时间复杂度为 $O(n^3)$，虽然与重复执行 Dijkstra 算法 n 次的时间复杂度相同，但其形式简单，实际运算效果优于 Dijkstra 算法（Weisstein，2008；Floyd，1962）。

Floyd 算法基于图的带权邻接矩阵 **costs**，进行任意两点的最短路径搜索。其基本原理为：使用中间节点对两点之间的路径进行"松弛"操作，如果节点 v_i 到 v_j 能够经过节点 v_k 将其最短路径长度缩短，也就是从 v_i 到 v_k 的最短路径距离加上从 v_k 到 v_j 的最短路径距离之和小于当前 v_i 到 v_j 的最短路径距离，那么就更新其最短距离，经过 n 次迭代，就可以得到任意两点的最短距离长度，该算法示例如图 6.3 所示。

假定一个图中有 N 个节点，其节点编号为 1, 2, $\cdots$, N，令 d_{ij} 表示从节点 i 到节点 j 的一条最短路径的长度，在这条路径中只容许前 k 个节点，即节点 1, 2, $\cdots$, k 作为路径中的节点。如果没有这样的路径，则 $d_{ij} = \infty$。

定义 N 阶方阵 **D**，在计算过程中产生矩阵序列 $\boldsymbol{D}_{ij}^0$, $\boldsymbol{D}_{ij}^1$, $\cdots$, $\boldsymbol{D}_{ij}^k$。其定义为

$$\boldsymbol{D}_{ij}^0 = d_{ij}\langle v_i, v_j \rangle \tag{6.5}$$

$$\boldsymbol{D}_{ij}^k = \min(\boldsymbol{D}_{ij}^{k-1}, \boldsymbol{D}_{ik}^{k-1} + \boldsymbol{D}_{kj}^{k-1}), \quad 1 \leqslant k \leqslant N \tag{6.6}$$

式中：$\boldsymbol{D}_{ij}^0$ 为图的邻接矩阵；$\boldsymbol{D}_{ij}^k$ 为从 v_i 到 v_j 的中间节点的序号不大于 k 的最短路径的长度；$\boldsymbol{D}_{ij}^N$ 为最终从 v_i 到 v_j 的最短路径的长度。具体算法如下。

（1）将图中各个节点编号为 1, 2, $\cdots$, N，确定矩阵 **D**。矩阵 **P** 用于保存从节点 i 到节点 j 的中间节点，用于求最短路径。

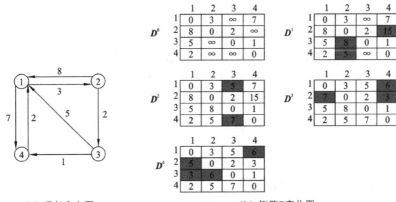

（a）带权有向图　　　　　　　　　（b）矩阵$\boldsymbol{D}$变化图

图 6.3　Floyd 算法示例

$$\boldsymbol{D}_{ij}^0 = \begin{cases} 0 \\ d_{ij}\langle v_i, v_j \rangle \end{cases} \tag{6.7}$$

如果 $\boldsymbol{D}_{ij}^0 = \infty$ 或 $i \neq j$，则 $\boldsymbol{P}_{ij}^0 = \infty$，表示从节点 i 不能达到节点 j。其他情况 $\boldsymbol{P}_{ij}^0 = 0$，表示节点 i 可以直接到达节点 j。

（2）对于 $k = 1, 2, \cdots, N$，依次由 $\boldsymbol{D}_{ij}^{k-1}$ 的元素确定 $\boldsymbol{D}_{ij}^k$ 的元素及相应的路径 $\boldsymbol{P}_{ij}^k$。

$$\boldsymbol{D}_{ij}^k = \min\{\boldsymbol{D}_{ij}^{k-1}, \boldsymbol{D}_{ik}^{k-1} + \boldsymbol{D}_{kj}^{k-1}\} \tag{6.8}$$

$$\boldsymbol{P}_{ij}^k = \begin{cases} k, & \boldsymbol{D}_{ij}^{k-1} \leqslant \boldsymbol{D}_{ik}^{k-1} + \boldsymbol{D}_{kj}^{k-1} \\ \boldsymbol{P}_{ij}^{k-1}, & \boldsymbol{D}_{ij}^{k-1} > \boldsymbol{D}_{ik}^{k-1} + \boldsymbol{D}_{kj}^{k-1} \end{cases} \tag{6.9}$$

当 $k = N$ 时算法结束，求出图中任意节点对之间的最短路径，即 $\boldsymbol{D}_{ij}^k$ 从 v_i 到 v_j 的最短路径的长度，$\boldsymbol{P}_{ij}^k$ 为相应的最短路径的中间节点，可逐步求解完整最短路径。

为了更直观地表达 Floyd 算法的思想，它的流程如图 6.4 所示。

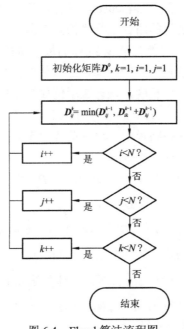

图 6.4　Floyd 算法流程图

Floyd 算法在计算最优路径前需要导入整个图的信息，计算量大且不能够处理权值为负值的情况，因此不适合在大型野外场景中使用（陈鹏，2009）。

6.1.3　A*算法

A*算法是一种效率高且能搜索到最优路径的启发式搜索算法（Hart et al.，1968）。该算法应用了启发函数的特性，使用启发函数计算出当前点的估价值，应用估价值来选取最优节点，最终搜索出一条最优路径（鲁毅 等，2022；张韬 等，2022；高涛，2021）。A* 算法结合了 Dijkstra 算法和最佳优先搜索算法的优势，它在一定程度上保留了 Dijkstra 算法搜索最短路径的能力，又引入了最佳优先搜索算法的贪婪策略，防止算法盲目地搜索，组合成了一个融合性的代价函数：

$$F(n) = G(n) + H(n) \tag{6.10}$$

式中：n 为图中任意节点；$F(n)$为 n 节点的综合值，A*算法通常以该值作为下一轮遍历节点选取的衡量标准；$G(n)$为起始节点到 n 节点的真实值，一般为两点之间的实际距离；$H(n)$为当前节点到目标节点的估计值，也称为启发函数，启发函数的计算有多种，如曼哈顿距离、欧氏距离等。

$$h(n) = \sqrt{(n_x - E_x)^2 + (n_y - E_y)^2} \tag{6.11}$$

$$h(n) = |n_x - E_x| + |n_y - E_y| \tag{6.12}$$

式中：(n_x, n_y)为算法访问的当前节点坐标；(E_x, E_y)为目标节点坐标。

该算法示例如图 6.5 所示。

A*算法每轮会从一个队列中寻找最优的节点作为下一轮的遍历节点，通常通过评估节点的代价值，也就是 F 值衡量节点的优劣。通过这种被称为启发式的搜索方式，A*算法避免了对大量的无用节点的遍历，极大地提高了搜索效率。具体算法如下。

（1）首先创建两个空表 open 列表和 close 列表，定义起始节点为 S，目标节点为 K。

（2）将起始节点 S 放入 open 列表中。

（3）寻找 open 列表中 $F(n)$值最小的节点 a 作为当前节点，若节点 a 是目标节点，则找到路径，退出循环，若不是，则继续下一步。

（4）把当前节点 a 从 open 列表中删除并放入 close 列表中，对节点 a 所有相邻节点进行判断：①如果相邻节点不在 open 列表和 close 列表中，将该节点添加到 open 列表中，用当前节点 a 作为该节点的父节点，并计算该节点的 $F(n)$值；②如果相邻节点已在 open 列表中，则再次计算该节点的 $F(n)$值，如果新 $F(n)$值小于旧 $F(n)$值，则用新 $F(n)$值替代旧 $F(n)$值，同时将该节点的父节点改为当前节点 a；③如果相邻节点已在 close 列表中，则忽略该节点。

重复执行步骤（3）和（4），若当前节点是目标节点或者 open 列表为空，则算法结束。

为了更直观地表达 A*算法的思想，它的流程如图 6.6 所示。

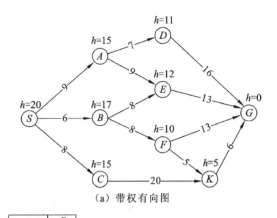

（a）带权有向图

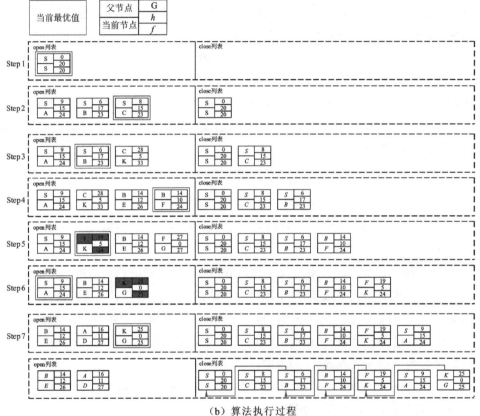

（b）算法执行过程

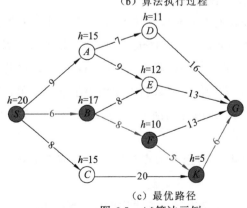

（c）最优路径

图 6.5 A*算法示例

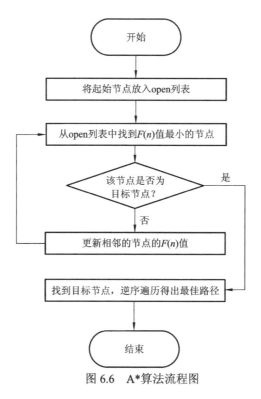

图 6.6　A*算法流程图

A*算法适用于静态环境下的路径规划应用，算法效率取决于启发函数定义的合理性，当启发函数启发性最弱时，A*算法退化为 Dijkstra 算法。A*算法并不适用于动态环境或未知环境下的路径规划，此时应使用 LPA*算法或 D*算法。

6.1.4　LPA*算法

LPA*（life planning A*）算法是 Koenig 和 Likhachev 在 2001 年共同提出的一种基于 A*算法的增量启发式搜索算法。LPA*算法实现原理是在使用 A*算法进行路径规划时，使用变量 rhs 代表每个栅格节点保存父节点的路径规划代价值，一旦此节点遇到障碍还可以应用保存的父节点的规划信息重新规划，而不必做全局的规划。当执行路径规划的路线遇到障碍时，只需要简单将相应栅格填充为障碍点，重复应用已经计算出的路径规划信息，只对估价值改变的栅格（增量）重新计算（徐开放，2017；Koenig et al.，2001）。

LPA*算法在路径规划时维护三个参数 $g(s)$、$rhs(s)$ 和 $h(s)$。其中 $g(s)$ 是节点 s 到出发位置的距离，与 A*算法中的 G 值相同。$rhs(s)$ 是当前节点父节点的估计值，当节点 $rhs(s)$ 值计算出来时赋予该节点的 $g(s)$。$h(s)$ 与 A*算法中的 H 值相同，是当前节点到目标位置的估测值。

$rhs(s)$ 是 LPA*算法引入的新变量，它的计算公式如式（6.13）所示，$Pred(s)$ 是节点 s 的父节点。

$$rhs(s) = \begin{cases} 0, & s = s_{goal} \\ \min_{s' \in Pred(s)}(g(s') + c(s',s)), & \text{其他} \end{cases} \tag{6.13}$$

LPA*算法的 $k(s)$ 值类似于 A*算法中的 F 值，作为节点优劣的衡量标准。$k(s)$ 计算公式如式（6.14）所示。

$$k(s) = [k_1(s) + k_2(s)] \qquad (6.14)$$

其中，$k_1(s)$、$k_2(s)$ 因子计算公式为

$$k_1(s) = \min(g(s), \text{rhs}(s) + h(s, s_{\text{goal}})) \qquad (6.15)$$

$$k_2(s) = \min(g(s), \text{rhs}(s)) \qquad (6.16)$$

根据更小的 $k(s)$ 值搜寻更优的路径节点，当一个节点 s 比另一个节点 s' 更优时，s 节点的 $k(s)$ 不大于 $k(s')$，即

$$k(s) \leqslant k(s') \Rightarrow \begin{cases} k_1(s) \leqslant k_1(s') \\ k_1(s) = k_1(s') \text{ 且 } k_2(s) \leqslant k_2(s') \end{cases} \qquad (6.17)$$

k_1 类似于 A*算法中的 $F(s)$ 值，k_2 类似于 A*算法中的 $G(s)$ 值，因此，LPA*算法的启发函数为

$$h(s, s_{\text{goal}}) = \begin{cases} 0, & s = s_{\text{goal}} \\ c(s, s') + h(s', s_{\text{goal}}), & \text{其他} \end{cases} \qquad (6.18)$$

若一个位置节点 s 到起始节点的距离 $g(s)$ 等于预估值，则认为局部一致，否则为局部不一致。LPA*算法维护一个总是包含局部不一致的优先队列，选择其中最小的关键值 $k(s)$ 节点进行扩展，这与 A*算法中选择 F 值最小的节点进行搜寻一样（张浩，2015）。

LPA*算法依据最小的 $k_1(s)$ 将节点加入队列中，并且遍历方向朝着 $k_2(s)$ 最小的节点，断开与其他节点的连接，直到目标节点 s_{goal} 为局部一致的，且下一步扩展的关键值等于目标节点的关键值，算法结束。算法流程见图 6.7，具体算法如下。

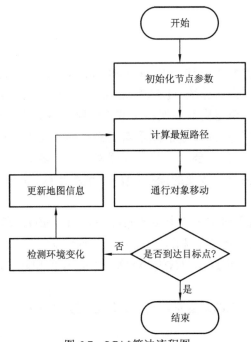

图 6.7　LPA*算法流程图

（1）初始化。到出发位置的距离 $g(s)$ 和起始距离的评估值 rhs(s) 都是无穷大，随后设置出发位置节点的 rhs(start)=0。因此 rhs(start)=0，$g(s)=\infty$，起始节点 s_{start} 成为第一个局部不一致的节点，加入优先队列。

（2）循环路径搜索。从优先队列中取出关键值 $k(s)$ 最小的节点，判断该节点的 $g(s)$ 与 rhs(s) 的关系。如果该节点 $g(s)>$rhs(s)，则存在更优的路径到达该节点，把 rhs(s) 值赋予 $g(s)$，然后对节点的所有子节点进行更新 rhs(s) 值运算。如果该节点 $g(s)<$rhs(s)，则令 $g(s)=\infty$，并对它的子节点和所有优先队列节点，根据式（6.13）重新计算 rhs(s)。如果 $g(s)=$rhs(s)，则把这个子节点从优先队列中删除；如果 $g(s)\neq$rhs(s)，则把这个位置节点加入优先队列。重复直到 rhs(goal)=g(goal)，并且下一步扩展的节点关键值等于目标节点关键值。如果 g(goal)=∞，则不存在到达目标位置的路径。

（3）路径生成。从目标节点的 s_{goal} 开始向 $g(s')+c(s',s)$ 值最小的父节点移动，直至到达出发位置，连接起来的路径即为最短路径。

（4）动态路径搜索和生成。当环境地图发生改变时，即有位置节点发生可通过和不可通过的变化时，重新计算 rhs(s)，如果 $g(s)=$rhs(s)，则把这个节点从优先队列中移除。如果 $g(s)!=$rhs(s)，则把这个位置节点加入优先队列，循环直到变化的栅格周围节点均局部一致。最后按照步骤（3）连接路径得到新的最短路径（张浩，2015）。

LPA*算法适用于在已知通行环境中，起点、终点不变，中间的障碍物改变的场景。相较于 A*算法在环境出现变化时重新规划起点到终点的路径，LPA*应用增量式搜索来提高多次重新规划路径的效率。因此，在通行环境变化不大的路径规划场景下，使用 LPA*算法能显著提高路径规划效率。

6.1.5 D*算法

D*算法是由 Stentz 于 1994～1995 年在 A*算法的基础上提出的。A*算法从起点开始搜索，搜索过程中保存了起点到当前节点的实际距离，当需要进行二次规划时，所保存的数据不可复用，需要重新搜索。而 D*算法从终点开始搜索，计算的是当前节点到终点的实际距离，进行二次规划时，未知障碍物附近位于全局路径上的节点到终点的那段规划好的路径信息可以再次应用，减少了数据的重复计算，提高了二次规划的效率（Tang et al.，2021；刘春霞，2016；Stentz，1995）。

与 A*算法类似，D*算法也采用估价函数来估计任意节点到目标节点的代价，选择代价最优的节点作为下一轮遍历节点。其估价函数为

$$f(j)=g(j)+h(j) \tag{6.19}$$

式中：$g(j)$ 为从终点到当前节点 j 的实际代价；$h(j)$ 为定义的启发函数，表示从当前节点到起点的最小代价的估计。对于给定的起始点 s 和终止点 d，创建两个空表 open 列表和 close 列表，分别用于存放可扩展的节点和已被选中在最优路径上的节点，D*算法流程如图 6.8 所示，具体算法如下。

（1）从终止点 d 开始搜索，将 d 加入 open 列表中。

（2）检测 open 列表是否为空，若为空，则路径规划失败；若为非空，则选择 open 列表中代价估计值 f 最小的节点作为待扩展节点 NextNode，将该节点从 open 列表中删

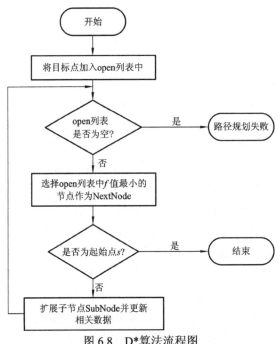

图 6.8 D*算法流程图

除并加入 close 列表中。若 NextNode 为起始点 s，则路径规划结束，执行步骤（4）；否则执行下一步。

（3）搜索 NextNode 节点的邻接节点，称为 SubNode 节点，如果有节点不在 open 列表中，则将其加入 open 列表，计算它对应的 g 值、h 值和 f 值，并将该节点设为它的父节点；对于已经在 open 列表中的节点，计算它最新的 g 值，并与旧的 g 值比较，若新值比旧值小，则重新计算其 h 值和 f 值并更新旧 g 值和旧 f 值，同时更改它的父节点为 NextNode 节点。跳转到步骤（2）执行。

（4）当检测到障碍物时，按照一定规则重新规划出局部新的路径。对 SubNode 的 g 值进行计算的公式为

$$g(\text{SubNode}) = g(\text{NextNode}) + g(\text{NextNode}, \text{SubNode}) \tag{6.20}$$

式中：$g(\text{NextNode}, \text{SubNode})$ 为当前节点 NextNode 到 SubNode 节点的实际代价（王帅军，2019）。

D*算法适用于未知通行环境中出现动态障碍的应用场景。相较于 A*算法，D*算法可以应用已获取的环境信息进行局部的路径更新，因此当有局部环境更新需求时，使用 D*算法的总体时间效率会比 A*算法高。

6.1.6 D* Lite 算法

D* Lite 算法是 Koenig 和 Likhachev 于 2002 年基于 LPA*算法提出的路径规划算法。LPA*算法从起点向终点进行搜索，D* Lite 算法与 D*算法都是从终点向起点进行搜索。因此，D* Lite 算法中的 $g(s)$ 和 $h(s)$ 也与 LPA*算法不同，$g(s)$ 表示从终点到当前节点的实际值，$h(s)$ 则是当前节点到起点的估计值，算法示例如图 6.9（徐开放，2017；张浩，2015；Koenig et al.，2002）所示。

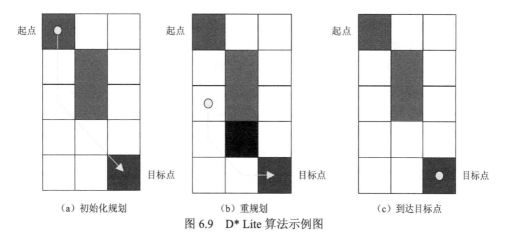

| (a) 初始化规划 | (b) 重规划 | (c) 到达目标点 |

图 6.9　D* Lite 算法示例图

rhs(s)记录 s 节点的父节点的 $g(s)$：

$$\text{rhs}(s) = \begin{cases} 0, & s = s_{\text{goal}} \\ \min_{s' \in \text{Pred}(s)}(g(s') + c(s', s)), & \text{其他} \end{cases} \quad (6.21)$$

当计算节点的综合评价值时，D* Lite 算法引入 LPA*算法的 $k(s)$ 计算公式，其中 $k(s)$ 包含 $k_1(s)$ 和 $k_2(s)$ 两个值，分别满足

$$k_1(s) = \min(g(s), \text{rhs}(s) + h(s, s_{\text{goal}})) \quad (6.22)$$

$$k_2(s) = \min(g(s), \text{rhs}(s)) \quad (6.23)$$

与 LPA*算法相对应，可以很容易得出

$$h(s, s_{\text{start}}) = \begin{cases} 0, & s = s_{\text{goal}} \\ c(s, s') + h(s', s_{\text{goal}}), & \text{其他} \end{cases} \quad (6.24)$$

D*Lite 算法流程如图 6.10 所示，具体算法如下。

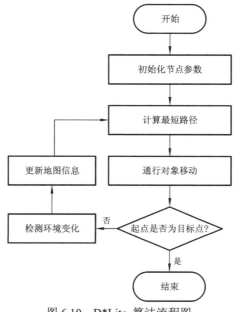

图 6.10　D*Lite 算法流程图

（1）初始化。所有节点的 $g(s)$ 值和 rhs(s) 值都是无限大的。根据式（6.21），s_{goal} 成为第一个局部不连续的节点，加入优先队列。

（2）计算最短路径。从目标节点开始，计算周围节点的 $k(s)$ 值，如果 $g(s) > rhs(s)$，那么把 rhs(s) 赋值给 $g(s)$。然后选择 $k(s)$ 值最小的节点作为下一轮遍历节点，再计算这个节点子节点的 rhs(s) 值，使 $g(s)$ 等于 rhs(s)。重复选择 $k(s)$ 值最小的节点进行遍历，直到 rhs(s) 等于 g(start)。

（3）路径生成。从当前位置向 $g(s') + c(s', s_{start})$ 值最小的节点遍历，s' 是节点 s 的子节点。s_{start} 为当前节点，在路径规划过程中，s_{start} 不断更新为当前节点。

（4）检查路径变化。检查路径上是否有节点发生可通过和不可通过的变化，如果存在变化的节点，则更新其 $k(s)$ 值，并更新受此节点影响的节点参数。然后根据步骤（3）查找下一步路径。

D* Lite 算法同样适用于未知环境下的路径规划应用场景，基于 LPA* 算法的增量搜索思想，D* Lite 算法从当前位置规划到目标位置的路径，在向目标位置接近的过程中，需要计算的数据量会随着靠近目标不断减少，同时在环境变化时仅更新影响最短路径的节点参数，因此 D* Lite 算法的路径效率更高。但是当状态空间比较大，也就是环境地图比较大时，采用的 D* Lite 算法的反向搜索过程需要维护的栅格节点数急剧增加，增加了搜索的时间复杂度（Koenig et al.，2004）。

6.2 智能优化路径规划算法

智能优化路径规划算法区别于传统基于搜索的路径规划算法，采取逼近策略得到全局最优解。陆地环境通行路径规划应用中常用模拟退火算法、蚁群算法、粒子群算法及遗传算法等经典智能算法。智能优化路径规划算法的效率通常较低，不适用于实时性较高的导航场景，大多被应用于离线的路径求解、寻优。

6.2.1 模拟退火算法

模拟退火（simulated annealing，SA）算法最早由 Metropolis 于 1953 年提出，是模拟加热熔化的金属的退火过程，来寻找全局最优解的有效优化算法之一。在金属退火过程中，往往先将金属加温熔化，使其中的分子可以自由运动，然后逐渐降低温度，使分子形成低能态的晶体。1983 年 Kirkpatrick 成功地将模拟退火算法应用于组合优化问题。模拟退火算法是模拟热力学中经典粒子系统的降温过程，来求解规划问题的极值。当孤立粒子系统的温度以足够慢的速度下降时，系统近似处于热力学平衡状态，最后系统将达到本身的最低能量状态，即基态，这相当于能量函数的全局极小点（杜宗宗，2009；蒋卓强，2007；Kirkpatrick et al.，1983；Metropolis et al.，1953）。

模拟退火算法用 Metropolis 算法产生组合优化问题解的序列，并由与 Metropolis 准则对应的转移概率 p：

$$p(i \Rightarrow j) = \begin{cases} 1, & \text{fit}(j) \leqslant \text{fit}(i) \\ \exp\left(\dfrac{\text{fit}(i) - f(j)}{t}\right), & \text{fit}(j) > \text{fit}(i) \end{cases} \qquad (6.25)$$

由式（6.25）确定是否接受从当前解 i 到新解 j 的转移。式中的 $t \in \mathbf{R}^+$ 表示控制参数，开始时让 t 取较大的值（与固体的溶解温度相对应），在进行足够多的转移后，缓慢减小 t 的值，如此重复，直至满足某个停止准则时算法终止。因此，模拟退火算法可视为递减控制参数时 Metropolis 算法的迭代。

算法流程如图 6.11 所示，具体算法如下。

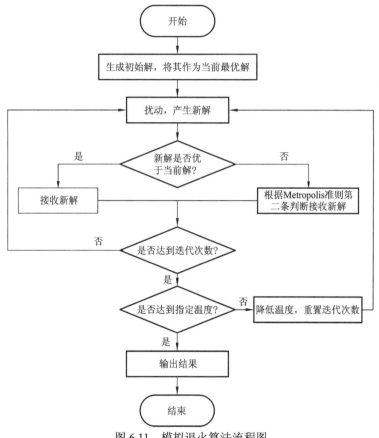

图 6.11　模拟退火算法流程图

（1）给定初温 $t=t_0$，随机选择一个初始解 $S_i=S_0$，令 $K=0$。

（2）若在该温度达到内循环停止条件，则跳转到步骤（3）；否则，产生新状态 $S_j=$ Generate(S_i)，若 $\min\left(1, \exp\left[\dfrac{\text{fit}(S_i) - \text{fit}(S_j)}{t_k}\right]\right) \geqslant \text{random}[0,1]$，则 $S_i=S_j$，重复步骤（2）。

（3）$t_{k+1}=$update(t_k)，并令 $k=k+1$；若满足停止条件，终止计算，否则回到步骤（2）。

（4）输出最后一个结果为最优解。

模拟退火算法具有局部搜索能力强、算法效率高的特点，但是全局搜索能力差，容易受到参数设置的影响，陷入局部最优解。

6.2.2　蚁群优化算法

蚁群优化（ant colony optimization，ACO）算法是一种仿生迭代式的概率性搜索算法，由 Dorigo 于 1992 年在其博士论文中提出。蚂蚁没有视觉、体积小，但却可以准确寻找到食物，同时找到一条最短路径搬运回巢，当已知障碍物消失或者出现新的障碍物时，蚁群都能准确调整。经生物学家的研究，发现关键原因在于蚂蚁可以通过感知其他同伴分泌在空气中的"信息素"进行信息交换，这种机制使整个蚁群具有群体智能（安林芳，2017；Dorigo，1992）。

信息素浓度的大小表征路径的远近，信息素浓度越高，表示对应的路径距离越短。通常蚂蚁会以较大的概率优先选择信息素浓度较高的路径，并释放一定量的信息素，以增强该条路径上的信息素浓度，这样会形成一个正反馈。最终，蚂蚁能够找到一条从巢穴到食物源的最佳路径，即距离最短路径。

蚁群优化算法的建模：在 t_0 时刻，将 m 只蚂蚁随机放置在 n 个目标中，初始化所有路径的信息素浓度，t 时刻边(i,j)上的信息素浓度表示为 $\tau_{ij}(t)$，t_0 信息素浓度为 $\tau_{ij}(0)$。后续任意一只蚂蚁都根据信息素浓度来决定移动方向，其选择概率为

$$p_{ij}^k(t) = \begin{cases} \dfrac{[\tau_{ij}(t)]^\alpha [\eta_{ij}(t)]^\beta}{\sum\limits_{s \in a_k} [\tau_{is}(t)]^\alpha [\eta_{is}(t)]^\beta}, & j \in a_k \\ 0, & \text{其他} \end{cases} \tag{6.26}$$

式中：$p_{ij}^k(t)$ 为蚂蚁 k 在 i 点选择 j 点的概率；a_k 为待访问点集合；α 为信息度重要因子，α 越大，蚂蚁更加依赖信息素选择下一条路线；β 为启发函数重要度因子，β 越大，下一条路线的选取则更加依赖路径长度；$\eta_{ij}(t) = 1/d_{ij}$ 为从目标点 i 到目标点 j 的启发式因子，d_{ij} 为蚂蚁构建的 Tour^k 路径长度。信息素更新满足以下条件：

$$\tau_{ij}(t+1) = (1-\rho)\tau_{ij}(t) + \Delta\tau_{ij} \tag{6.27}$$

$$\Delta\tau_{ij} = \sum_{k=1}^m \Delta\tau_{ij} \tag{6.28}$$

式中：$\rho \in (0,1]$ 为信息素挥发系数；$\Delta\tau_{ij}^k$ 为蚂蚁 k 在边(i,j)上留下的信息素，取值一般有以下三种方式。

蚁周模型，是最常用的信息素更新模型，如式（6.29）所示：

$$\Delta\tau_{ij}^k = \begin{cases} \dfrac{Q}{d_{ij}}, & (i,j) \in \text{Tour}^k \\ 0, & \text{其他} \end{cases} \tag{6.29}$$

式中：Tour^k 为当前迭代最优解集；Q 为常量。

蚁密模型与蚁量模型类似，属于局部信息素更新，与蚁周模型的区别在于它们的信息素增量是固定的 Q，如式（6.30）所示：

$$\Delta\tau_{ij}^k = \begin{cases} Q, & (i,j) \in \text{Tour}^k \\ 0, & \text{其他} \end{cases} \tag{6.30}$$

具体算法流程如图 6.12 所示。

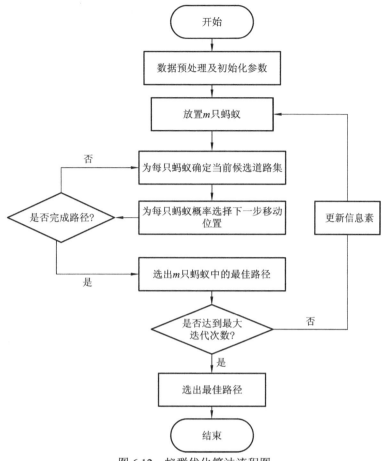

图 6.12 蚁群优化算法流程图

蚁群优化算法通过不断迭代模拟蚁群觅食的行为，算法具有较好的全局优化能力、易于计算机实现等优点，但也存在计算量大、易陷入局部最优解等劣势。

6.2.3 粒子群优化算法

粒子群优化（particle swarm optimization，PSO）算法是一种基于种群行为的随机智能优化算法，最早是由 Eberhart 和 Kennedy 提出的。PSO 算法作为一种自然进化算法，通过模拟昆虫、鸟群、兽群和鱼群等生物的群集行为而被提出，经过研究发现这些生物群体共同的特点是能够按照一定的合作方式寻找食物，并且通过学习自身的经验和其他个体成员的经验，不断进化改变各自的搜索模式，最终向包含全局最优解的区域靠拢（张津源，2021；杨小兵，2016；Kennedy et al.，1995）。

PSO 算法原理用数学方式可表示为：假设在一个 D 维的搜索空间中，存在一个由 n 个粒子组成的种群 P，这些粒子都以一定的速度飞行。其中可以把这 n 个粒子表示为 $x=\{x_1, x_2, \cdots, x_n\}$，这些粒子的速度为 $v=\{v_1, v_2, \cdots, v_n\}$，而其中每个粒子的位置都表示为一个 D 维的向量 $X=(x_{i1}, x_{i2}, \cdots, x_{iD})$ $(i=1, 2, \cdots, n)$，第 i 个粒子在 m 维的搜索空间中的位置为 x_{im}。

在算法的过程中，粒子根据各自速度的变化来更改自己的位置，第 i 个粒子的速度为 $V=(v_{i1}, v_{i2}, \cdots, v_{iD})$ $(i=1, 2, \cdots, n)$，并且该粒子经历过最好的历史位置表示为 $p_i=(p_{i1}, p_{i2}, \cdots, p_{iD})$ $(i=1, 2, \cdots, n)$，而所有的粒子经历的最优位置为 $g_i=(g_{i1}, g_{i2}, \cdots, g_{iD})$ $(i=1, 2, \cdots, n)$。将各个粒子的位置 X 代入目标函数得到函数值，即适应度值，通过比较适应度值，就可以衡量出所有粒子的好坏。这里以寻找最小值为例，个体迭代公式如式（6.31）所示。

$$P_i^{n+1} = \begin{cases} f(X_i^{n+1}), & f(X_i^{n+1}) < P_i^n \\ P_i^n, & \text{其他} \end{cases} \tag{6.31}$$

粒子的速度和位置的变化公式如式（6.32）和式（6.33）所示：

$$v_{id}^{k+1} = v_{id}^k + c_1 r_1 (p_{id}^k - x_{id}^k) + c_2 r_2 (p_{gd}^k - x_{id}^k) \tag{6.32}$$

$$x_{id}^{k+1} = x_{id}^k + x_{id}^{k+1} \tag{6.33}$$

式中：$i=1, 2, \cdots, m$；$d=1, 2, \cdots, D$；r_1 和 r_2 为[0, 1]之间的随机数。其中，第一部分 v_{id}^k 表示粒子 i 在 k 次迭代中第 d 维的当前速度，即为粒子向搜索区域的飞行速度，并受之前速度的影响而惯性运动。第二部分 $c_1 r_1 (p_{id}^k - x_{id}^k)$ 主要取决于两个因素，第一个是参数 c_1，也称为"认知"学习因子；第二个是当前粒子历史最优位置与当前位置的距离，该距离可以看作当前粒子适应度值与其本身历史最优适应度值的差值。可以将第二部分称为"认知"部分，表示粒子对其本身的思考，也就是根据粒子已有的经验来影响自己的运动。一般情况下，粒子在相互作用下通过信息共享的方式，粒子群体可以不断搜索新的空间。如果没有该部分，各粒子无法应用自身进化过程中的历史信息，算法极容易陷入局部最优解。第三部分 $c_2 r_2 (p_{gd}^k - x_{id}^k)$ 也取决于两个因素，第一个是参数 c_2，称为"社会"学习因子，该参数能够调节粒子向全局最好位置飞行的步长；第二个是全体粒子当前最优解和当前粒子解的绝对差值，该绝对差值反映了粒子当前位置与群体全局最优位置的距离。第三部分也称为"社会认知"部分，该部分可以加强群体的信息交流，整个群体的信息可以被共享，如果没有这部分，各个粒子之间就没有交互作用，相当于群体被分割成单体，因而会降低得到最优解的概率。其中 X_{id}^k 是粒子 i 在 k 次迭代中第 d 维的当前位置。

算法流程如图 6.13 所示。

粒子群优化算法从随机解出发，迭代寻找最优解，通过适应度来评价解的品质，通过追随当前搜索到的最优解来寻找全局最优解。与模拟退火算法相似，粒子群算法虽然收敛速度很快，但也容易陷入局部最优解。

6.2.4　遗传算法

遗传算法（genetic algorithm，GA）起源于对生物系统进行的计算机模拟研究，由美国密歇根大学的 Holland 教授于 1975 年首先提出，其学生在论文中通过大量的试验，尝试将遗传算法的思想应用于最优化问题，创造了这种基于生物遗传和进化机制、适用于复杂系统优化的自适应概率优化技术。根据自然界适者生存的法则，对种群中优秀个

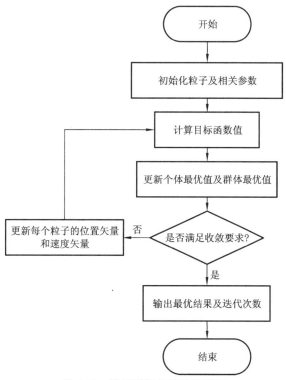

图 6.13　粒子群优化算法流程图

体的基因进行遗传。每个个体的染色体通过选择、交叉和变异等过程产生新的适应度更大的染色体，其中适应度越大的个体越优秀，种群得到优化，得到的解越逼近最优解，种群重复迭代不断优化，最终得到目标问题的最优解（卢昌宇，2020；丁家会，2019；Holland，1975）。

遗传算法是一种全局搜索算法，应用遗传算法对构建模型进行求解时，根据实际问题的初始解进行编码形成基因串（基因串即染色体），经过选择、交叉、变异后形成新的染色体，新形成的染色体比之前的染色体更接近最优解。再经过不断的迭代，一直得到最优解，遗传算法的主要步骤是编码与解码、确定初始种群、确定适应度函数、选择、交叉和变异（王雪兵，2021）。

（1）编码与解码：使用遗传算法进行求解时，第一步是将可行解进行编码组成基因字符串，这些字符串相当于自然界生物的染色体。编码的优劣影响后续染色体的选择、交叉和变异，从而影响最优解的获得，因此在设计编码策略时需要遵循非冗余性、完备性、健全性等原则。解码则是将字符串恢复为原始信息的过程。

（2）确定初始种群：确定初始种群是进行遗传算法的第二步，初始种群是遗传算法的初始解。初始种群大小会影响遗传算法的计算速度和最优解的质量，初始种群的数量一般为 30～200，种群太小，在求解过程中容易过早地收敛，陷入局部最优；种群太大，用遗传算法求解的计算量增大，增加求解的时间，降低求解的速度。

（3）确定适应度函数：适应度函数用来判断染色体的优劣，它的确认与目标函数密切相关。当目标函数是非负数时，目标函数可以作为适应度函数；当目标函数是负数时，因为适应度函数不能为负数，目标函数不能作为适应度函数，但是目标函数可以通过变形成为正数再作为适应度函数。适应度越高种群的优良性越好，遗传给下一代的可能性越大，此时的解越接近最优解。

（4）选择：遗传算法的选择是通过适应度来实现的，通过适应度函数计算适应度，选择适应度值大的个体进行种群的迭代。随着种群不断地迭代，更多优秀的基因遗传给下一代以得到适应度值更大的后代，此时得到的解更接近最优解。因此选择合适的算子进行迭代，可以提高所求解的质量，每一次迭代遗传给下一代的基因更靠近最优解，可以将这种通过种群不断迭代得到最优解的过程称为试根的过程。

（5）交叉：交叉又称重组，是在选择复制操作之后进行的。遗传算法交叉的过程是按照规定的交叉概率选择交叉点，交换两个交叉点的基因片段，产生不同于交叉之前的染色体，从而生成新的种群，新的种群保留了优秀的基因。经过交叉操作之后形成的染色体的适应度更高，染色体更优秀，迭代后得到的子代更接近问题的最优解。交叉是将父代看成起点，结合父代染色体的特征形成新的染色体的过程，可以看成通过已知最优解的规模，根据一个解寻找未知最优解的过程。

（6）变异：遗传算法在经过选择、交叉操作过程之后进行变异操作。变异是将染色体的部分基因以很小的概率来进行变异，通过将染色体的基因片段用一些等位基因片段进行交换，变异操作能够提高染色体的多样性，有效地防止选择和交叉操作过程中一部分信息的遗失。

遗传算法流程如图 6.14 所示。

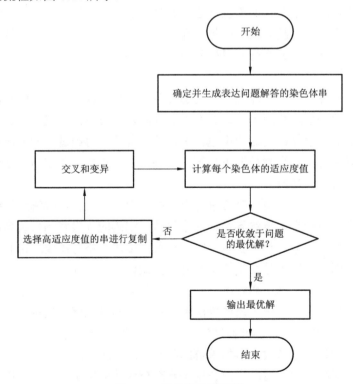

图 6.14　遗传算法流程图

遗传算法的实现简单、通用，鲁棒性强，适合并行处理，但算法效率取决于求解问题进行染色体编码的准确性，因此比较考验使用者对求解问题的理解深度。

6.3 越野路径规划模型优化算法

陆地环境路径规划通常是在陆地场景中为不同的通行对象规划出一条或多条符合特定约束的通行路径，其步骤通常分为环境建模、路径规划和路径表达。环境建模是将实际的物理场景抽象成算法可以处理的抽象场景，实现两种场景之间的相互映射，生成通行模型；路径规划是在通行模型的基础上使用路径规划算法规划出若干条通行路径；为了使规划出的路径更符合实际运动规律，需要对其进行进一步的平滑处理。结合作者团队当前的研究成果，本节介绍基于六角格网改进的优化遗传算法、基于多层次六角格网通行模型的优化 A*算法和越野路径轨迹优化方法。

6.3.1 基于六角格网改进的优化遗传算法

基于六角格网改进的优化遗传算法主要在格网形状选择、自然环境模拟方式、多条件约束等方面进行优化，在陆地环境通行路径规划应用中得到最优的规划结果，具体优化方式如下。

（1）在进行地形量化时采用六角格网。与三角形和矩形相比，六角格网有六个等距通行方向，六角格网邻接关系简单，且平面覆盖率更高，可以更加全面地模拟陆地通行环境，简化运算。

（2）对陆地通行环境进行模拟时，充分考虑地表覆盖类型、高程、水系等静态因素的影响，引入气象因素和地质灾害（如滑坡、泥石流等）动态因素，更能真实合理地模拟通行环境，提升路径规划的准确性。

（3）该算法针对陆地环境通行路径规划需求，进行了最短路径、最短通行时间和最佳通行条件等多个约束方面的研究，规划最优路径。

遗传算法是通过模拟自然选择的生物进化搜索最优解的方法。将遗传算法应用于路径规划中，以路径种群的所有路径作为生物群，通过对路径种群进行一系列的选择、交叉和变异操作，路径种群经过进化操作后，最终生成最优路径。对路径种群中个体进行编码、路径种群初始化设定、以通行需求为依据的适应度函数设计、路径种群生物进化操作设计和遗传算法参数设置 5 个步骤，是遗传算法在越野路径规划中应用的核心内容。与其他路径规划算法相比，遗传算法是全局寻优算法，有较强的搜索能力；遗传算法在寻求最优解时，对整个搜索空间进行认知并且能够根据适应性准则在搜索过程中选择获取最优解；应用该算法进行越野路径规划时，可以得到全局最优解；遗传算法可以适用于周围节点消耗不同的情况，根据格网的不同通行能力进行路径规划，每个格网对应的消耗不同。

采用改进后的遗传算法进行最优路径求解。主要步骤包括：路径种群染色体编码设计、路径种群初始化、构建以需求为基础的评价种群优劣的适应度函数、路径选择、路径交叉、路径变异，通过全局搜索得到最优路径。应用全局规划得到一条约束条件下的无阻碍的路径。该算法以六角格网构建的二维平面图形来表示移动目标的运动空间，以越野通行影响因子对六角格网的通行能力进行量化，以量化后的六角格网的通行能力为基础构建适应度函数，通过适应度函数对路径种群进行不断地优化选择。

1. 染色体编码

常用的染色体编码有实数编码、二进制编码和树编码，不同的编码方式适用不同的场景。本小节采用实数编码的方法来表示六角格网点的位置信息，实数编码的染色体省去编码和解码过程。移动目标的通行路径由以起点编码开始、终点编码结束的一条连续的六角格网编码构成。假设路径中有 n 个节点，c_i 表示第 i 个六角格网对应的编码，也为该路径对应的染色体上的基因。该染色体表示为 $C = \{c_s, c_1, c_2, \cdots, c_n, c_q\}$。

2. 路径初始化

为了得到移动目标的最优路径，首先要对种群进行初始化，初始化路径随机生成。可通行路径和不可通行路径均包含在随机生成的路径中，不可通行路径进行交叉时很可能产生不可通行路径，不可通行路径在遗传进化过程中会大大降低算法的搜索效率，因此在该算法中引入了爬坡阈值作为前置因子，对随机生成的路径进行爬坡判断，将不满足爬坡阈值的路径进行筛选，保证随机初始化的路径均为可通行路径，加快收敛速度，在进行路径规划时，对包含不可通行格网的节点进行去除，防止产生无效路径，保证路径的可通行性。爬坡阈值判断式为

$$S = \frac{h_0}{\sqrt{3}a} \tag{6.34}$$

式中：a 为六角格网边长；h_0 为相邻格网的高程差；S 为相邻格网间的坡度。

将爬坡阈值设为 S_0，当初始化路径上的所有相邻格网间的坡度 S 均小于爬坡阈值 S_0 时，则对该路径进行保留，将不可通行的格网通行能力设为 0，对路径中格网的通行能力进行判断，若存在通行能力为 0 的格网则去掉该路径，反之则保留对应路径。初始化路径应满足爬坡阈值和路径中格网可通行两个要求。将符合要求的路径进行保留，作为初始化路径中的一条，直至生成对应种群规模的路径数量为止。

3. 适应度函数构建

适应度函数是个体对环境适应性的评价。越野路径规划要兼顾路径距离长度和路径通行时间，适应度函数的作用就是根据路径规划的目标对路径进行优劣的评价与选择。该算法将适应度函数路径通行时长最短作为评价路径的标准。路径通行时长主要受格网通行能力和路径中格网数量的影响。

1）最短通行时间适应度函数定义

当通行对象从当前格网移动到下一个格网时，所前进的实际距离为 d_i，则距离 d_i 为

$$d_i = \sqrt{(\sqrt{3}a)^2 + h_i^2} \tag{6.35}$$

式中：a 为格网的边长；h_i 为相邻格网的高程差。

综合各类影响因素影响下的格网通行速度：

$$v_i = \begin{cases} a_1 v_{1i} + b_1 V_{ai}, & \text{轮式车辆} \\ a_2 v_{2i} + b_2 V_{bi}, & \text{履带式车辆} \end{cases} \tag{6.36}$$

设当前格网的通行能力为 v_i，相邻格网通行能力为 v_{i+1}，则通过相邻两个格网所用时间 t_i 为

$$t_i = \frac{d_i}{2v_i} + \frac{d_i}{2v_{i+1}} \tag{6.37}$$

设路径中共有 n 个格网，则该路径所用总时长 T 为

$$T = \sum_{i=1}^{n-1} t_i \tag{6.38}$$

最短通行时间对应的适应度函数 f_1 为

$$f_1 = \frac{1}{T} \tag{6.39}$$

2）最佳通行条件适应度函数定义

最佳通行条件适应度函数定义为路径整体的平均速度系数，格网的通行能力以该格网对应的速度系数表示，速度系数越大，则格网的通行能力越强，该格网对车辆通行的负面影响越小。因此，当路径平均速度系数越大时，对应的通行条件越佳。路径整体通行系数 K 为

$$K = \sum_{i=1}^{n} k_i \tag{6.40}$$

式中：k_i 为格元的通行系数；n 为路径中格网总个数。

最佳通行条件对应的适应度函数 f_2 为

$$f_2 = \frac{K}{n} \tag{6.41}$$

3）最短路径适应度函数定义

设路径中格元数量为 n，则该路径总距离 L 为

$$L = \sum_{i=1}^{n-1} d_i \tag{6.42}$$

最短路径对应的适应度函数 f_3 为

$$f_3 = \frac{1}{L} \tag{6.43}$$

4. 遗传算子

遗传算子是遗传算法中非常重要的组成部分，不同的遗传算子会影响算法的性能和搜索效果。因此，应用遗传算法时，需要根据应用场景的特点选择合适的遗传算子，并进行适当的参数调整，以取得最优解。该算法使用选择算子、交叉算子和变异算子三种算子，并针对陆地环境通行规划应用场景进行算子参数优化。

1）选择算子

该算法中适应度函数综合考虑通行时间最短、路径距离最短和最佳通行条件等多个方面，根据适应度函数定义[式（6.39）、式（6.41）和式（6.43）]可知，适应度函数 f 值越大，越野路径越适宜通行，路径个体的适应度越高，路径越符合实际需求。为了能够对优秀的越野路径进行保留，保证优秀个体的路径基因，该算法采用轮盘赌的方式和精英策略进行选择，这样可以最大限度地保证优秀路径不会在选择中丢失。轮盘赌选择方法以适应度函数作为筛选路径的标准，路径被选中的概率与其对应的适应度成正比。如图 6.15 所示，路径 1、路径 2、路径 3 和路径 4 对应的概率分别为 15%、30%、45% 和 10%。路径对应的概率代表该路径被选择进行保留的可能性，概率越大，则该路径作为优秀个体被保留的机会越大。值得一提的是，在对路径种群进行选择操作后需要对新生成的路径种群进行去重操作，这是为防止重复的个体影响运算效率。以精英策略和轮盘赌对路径种群进行选择，可以更大限度地保留优秀的路径，以保证进入下一代的路径是唯一的且无重复的，确保物种的唯一性。

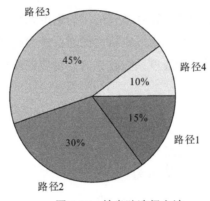

图 6.15　轮盘赌选择方法

2）交叉算子

该算法采用单点交叉法（Immanuel et al.，2019）对种群中所有路径进行两两交叉操作，进行过交叉操作的路径不再进行新的交叉操作。父代 1 和父代 2 两条路径进行交叉操作，通过生成随机数与交叉概率比较来确定路径是否进行交叉操作，若发生交叉，则随机产生一个路径长度范围内的整数作为交叉点的起点，随机产生一个种群范围内的整数作为被交叉的对象。假设父代 1 第 i 个个体的交叉点位置是 k，并且交叉对象是第 j 个个体，第 i 个个体交叉之后的新个体子代 1 路径为 i 个体 k 位置之前部分和 j 个体 k 位置之后部分的结合，新个体子代 2 路径为 j 个体 k 位置之前部分和 i 个体 k 位置之后部分的结合，如图 6.16 所示。

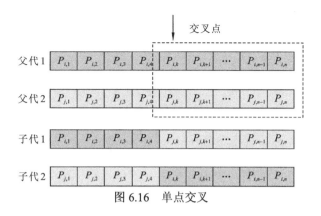

图 6.16　单点交叉

3）变异算子

该算法通过创建随机数与变异概率比较来确定路径个体是否发生变异操作。若发生变异操作，则随机产生一个路径长度范围内的两个整数作为变异的位置，将该路径上两个位置中间路径进行变异，父代路径产生变异的位置为 k_1、k_2，则将父代路径中 k_1 位置之前和 k_2 位置之后的部分进行保留，k_1 位置和 k_2 位置之间的部分进行变异产生新的路径段，子代为 k_1 位置前的父代路径段，由 k_1、k_2 之间变异产生的新的路径段及父代 k_2 位置后的路径段组合而成，如图 6.17 所示。通过变异操作产生的新路径不一定能够满足通行限制条件，因此需要对路径进行可行性判断，若满足可通行性则对该变异后的路径进行保留，否则该路径不会遗传到下一代中。相关研究中变异概率一般为 0.001～0.4。

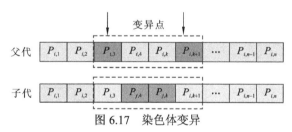

图 6.17　染色体变异

5. 自适应调整

交叉概率（P_c）和变异概率（P_m）对遗传算法的收敛性和路径求解质量起到关键性的作用（Almansour et al.，2020），传统的遗传算法中 P_c 和 P_m 通常为固定不变的，这对种群的进化产生不利的影响，影响收敛速度。当 P_c 值设置过大时，适应度大的优质个体会被破坏，影响种群的平衡性，然而 P_c 值设置过小则严重影响种群进化速度；当 P_m 选择过大时，种群进化方向不定性过高，不利于保留优势个体，当 P_m 选择过小，则产生的新个体过少，在进行规划的路径中不易寻得全局最优解。综上，采用固定值的 P_c 和 P_m 对路径规划会产生不利的影响，难以满足路径规划的要求。针对这一现实问题，该算法对交叉概率和变异概率与路径种群进行结合，以适应度作为调整依据，通过判断条件确定交叉概率和变异概率的值，调整后的交叉概率和变异概率分别如式（6.44）、式（6.45）所示：

$$P_c = \begin{cases} \dfrac{k_1}{(P_{c1} - P_{c2}) + \exp\left(\dfrac{f - f_{av}}{f_{max} - f_{av}}\right)}, & f \geqslant f_{av} \\ 0.8, & f < f_{av} \end{cases} \tag{6.44}$$

$$P_m = \begin{cases} \dfrac{k_2}{(P_{m1} - P_{m2}) + \exp\left(\dfrac{f_0 - f_{av}}{f_{max} - f_{av}}\right)}, & f_0 \geqslant f_{av} \\ 0.2, & f_0 < f_{av} \end{cases} \tag{6.45}$$

式中：f_{av} 为每代种群的平均适应度；f 为要进行交叉操作的 2 个个体中较小的适应度值；f_0 为要进行变异操作的个体对应的适应度值；k_1、k_2 均为常数，区间为[0.6, 1]。

该算法中式（6.44）、式（6.45）中的相关参数设置为：交叉概率 $P_{c1} = 0.9$、$P_{c2} = 0.6$；变异概率 $P_{m1} = 0.2$、$P_{m2} = 0.1$；$k_1 = 0.9$、$k_2 = 0.8$。

6. 优化路径尖角

对生成的路径进行尖角判断，基于六角格网的路径尖角主要指路径前进过程中出现闭合环路并回到路径中某个节点的邻接节点的情况。对路径中各个节点进行分析，判断是否存在尖角情况，若有则对尖角部分进行优化去除。尖角优化可以较好地保证路径的通行效率，去掉不必要的路段，优化路径。

基于六角格网改进的优化遗传算法流程如图 6.18 所示。

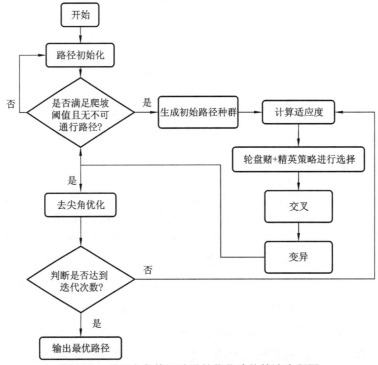

图 6.18 基于六角格网改进的优化遗传算法流程图

采用改进后的遗传算法进行越野路径规划，首先判断初始化的路径是否满足爬坡阈值和路径可通行的限制条件，若满足对路径进行保留，继续生成新的路径，直到满足路径中种群初始数量的路径为止；对初始种群的路径进行适应度计算，计算每条路径对应的适应度值，结合精英策略和轮盘赌方法对种群进行选择，将优秀的路径进行保留；对路径种群中的个体进行交叉和变异操作，不断引入新的路径使路径种群进化，防止过早地陷入局部最优；直到达到迭代次数，停止进化操作，输出最优路径。该算法通过设置爬坡阈值这一前置因子减少无效路径的生成，自适应地调整交叉概率和变异概率，加快收敛速度，进而对路径种群进行更新和迭代。

6.3.2　基于多层次六角格网通行模型的优化 A*算法

基于多层次六角格网通行模型的优化 A*算法通过将大规模陆地通行环境生成为多层次六角格网通行模型，显著降低通行模型的格网数量，进而提升路径规划算法的运行效率，同时优化 A*算法，使其适应多层次六角格网通行模型的格网组织特性，发挥多层次格网优势。

1. 多层次六角格网通行模型的生成

多层次六角格网通行模型的构建需要经历格网层次压缩与邻接关系重构两个过程。其具体步骤为：①将格网地图中的所有格网作为初始集合 S_1；②对 S_1 中的格网进行格网层次压缩，将被压缩的格网组成集合 S_2，再对 S_2 进行邻接关系重构，将 S_2 从 S_1 中删除，生成集合 S_3；③将 S_2 作为步骤②中的 S_1，重复步骤②，当 S_2 为空时，将步骤②每次生成的集合 S_3 合并，生成多层次六角格网通行模型。

1）格网层次压缩

基于相邻格网层级之间的涵盖关系，提出了多层次格网压缩算法，该算法将通行能力相似的邻接子格网合并为父格网。设一组邻接子格网集合 C 的通行能力为 s_i $(i = 1, 2, \cdots, n)$，σ 为 C 中所有格网通行能力的相似度，则有

$$\sigma = \sqrt{\frac{\sum\limits_{i=1}^{n}(s_i - \overline{s})^2}{n}} \tag{6.46}$$

当相似度小于或等于格网相似度阈值 ρ 时，即 $\sigma \leqslant \rho$，集合 C 中所有格网表达的通行环境相似，可以被压缩为父格网，压缩后生成的父格网通行能力为 W，计算公式为

$$W = \frac{\sum\limits_{i=1}^{n} s_i}{n} \tag{6.47}$$

2）邻接关系重构

在多层次六角格网地图中，原先格网邻接关系失效，路径规划算法不能够正确执行，因此需要重新构建格网邻接关系。设格网 T 的子格网为集合 A，A 的邻接格网为集合 U，则格网 T 的邻接格网集合 $B = \{x, x \in U \text{且} x \notin A\}$，如图 6.19 所示，橙色部分为集合 B。再将格网 T 增添到 B 中格网的邻接格网集合，邻接关系重构完成。

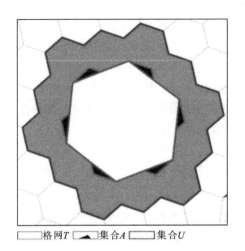

□格网T □△集合A □集合U

图 6.19 邻接关系求解示意图

扫描封底二维码看彩图

在多层次格网地图中,不同尺寸格网会出现部分未覆盖或格网重叠的问题,如图 6.20 所示,这些问题会导致地理坐标不能映射到格网或映射格网冲突。为了解决这个问题,基于多层次格网剖分系统地理坐标与格网映射机制,模型按照由格网地图低层级逐级向高层级转换的策略,计算地理坐标对应的格网索引,消除格网地图逻辑上空缺与重叠部分的问题。

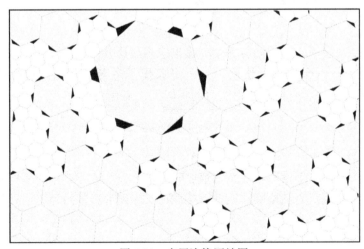

图 6.20 多层次格网地图

扫描封底二维码看彩图

如图 6.21(a)所示,获取坐标点 a 所在格网时,虽然格网 A 与格网 B 存在叠加关系,但按照由低层级逐级向高层级转换策略,坐标点 a 会被定位到格网 B。获取坐标点 b 所在格网时,会首先得到格网 C,而格网 C 已被压缩为父格网 A,因此坐标点 b 被定位到格网 A。实际上,格网 A 所覆盖的区域为区域 B,如图 6.21(b)所示。

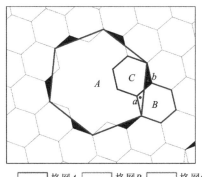 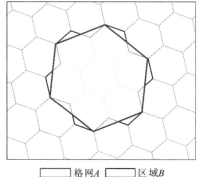

（a）坐标点与格网对应关系　　　　　　（b）格网覆盖区域

图 6.21　多层次格网坐标点与格网对应关系及格网覆盖区域

扫描封底二维码看彩图

2. 基于优化 A*算法的路径规划算法

A*算法作为启发式算法，通过对启发函数的设计，可以减少无谓的路径搜索，缩小搜索范围，提高搜索效率，其启发函数可以表示为

$$F(n) = G(n) + H(n) \tag{6.48}$$

式中：$F(n)$ 为当前格网 n 的综合估计值，当需要遍历下一个格网时，算法总会选取综合估计值优先级最高的格网；$G(n)$ 为当前格网 n 距离起始点的实际代价；$H(n)$ 为当前格网 n 距离终点的预估代价。

为了适应多层次格网地图格网大小不一的特点，该算法摒弃通过格网数乘以格网大小计算当前格网 $G(n)$ 的方式，转而采用从起点到当前格网 n 所经过格网距离之和计算 $G(n)$，如式（6.49）所示。D_i 为从起点格网到当前格网 n 所经过的第 i 段路径，如图 6.22 所示。

$$G(n) = \sum_{i=1}^{n} D_i \tag{6.49}$$

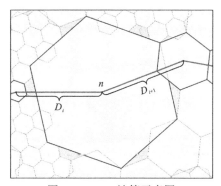

图 6.22　$G(n)$ 计算示意图

扫描封底二维码看彩图

针对越野环境下的路径规划，该算法选取格网通行能力与相邻格网间的坡度值作为启发因素。$H(n)$ 为当前格网 n 到终点格网 goal 的欧氏距离与启发因素的累加的乘积，如式（6.50）所示。式中，$W_s(n, p)$ 为 n 格网处坡度对格网通行能力的影响能力，求解过程

中的邻接格网为当前格网 n 与它的前驱格网 p，Grid(n)为当前格网 n 的通行能力值，$\rho(n, \text{goal})$为当前格网 n 到终点格网 goal 的欧氏距离。

$$H(n) = (W_s(n, p) + \text{Grid}(n)) \cdot \rho(n, \text{goal}) \tag{6.50}$$

此外，为了保证启发因素量纲统一，且 $H(n)$估计值不能大于当前格网 n 到终点格网 goal 的实际值（Bomers et al., 2019），须先对其进行归一化操作，即

$$W_s'(n, p) = \frac{W_s(n, p) - W_s\min}{W_s\max - W_s\min} \tag{6.51}$$

$$H(n) = \left(1 - \frac{W_s'(n, p) + \text{Grid}(n)}{2}\right) \cdot \rho(n, \text{goal}) \tag{6.52}$$

式中：$W_s\min$ 为 $W_s(n, p)$ 中的最小值；$W_s\max$ 为 $W_s(n, p)$ 中的最大值。

综上，可得综合两种影响因子的 A*算法估计值函数：

$$F(n) = \sum_{i=1}^{n} D_i + \left(1 - \frac{W_s'(n, p) + \text{Grid}(n)}{2}\right) \cdot \rho(n, \text{goal}) \tag{6.53}$$

6.3.3　越野路径轨迹优化方法

越野路径轨迹优化是将规划出的路径轨迹进行轨迹修边、光滑处理，使其能够让真实通行对象在通行过程中保持稳定高效。

1. 轨迹修边处理

通常情况下围绕着起点和目标点附近的不重要的节点，可以舍去。如图 6.23 所示，围绕起点的 1 号节点和围绕目标点的 4 号节点就不重要，可以直接舍去。因为以 1 号节点到起点的距离为半径、以起点为圆心画圆，对此圆进行障碍物检测并未发现障碍物，那么对所有节点而言，该点没有意义，可以直接舍弃。以此类推，对 2 号节点同样进行障碍物检测。如果碰见障碍物保留该节点，那么以起点为圆心的障碍物检测结束，即以起点的修边结束，并且将起点与保留的 2 号节点相连。同理，也可以对目标点进行如此检测，最终让起点与目标点都完成修边，达到优化节点的目的（杨乔，2021）。

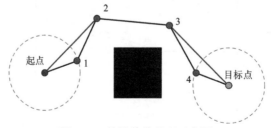

图 6.23　轨迹修边处理示意图

2. 轨迹光滑处理

轨迹修边处理是去除多余的节点，轨迹光滑处理则是光滑轨迹上的拐点，避免通行对象在遇到拐点时发生急加速或急减速事件，影响通行效率，甚至可能导致事故的发生。轨迹光滑通常有最小加速度二阶导和 B 样条曲线两种处理方式（杨乔，2021）。

1）最小加速度二阶导

一条路径通常由多段路径组成，对其进行光滑处理通常分成多段路径进行。如图 6.24 所示，其中 p_0 位置为起始点，p_n 位置为终止点。每段都是一个多项式且最高次幂保持相同，此外运行的时间要已知。同时，轨迹要满足 2 个约束，分别是导数约束和连续性约束，其中轨迹的起始点和终止点要满足导数约束，而除起始点和终止点外，中间任意时刻轨迹点要满足连续性约束。对于整个轨迹，必定知道其起始点和终止点的位置、速度、加速度、角速度，以及每段轨迹经过的位置。

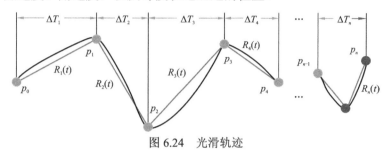

图 6.24　光滑轨迹

$$F(t) = \begin{cases} f_1(t) = \sum_{i=0}^{N} p_{1,i} t^i, & T_0 \leqslant t \leqslant T_1 \\ f_2(t) = \sum_{i=0}^{N} p_{2,i} t^i, & T_1 \leqslant t \leqslant T_2 \\ \quad\vdots & \quad\vdots \\ f_M(t) = \sum_{i=0}^{N} p_{M,i} t^i, & T_{M-1} \leqslant t \leqslant T_M \end{cases} \quad (6.54)$$

式中：$f_1(t)$ 到 $f_M(t)$ 都是整个路径中的一段轨迹，共同组成了 $F(t)$；p_M 为该段轨迹多项式的系数。位移的一阶导数是速度，二阶导数是加速度，而加速度在动力学上与姿态的旋转是一一对应的，三阶导数是角速度，又称 Jerk，四阶导数是角加速度，又称 Snap。根据最小加速度二阶导（又称 Minimum Snap），可以得出如下方程，$f(t)$ 代表其中第 i 段轨迹，p_i 代表各阶系数项，l 为优化代价函数 $J(T)$ 多项式的阶数，将每段轨迹的时间设置相同：

$$f(t) = p_0 + p_1 t + p_2 t^2 + \cdots + p_n t^n = \sum_{i=0}^{n} p_i t^i \quad (6.55)$$

$$f^{(4)}(t) = \sum_{i \geqslant 4} i(i-1)(i-2)(i-3) t^{i-4} p_i \quad (6.56)$$

$$(f^{(4)}(t))^2 = \sum_{i \geqslant 4, l \geqslant 4} i(i-1)(i-2)(i-3) l(l-1)(l-2)(l-3) t^{i+l-8} p_i p_l \quad (6.57)$$

$$J(T) = \int_{T_{j-1}}^{T_j} (f^{(4)}(t))^2 \, \mathrm{d}t \quad (6.58)$$

$$J(T) = \sum_{i \geqslant 4, l \geqslant 4} \frac{i(i-1)(i-2)(i-3) l(l-1)(l-2)(l-3)}{i+l-7} (T_j^{i+l-7} - T_{j-1}^{i+l-7}) p_i p_l \quad (6.59)$$

$$J(T) = \begin{bmatrix} \vdots \\ p_i \\ \vdots \end{bmatrix}^{\mathrm{T}} \begin{bmatrix} & \vdots & \\ \cdots & \dfrac{i(i-1)(i-2)(i-3) l(l-1)(l-2)(l-3)}{i+l-7} T_j^{i+l-7} & \cdots \\ & \vdots & \end{bmatrix} \begin{bmatrix} \vdots \\ p_l \\ \vdots \end{bmatrix} \quad (6.60)$$

$$J_j(T) = \boldsymbol{p}_j^{\mathrm{T}} \boldsymbol{Q}_j \boldsymbol{p}_j \tag{6.61}$$

每一段的目标关系如式（6.61），将每一段目标函数叠加起来得到整个轨迹目标函数，该优化目标函数为标准的凸优化问题，可以求其解。

$$\min J(T) = \min \begin{bmatrix} p_1 \\ \vdots \\ p_M \end{bmatrix}^{\mathrm{T}} \begin{bmatrix} Q_1 & 0 & 0 \\ 0 & \ddots & 0 \\ 0 & 0 & Q_M \end{bmatrix} \begin{bmatrix} p_1 \\ \vdots \\ p_M \end{bmatrix} \tag{6.62}$$

连续约束：表示第 j 段轨迹在 T_j 时刻的 k 次导数等于第 $j+1$ 段轨迹 T_j 时刻的 k 次导数，其中包括位置、速度、加速度、加速度一阶导相同，得到

$$f_j^{(k)}(T_j) = f_{j+1}^{(k)}(T_j) \tag{6.63}$$

$$\sum_{i \geqslant k} \frac{i!}{(i-k)!} T_j^{i-k} p_{j,i} - \sum_{l \geqslant k} \frac{l!}{(l-k)!} T_j^{l-k} p_{j+1,l} = 0 \tag{6.64}$$

$$\begin{bmatrix} \cdots & \dfrac{i!}{(i-k)!} T_j^{i-k} & \cdots & -\dfrac{l!}{(l-k)!} T_j^{l-k} & \cdots \end{bmatrix} \begin{bmatrix} \vdots \\ p_{j,i} \\ \vdots \\ p_{j+1,l} \\ \vdots \end{bmatrix} = 0 \tag{6.65}$$

$$\begin{bmatrix} \boldsymbol{A}_j & -\boldsymbol{A}_{j+1} \end{bmatrix} \begin{bmatrix} \boldsymbol{p}_j \\ \boldsymbol{p}_{j+1} \end{bmatrix} = 0 \tag{6.66}$$

式中：$\boldsymbol{p}_j$ 和 $\boldsymbol{p}_{j+1}$ 分别为包含 j 段轨迹和 $j+1$ 段轨迹所有多项式的系数。

导数约束：表示在起始位置首时刻和第 N 段尾时刻的轨迹，k 次导数等于边界条件，其中包括位置、速度、加速度、加速度一阶导约束，得到

$$\begin{cases} f_0^{(k)}(T_{j-1}) = x_{0,j}^{(k)} \\ f_N^{(k)}(T_j) = x_{T,j}^{(k)} \end{cases} \tag{6.67}$$

对于任意一段轨迹导数约束：

$$f_j^{(k)}(T_j) = x_j^{(k)} \tag{6.68}$$

$$\Rightarrow \sum_{i \geqslant k} \frac{i!}{(i-k)!} T_j^{i-k} p_{j,i} = x_{T,j}^{(k)} \tag{6.69}$$

$$\Rightarrow \begin{bmatrix} \cdots \dfrac{i!}{(i-k)!} T_j^{i-k} \cdots \end{bmatrix} \begin{bmatrix} \vdots \\ p_{j,i} \\ \vdots \end{bmatrix} = x_{T,j}^{(k)} \tag{6.70}$$

根据式（6.68）～式（6.70）推断，可以将式（6.67）转换为

$$\begin{bmatrix} \cdots & \dfrac{i!}{(i-k)!} T_{j-1}^{i-k} & \cdots \\ \cdots & \dfrac{i!}{(i-k)!} T_j^{i-k} & \cdots \end{bmatrix} \begin{bmatrix} \vdots \\ p_{j,i} \\ \vdots \end{bmatrix} = \begin{bmatrix} x_{0,j}^{(k)} \\ x_{T,j}^{(k)} \end{bmatrix} \tag{6.71}$$

将式（6.71）转化为矩阵的形式，导数约束只与当前段轨迹相关：

$$\boldsymbol{A}_j \boldsymbol{p}_j = d_j \tag{6.72}$$

将式（6.67）和式（6.72）两种约束整合在一起得到式（6.73），将每段轨迹多项式的未知数系数写在一起合成一个列向量，其中 d_j 为该时刻的位置。

$$\text{s.t.} \quad A_{eq}\begin{bmatrix} p_l \\ \vdots \\ p_M \end{bmatrix} = d_{eq} \tag{6.73}$$

$$M_j p_j = d_j \tag{6.74}$$

式中：M 为映射矩阵。将目标函数式（6.62）转换成

$$J = \begin{bmatrix} p_1 \\ \vdots \\ p_M \end{bmatrix}^{\mathrm{T}} \begin{bmatrix} Q_1 & 0 & 0 \\ 0 & \ddots & 0 \\ 0 & 0 & Q_M \end{bmatrix} \begin{bmatrix} p_1 \\ \vdots \\ p_M \end{bmatrix} \tag{6.75}$$

$$J = \begin{bmatrix} d_1 \\ \vdots \\ d_M \end{bmatrix}^{\mathrm{T}} \begin{bmatrix} M_1 & 0 & 0 \\ 0 & \ddots & 0 \\ 0 & 0 & M_M \end{bmatrix}^{-\mathrm{T}} \begin{bmatrix} Q_1 & 0 & 0 \\ 0 & \ddots & 0 \\ 0 & 0 & Q_M \end{bmatrix} \begin{bmatrix} M_1 & 0 & 0 \\ 0 & \ddots & 0 \\ 0 & 0 & M_M \end{bmatrix}^{-1} \begin{bmatrix} d_1 \\ \vdots \\ d_M \end{bmatrix} \tag{6.76}$$

令 C 为选择矩阵，d_F 为固定变量，d_p 为自由变量，构造 C 矩阵：

$$C^{\mathrm{T}} \begin{bmatrix} d_F \\ d_p \end{bmatrix} = \begin{bmatrix} d_1 \\ \vdots \\ d_M \end{bmatrix} \tag{6.77}$$

令 $R = CA^{-\mathrm{T}}Q_i A^{-1}C^{\mathrm{T}}$，根据 d_F、d_p 的尺寸对 R 矩阵进行分块处理，可得

$$J = \begin{bmatrix} d_F \\ d_p \end{bmatrix}^{\mathrm{T}} \underbrace{CM^{-\mathrm{T}}QM^{-1}C^{\mathrm{T}}}_{R} \begin{bmatrix} d_F \\ d_p \end{bmatrix} = \begin{bmatrix} d_F \\ d_p \end{bmatrix}^{\mathrm{T}} \begin{bmatrix} R_{FF} & R_{FP} \\ R_{PF} & R_{PP} \end{bmatrix} \begin{bmatrix} d_F \\ d_p \end{bmatrix} \tag{6.78}$$

$$J = d_F^{\mathrm{T}} R_{FF} d_F + d_F^{\mathrm{T}} R_{FP} d_p + d_P^{\mathrm{T}} R_{PF} d_F + d_P^{\mathrm{T}} R_{PP} d_p \tag{6.79}$$

由于 J 为标量，Q_i 为对称矩阵，有 $R_{PF} = R_{FP}^{\mathrm{T}}$。

$$\dot{J} = 0 \tag{6.80}$$

对 d_p 求偏导，当 J 取得最优时，得出式（6.81），解出自由变量 d_p：

$$d_p = -R_{pp}^{-1} R_{FP}^{\mathrm{T}} d_F \tag{6.81}$$

由于最小加速度二阶导，需要位置、速度、加速度、加速度一阶导数这些参数，将每段轨迹曲线采用 7 次幂，形如式（6.82），采用上述方法对 A*算法的轨迹进行优化。

$$x(t) = p_7 t^7 + p_6 t^6 + p_5 t^5 + p_4 t^4 + p_3 t^3 + p_2 t^2 + p_1 t + p_0 \tag{6.82}$$

2）B 样条曲线

贝塞尔曲线可以将线段变成连续光滑的曲线，而 B 样条曲线是对贝塞尔曲线的扩展。它包含两个贝塞尔曲线不具有的优点：①B 样条的多项式次数可以独立于控制点数目，而贝塞尔曲线次数和控制点是紧密相关的；②B 样条允许局部控制曲线或曲面生成。

B 样条曲线的本质是分段多项式实函数，在实数范围内有：$S:[a,b] \to \mathbf{R}$，在区间 $[a,b]$ 上包含 k 个均匀长度的子区间 $[t_{i-1}, t]$，且有 $a = t_0 < t_1 < \cdots < t_{k-1} < t_k = b$。

对应每一段区间存在多项式：$P_i:[t_{i-1}, t] \to \mathbf{R}$，且满足

$$S(t) = \begin{cases} S_1(t) = P_1(t), & t_0 \leqslant t < t_1 \\ S_2(t) = P_2(t), & t_1 \leqslant t < t_2 \\ \vdots & \vdots \\ S_k(t) = P_k(t), & t_{k-1} \leqslant t < t_k \end{cases} \qquad (6.83)$$

考虑多项式的阶数和光滑性的影响，以三次 B 样条曲线为例，需要具备三个条件：其一，在每段分段区间$[t_i, t_{i+1}]$，其中 $i = 0, 1, \cdots, k-1$，$s_k(t)$ 都是三次多项式；其二，满足 $s_k(t_i) = P_k(t_i)$，其中 $i = 0, 1, \cdots, k-1$；其三，$S(t)$ 的一阶导数和二阶导数在区间$[a, b]$光滑连续。

三次样条曲线方程可以写成式（6.84），其中 a_i、b_i、c_i、d_i 为 n 个未知数系数。

$$s_i(t) = a_i + b_i(t - t_i) + c_i(t - t_i)^2 + d_i(t - t_i)^3 \qquad (6.84)$$

B 样条曲线连续性和微分连续性分别表示为

$$s_i(t_i) = s_i(t_{i+1}) \qquad (6.85)$$

$$\begin{cases} \dot{S}_i(t_{i+1}) = \dot{S}_{i+1}(t_{i+1}) \\ \ddot{S}_i(t_{i+1}) = \ddot{S}_{i+1}(t_{i+1}) \end{cases} \qquad (6.86)$$

式中：$\dot{S}(t)$ 为函数 $S(t)$ 的一阶导函数；$\ddot{S}(t)$ 为函数 $S(t)$ 的二阶导函数。

上述分析中，还要考虑 t_0 和 t_k 两个端点限制条件。在自然边界下，首尾两端的二阶导函数要等于零。

6.1 节和 6.2 节分别介绍了陆地环境通行路径规划应用场景常用的两类路径规划算法，详细描述了各种路径规划算法的实现原理及其优缺点和应用场景。6.3 节针对传统路径规划算法和智能优化路径规划算法选取了 A*算法和遗传算法，具体讲解了两种路径规划算法在陆地环境通行路径规划应用场景中的使用，同时也介绍了常用的几种路径优化方法。本章主要从理论上讨论了陆地环境通行路径规划应用的各种方法，但陆地环境通行复杂多变，如何将理论算法有效结合实际通行环境还需要不断进行探索。

参 考 文 献

安林芳, 2017. 智能车辆自动驾驶路径规划研究. 长沙: 湖南大学.

陈鹏, 2009. 基于蚁群算法的 TSP 优化算法. 西安: 长安大学.

陈虓, 2012. 交通网络最优路径分析研究. 郑州: 中国人民解放军战略支援部队信息工程大学.

丁家会, 2019. 自适应遗传算法的模型改进及应用研究. 徐州: 江苏师范大学.

杜宗宗, 2009. 基于遗传算法的移动机器人路径规划研究. 无锡: 江南大学.

高涛, 2021. 基于 A*算法的无人车路径规划. 江苏工程职业技术学院学报, 21(4): 11-15.

蒋卓强, 2007. 基于遗传模拟退火算法的静态路径规划研究. 重庆: 重庆大学.

刘春霞, 2016. CA 模型下改进 D*算法的室内路径规划与避碰研究. 合肥: 合肥工业大学.

刘爽, 2007. 基于地理信息系统的战术活动路径规划算法研究. 哈尔滨: 哈尔滨工程大学.

卢昌宇, 2020. 基于改进遗传算法的船舶局部路径规划研究. 大连: 大连海事大学.

鲁毅, 高永平, 龙江腾, 2022. A*算法在移动机器人路径规划中的研究. 湖北师范大学学报(自然科学版), 42(2): 59-65.

王芬, 2006. Dijkstra 最短路径优化算法在汽车导航的研究及实现. 上海: 上海师范大学.

王帅军, 2019. 基于 D*算法的移动机器人路径规划. 南宁: 广西大学.

王雪兵, 2021. 基于遗传算法的 Y 物流公司配送路径优化研究. 太原: 中北大学.

徐开放, 2017. 基于 D*Lite 算法的移动机器人路径规划研究. 哈尔滨: 哈尔滨工业大学.

杨乔, 2021. 基于 A-star 算法的阿克曼小车轨迹优化研究. 长沙: 湖南大学.

杨小兵, 2016. 基于改进的势场法和粒子群算法的机器人路径规划技术研究. 沈阳: 东北大学.

张浩, 2015. 地面移动机器人安全路径规划研究. 芜湖: 安徽工程大学.

张津源, 2021. 基于改进粒子群算法的物流路径规划研究. 哈尔滨: 哈尔滨师范大学.

张韬, 项祺, 郑婉文, 等, 2022. 基于改进 A*算法的路径规划在海战兵棋推演中的应用. 兵工学报, 43(4): 960-968.

Almansour F M, Alroobaea R, Ghidnk A S, et al., 2020. An empirical comparison of the efficiency and effectiveness of genetic algorithms and adaptive random techniques in data-flow testing. IEEE Access, 8: 12884-12896.

Bomers A, Schielen R M J, Hulscher S J M H, et al., 2019. The influence of grid shape and grid size on hydraulic river modelling performance. Environmental Fluid Mechanics, 19(5): 1273-1294.

Dijkstra E W, 1962. Primer of algol 60 programming. Cambridge: Academic Press.

Dorigo M, 1992. Ant colony optimization for vehicle routing problem. Milan: Politecnico di Milano.

Fan D, Shi P, 2010. Improvement of Dijkstra's algorithm and its application in route planning//2010 Seventh International Conference on Fuzzy Systems and Knowledge Discovery, IEEE, Yantai: 1901-1904.

Floyd R W, 1962. Algorithm 97: Shortest path. Communications of the ACM, 5(6): 345.

Hart P E, Nilsson N J, Raphael B, et al., 1968. A formal basis for the heuristic determination of minimum cost paths. IEEE transactions on Systems Science and Cybernetics, 4(2): 100-107.

Holland J H, 1975. An efficient genetic algorithm for the traveling salesman problem. European Journal of Operational Research, 145: 606-617.

Immanuel S D, Chakraborty U K, 2019. Genetic algorithm: An approach on optimization//International Conference on Communication and Electronics Systems (ICCES), IEEE, Coimbatore: 701-708.

Kennedy J, Eberhart R, 1995. Particle swarm optimization//Proceedings of ICNN'95-International Conference on Neural Networks, IEEE, Perth: 1942-1948.

Kirkpatrick S, Gelatt Jr C D, Vecchi M P, 1983. Optimization by simulated annealing. Science, 220(4598): 671-680.

Koenig S, Likhachev M, 2001. Incremental A*. Advances in Neural Information Processing Systems, 14: 1-8.

Koenig S, Likhachev M, 2002. D* lite//Eighteenth National Conference on Artificial Intelligence, 15: 476-483.

Koenig S, Likhachev M, Liu Y, et al., 2004. Incremental heuristic search in AI. AI Magazine, 25(2): 99-112.

Metropolis N, Rosenbluth A W, Rosenbluth M N, et al., 1953. Equation of state calculations by fast computing machines. The Journal of Chemical Physics, 21(6): 1087-1092.

Stentz A, 1995. The focussed D* algorithm for real-time replanning//Proceedings of the 14th International Joint Conference on Artificial Intelligence (IJCAI'95), Morgan Kaufmann Publishers, San Francisco: 1652-1659.

Tang Z, Ma H, 2021. An overview of path planning algorithms//IOP Conference Series: Earth and Environmental Science, IOP Publishing, 804(2): 022024.

Weisstein E W, 2008. Floyd-Warshall algorithm. https: //mathworld. wolfram. com.

第7章 陆地环境通行分析仿真系统
及其设计与验证

陆地环境通行分析起源于军事地形研究中的战场环境分析，为支撑机动装备在不同地形条件下进行有效的越野机动，需要根据目标区域的地形特征、地质特征、自然灾害、气象特征等进行陆地环境的综合通行性能评价（孙国兵，2009）。陆地环境通行性能的判别问题也广泛存在于农业领域、资源领域、应急领域、军事领域甚至深空探索领域的行星表面机动任务中，使用机动装备进行运输、作业、探索和保障仍需要积极开展装备机动性能的研究，地面无人系统的快速发展也亟须机动装备智能化与自主机动性能的发展。

7.1 陆地环境通行分析仿真技术应用需求

7.1.1 通行分析应用需求

陆地环境通行分析中地形、气象等领域的通行性研究已有了一定的基础，但其研究一般是假定其他要素处在固定的理想通行条件下，面向单要素的分析（张萌，2020）。现有各种陆地环境分析仿真系统如机器人操作系统（robot operating system，ROS）、军事地理信息系统（MGIS）等，都只采用地形地貌信息，没有综合考虑其他通行因素对环境通行性能的影响，不能代表真实的陆地通行环境，其分析结果的使用必然受到很大的制约（黄鲁峰，2008）。陆地通行环境是一个复杂的巨系统，涉及领域和范围较广，输入数据类型和格式多，且因自然地理环境本身就是复杂巨系统，各因子关系复杂，这些都带来了陆地环境通行分析的困难（张萌，2020）。

通行性分析的难点在于如何正确全面地将所有环境因素综合起来进行分析，提出准确的通行性分析模型（王伟懿，2022）。传统的通行分析成果如军事地形图、通道专题图等，仅针对通行区域内地形、地质等通行环境要素的定性、定量分析结果在地图上进行可视化，为越野通行任务规划提供环境通行性能参考，不能根据分析目的、装备特性、实时气候气象情况等因素对通行环境态势与越野路径规划进行动态的分析与调整，对驾乘人员的越野通行经验、地形地质知识和临机决断能力要求非常高。随着遥感技术与计算机技术在战场环境领域的应用，对地观测相关技术取得了较大的发展，卫星遥感技术保障了环境信息探测与监测的现势性和可靠性；计算机技术改变了过去通行因子难以定量分析的现象，提高了通行因子分析的速度和精度，并为单要素分析转向综合要素分析提供了可能。这些新技术为陆地环境通行分析提供评价方法和体系，根据地形、地质通行要素概况动态评估区域整体通行性能，为人员和车辆行进的路径规划活动等提供决策支持，使基于通行分析模型的陆地环境通行性动态评估成为可能。陆地环境通行分析还在智能机器人与全地形车自主导航（赵芊，2016）、障碍地形识别检测、可通行性路径搜索（李修贤 等，2019）、军事地理信息系统应用（刘爽，2007）等方面发挥作用，是国防建设和社会发展中不可或缺的一部分（张萌，2020）。基于陆地环境通行要素及通行区域整体通行性能分析结果，建立陆地环境通行因素综合作用下的陆地环境通行分析框架，可以采用系统仿真的方式对区域内的通行环境进行模拟分析，这将为农业、矿业、运输、应急、军事等领域的陆地环境通行保障提供强有力的支持，在灾区应急通行保障、军事机动路径规划、无人系统自主导航等方面具有广阔的应用前景。

随着各种仿真技术的相对成熟和仿真领域的不断拓展，环境建模与仿真逐渐成为环境分析领域的重要分支，当在陆地通行场景中对陆地通行环境进行建模与仿真时，这样的仿真环境通常称为陆地环境通行系统。陆地环境通行系统仿真这一综合性的分析方法来源于战场环境仿真技术，以相似原理、模型理论、系统技术、信息技术及其应用领域的有关专业技术为基础，以计算机系统及网络、与通行环境有关的物理效应设备及仿真器为工具，应用通行分析框架对陆地环境通行系统进行研究、分析、试验（吴重光，2000）。以陆地环境通行系统仿真为基础，可以对包括地形、地质、灾害、气象等要素在内的通行环境进行系统性的模拟和分析，全面、准确、定量地衡量所有影响通行的因素及其相互联系，得到完整而独立的陆地环境通行性能分类与评价系统。基于通行环境的影响要素及综合分析结果，以环境仿真技术为基础，构建陆地环境通行分析仿真系统，验证通行环境分析框架的可用性，提高目标区域陆地环境通行路径规划能力。

7.1.2　机动装备仿真需求

机动装备在非结构化的越野通行环境中会面临各种复杂未知的地面条件，例如在农业领域，为提高农业车辆的智能化水平，实现农业车辆在田间作业的精准化和行驶策略优化，需积极开展农用车辆机动性的研究；在资源开采行业，大量石油、天然气、矿产等主要分布在沙漠、沼泽、滩涂、解冻土为主的地区，机动性良好的机动装备是重要的运输和作业保障；在深空探索领域，月球和火星表面土壤均表现为松软沙质土壤，因此在执行探索任务前，对行星车的机动性进行评估以保证探索车辆的可靠运行是航天计划中不可或缺的一环；在军事领域，为保障军事战术的机动性，首先应对机动装备在相关区域的通行性能进行建模，特别是近年来军用地面无人系统的快速发展，如何有效评估无人系统的自主机动性，已经成为当前军事智能领域迫切需要解决的问题。可见，开展越野机动装备建模的研究，对农业、经济、航天、国防等事业的发展都具有十分重要的意义。

越野机动装备仿真的研究开始于美国，最初用于弥补二战期间车辆越野机动能力缺陷。车辆地形测试实验室在美国陆军工程兵团水道试验站（WES）和美国陆军坦克汽车研究、开发和工程中心（The U.S. Army Tank Automotive Research，Development and Engineering Center，TARDEC）建立了广泛的测试设施。经过几十年的研究，陆军装备司令部要求两个陆军实验室（TARDEC 和 WES）共同研究一种机动模型。这两个实验室与史蒂文斯理工学院合作，于 1971 年发布了 AMC-71 流动性模型。正如该模型报告的前言中所描述：数学建模允许评估整个车辆系统（发动机、传动系统、悬挂系统、重量、几何形状、惯性、绞车能力等），因为它与土壤、植被、斜坡、沟渠、土堆和其他特征以协同方式相互作用。1976 年，北约装备集团提出需要一种标准化的技术来比较机动装备车辆的性能，并构建了非道路移动机械（non-road mobile machinery，NRMM）模型，美国帮助启动这项工作，成立了 AC 225/第一工作组，成员来自 6 个国家（加拿大、法国、德国、荷兰、英国和美国），第一次会议于 1977 年在 TARDEC 举行。在之后的发展中，该工作增加了 WES 提出的流动性测试，包括对轮式车辆和履带式车辆的测试，测试程度考虑了土壤牵引、土壤阻力和表面滑度方面的新方程，将地面力学的基本概念引入越野机动装备建模中。TARDEC 主任 Richard McClelland 博士在 2002 年向北约应用车辆技术（AVT）小组提出了整合领域内相互独立且冗余重复的各类工具的想法，随后成立了 AVT-107-机动性建模工作组来协调和执行该工作，并于 2002～2006 年完善了 NRMM 越野机动装备参考模型。但是，当前的 NRMM 模型并不能提高保真度和效率，许多 NRMM 工具的局限性最终没有得到解决，北约国家对 NRMM 的使用效率也比较低。在实际使用中，NRMM 模型既不能准确区分机动装备的特殊设计与性能特征，也不能准确预测机动装备在不同作战场景下特定设计状况的机动性能，无法满足越野机动装备建模仿真的需求。

国内外也有部分学者对机动装备通行性能的评估方法进行了综述性研究，包括经验方法、半经验方法、数值模拟方法、高保真方法和机器学习方法等（Wong et al.，2020；白意东 等，2020；李灏 等，2011；宁俊帅 等，2009）。其中，半经验方法以经典的土力学理论为基础，通过大量的模拟试验，提出了一系列半经验的计算公式，该方法试验条件可控、试验结果可重复、可比性较强。数值模拟法在车辆地面力学的研究中不仅缩短了试验周期，提高了机动性评估结果的准确性，并且实现了一定范围的趋势预测，尤其是联合有限元法与离散元法优点的多尺度建模分析车辆地面作用关系，将成为重要的研究方法。应用机器学习方法代替烦冗的力学求解公式，相较于数值模拟法其效率明显提高，然而结果泛化性较差，用于测试与训练数据相差较大的地形时，结果准确性难以保证（华琛 等，2022）。

车辆机动性评估的效率对越野机动装备建模的实际应用至关重要。目前，基于数值模拟的机动性评估方法的计算成本主要来源于模拟土壤之间的力-位移传递，大量的迭代计算过程导致难以获得实时仿真的车辆机动性能。机器学习的方法被应用于提高效率，其训练数据仍需要大量的数值模拟仿真，且泛化性较差，因此实现车辆机动性的实时评估会是未来的一个研究方向（华琛 等，2022）。另外，为获得车辆机动性评估结果，目前大部分方法是通过对已知的全局地形进行评估分析，并结合经验方法、半经验方法、数值模拟方法和机器学习方法评估车辆在某地区的机动性。然而，土壤物理属性存在空间可变性，从而导致车辆机动性评估结果的不确定性，提高了车辆受阻的风险。因此，需要考虑影响车辆机动性的土壤力学参数的实时感知，尽管一些应用车载传感器实时辨识局部地形的方法被提出（Hegde et al.，2013；王亮 等，2011），然而感知方法基本是基于车辆轴对称正向均匀荷载，忽略了车辆侧倾对地面非均匀分布荷载的影响。为了能够让车辆在实际行驶中规避由机动性评估不确定因素带来的影响，需要在地形实时感知方面做进一步的研究。

根据现有技术条件与发展趋势，结合陆地环境通行分析中的实际需求，陆地通行环境越野机动仿真应实现如下几个目标。

（1）基于 GIS 的通行环境数据集成和机动装备仿真软件设计融合环境信息的越野装备机动性仿真框架。

（2）筛选越野装备机动性仿真中可用的机动装备-地面相互作用模型，即能够平衡保真度和计算效率地面力学模型，包括半经验离散元模型或经验离散元模型等。

（3）将地面力学模型集成到越野装备机动性仿真框架中，开发高效、自动化的交互仿真工具，设定所需的数据类型和交互形式，支撑越野装备机动性仿真的通行性预测和辅助输出。

（4）通过生成随机地形并支持导入详细的车辆数据（模型），实现多类型机动装备（包括设计中的）的拟真通行环境中的越野装备机动模拟。

7.1.3 全局路径规划需求

非结构化陆地环境中存在通行环境复杂多变的问题，如第 3 章所述，不仅存在地表通行因子多种多样的问题，且通行因子的参数属性也复杂多变，这些问题体现在机动装备的通行上，如不在通行活动前进行全局性的通行性能分析和路径规划，则会严重影响机动装备通行效率，同时也无法保障机动装备的行驶安全，进而影响非道路环境下通行活动的正常进行。传统通行环境分析和全局路径规划方法依赖规划人员凭借经验对通行环境进行人工分析，同时也需要在实车通行演练过程中总结经验，对人力、物力、财力的消耗较大（闫星宇 等，2022；孙玉泽，2020）。综上所述，陆地环境通行亟须研究一种满足非结构化陆地环境的全局路径规划方法，在我国农业发展、森林消防、军事行动等多个领域中有指导价值。

陆地环境下的通行路径规划作为机动装备进行越野机动前的准备工作，一般应满足两个评价指标：①完备性，路径规划算法可以在有限时间内解决问题并得到有效结果；②最优性，根据某种最优标准（包括通行时间最短或长度最短），从起点到终点，找到一条满足机动装备非完整约束控制的无碰撞路径。根据通行环境信息的已知程度和仿真能力，可将路径规划方法划分为全局路径规划和局部路径规划。全局规划层需要有环境信息的先验知识，并依据目的地得到完整全局路线，作为局部规划时宏观的参考路线；而局部规划层需要对车载传感器实时探测的数据信息进行实时规划，当传感器探测到新的障碍信息时，需要实时进行轨迹调整以实现避障。

陆地环境下的通行路径规划研究工作在搜索救援、农业、采矿、越野探索和作战行动等军民多个领域均有着广泛的应用（冯世盛 等，2022；Papadakis，2013）。如在陆地环境下，机动部队在避险行进、野外行进、隐蔽行进等机动任务中，需要完成野外环境下几十乃至上百公里的大范围地域越野路径规划。相对于传统的结构化路网路径规划，陆地环境全局路径规划需要处理大量环境信息，如坡度限制、地表覆盖及地面起伏程度等，当遇到大范围地域的全局路径规划问题时，会面临数据量激增、计算量过大的挑战；

同一通行环境条件下不同的机动对象通行能力不同，应结合机动对象本身的通行属性信息生成专用通行路径，但现有的路径规划系统并未区分机动对象之间的属性差异；越野环境可能发生动态变化，如因突发暴雨而导致的泥石流等（冯世盛 等，2022）。因此，陆地环境下的全局路径规划需要能够避让发生突发情况的敏感区域；越野机动条件下的陆地环境范围巨大、通行要素复杂多样，若采用车辆、人员实地测试的方式来规划越野路径将耗费大量人力、物力和财力，并且无法保障车辆及人员的安全。因此，研究大范围地域越野条件下机动装备的陆地环境全局路径规划方法，对包括应急保障、野外救援搜索、越野探索、应急抢险救灾及军事作战行动等越野机动任务均具有重要意义。

7.2 陆地环境通行分析仿真系统概述

路径规划的试验研究往往是通过军事演习进行的，这种方式耗资巨大，且受到时空的严格限制，而计算机仿真技术使在实验室研究与学习车辆控制、路径规划等成为可能，是对陆地环境通行分析很好的补充（黄柯棣 等，2004）。由于计算机仿真技术对军事的重要作用，以美国为代表的发达国家一直将其列为国防关键技术。目前世界各国已经开发出多款仿真软件，如北大西洋公约组织的 AVT194、美国的 IVRESS/DIS、韩国 FunctionBay 公司的 RecurDyn、美国 MDI 公司开发的 MSC ADAMS、意大利 Tasora 教授开发的 Chrono、加拿大车辆系统开发公司开发的 NTVPM/NTWPM 模型及美国 CM 公司开发的 Vortex Studio，本节将对这 7 种仿真系统进行简要介绍。

7.2.1 AVT194

第二次世界大战后，美国为了遏制苏联，维护其在欧洲的主导地位，联合西欧一些国家成立了北大西洋公约组织，简称北约，北约是西方重要的军事力量。北约认识到自主军事地面系统需要在未知的任务中运行，正在对地面车辆自主移动建模和仿真进行研究，以改进未来的越野操作，提出了自主军事地面系统的机动性评估方法和工具——AVT194（Letherwood et al.，2021）。AVT194 设计理念是具备虚拟环境建模、传感器建模和车辆系统建模三项基本功能，方便不同的通行环境和通行对象建模。

1. 虚拟环境建模

虚拟环境建模的目标是提供车辆模型和传感器模型所需的信息，以准确传达车辆、传感器和环境之间的交互，从而充分评估自动驾驶车辆的感知、规划和控制算法。对于道路驾驶，虚拟环境代表了一个由道路网络、道路标记、交通标志、其他车辆和物体组成的高度结构化、无障碍的平面环境。对于越野虚拟环境，主要挑战是车辆必须在复杂、非结构化环境中移动，受土壤类型和深度、水分含量、植被、温度等环境因素的影响，不同的越野车辆具有不同的效果。对影响通行的环境因素进行仿真，包括土壤的类型及强度、地形、建筑群等。

2. 传感器建模

传感器建模的目标是提供车辆模型在模拟时所需要的数据，使车辆具备感知周围环境的能力，以及为完成任务而行动的能力。在建模和仿真环境中，传感器模型应该提供代表物理传感器在真实操作环境中提供的数据。理想情况下，传感器模型应包括通常会影响现实世界中传感器操作的噪声和误差。受环境因素、车辆动力学和其他因素影响，传感器性能会降低，常见的传感器包括光电摄像头、激光雷达、GPS。

3. 车辆系统建模

车辆系统建模的目标是能够进行操作员系统建模、车辆动力学建模、发动机建模、传动系统建模，并且能够与虚拟环境模型和传感器模型进行交互。根据车辆模型对车型和机动性的要求，应该将车型作为机动性指标的输入，以评估车辆的机动性。对车辆的模拟包括操作员界面建模、车辆动力学建模、发动机建模、传动系统建模等。操作员界面建模将驾驶员/操作员、车辆和环境数据与用户界面结合起来，充当驾驶员与自主系统之间的通信媒介。半自动系统的主要困难之一是与人类驾驶员的交互，因为半自动系统的运行方式与人类期望系统之间经常存在差异。车辆动态模型需要充分表示系统响应和在不同地形和条件下实现的移动性。移动模型的范围从二维模型到三维多体动力学（MBD）模型，其中选定的组件由通常称为柔性体的简单有限元模型表示。在大多数车辆模型中，车身被建模为具有惯性的刚性质量，这通常适用于为保护而硬化的军用车辆，但是，对具有薄壁车身的车辆系统不适用，因此对不同类型的车辆采用不同的建模方式。

7.2.2 IVRESS/DIS

IVRESS/DIS 是用于建模的通用软件系统，由美国 ASA 公司开发。美国 ASA 公司成立于 1998 年，致力于为机械系统的基于物理的建模、仿真、可视化和优化设计提供先进的软件解决方案，它服务的行业包括汽车、航空航天、造船、制造、采矿、建筑和制药行业。

1. IVRESS 系统功能介绍

IVRESS 软件是一个虚拟现实引擎，可以用于 DIS 仿真的预处理和后处理（科学可视化）。IVRESS/DIS 软件用于模拟和可视化的机械系统包括汽车、卡车、建筑设备、飞机、船舶、齿轮箱、传送带、生物动力系统和卫星。IVRESS 提供层次模型树编辑器，编辑器允许用户在屏幕上选择和放置模型对象，层次模型树编辑器可以用于创建具有任意数量复杂机械系统的场、定义场景内机械系统组件之间的连接（球形关节、圆柱形关节、旋转关节）、设置场景的灯光和环境效果，并在场景中运行模拟；另外，IVRESS 提供了模板菜单，基于模板的界面允许用户通过直观的表格输入主要车辆和附件参数来创建一个复杂的机械系统，如履带车辆。许多表字段可以保留其默认值。

2. DIS/Ground Vehicle 简介

DIS/Ground Vehicle 是一个专门用于道路和越野车辆建模的版本,用于预测地面车辆的机动性,例如轮式车辆或履带式车辆在不同地形上的机动性预测。DIS/Ground Vehicle 具有复杂地形的表达能力,可以用来模拟水面覆盖地形和多层土壤地形,DIS/Ground Vehicle 使用 DEM 土壤材料模型来模拟土壤弹性、塑性、黏聚力、摩擦、黏度和阻尼,使用光滑粒子流体动力学(smoothed particle hydrodynamics,SPH)模型来模拟车辆涉水行驶和油箱中的液体晃动,DEM 和 SPH 可以同时用于模拟涉水过程中轮胎与土壤的相互作用及轮胎和车体与水的相互作用。另外,DIS/Ground Vehicle 可以从 GIS 软件工具读取地形输入数据并生成移动地图。图 7.1 为轮式车辆和履带式车辆在软土地形上的行驶效果图。

黏性土圆锥指数=35

（a）轮式车辆　　　　　　　　　　　　（b）履带式车辆

图 7.1　软土地形上轮式车辆和履带式车辆行驶效果图

7.2.3　RecurDyn

RecurDyn 是一款仿真软件,主要应用于多体系统动力学,由两位多体动力学博士 Choi 和 Bae 联合开发。该软件极其适用于多体系统动力学问题的求解,这是因为其在完全递归算法和相对坐标系运动方程理论方面应用成熟。RecurDyn 作为多刚体动力学的计算中心,现由多国顶尖人才共同研究,全球共有 10 个研究室合作参与。

RecurDyn 与传统 MBD 软件最大的不同是核心建模技术的变化,由相对坐标系统代替绝对坐标系统。相对坐标系统与绝对坐标系统相比,优势明显,因为同一个多体系统,在完全同等级别的精度下,相对坐标系统模型的自由度数远远小于绝对坐标系统模型。这就使得计算所需存储空间减小,求解速度大幅上升(姜文辉 等,2010)。RecurDyn 另外一个特点是具有多柔体动力学(multi flexible body dynamics,MFBD)技术,这是一种分析包括刚体和柔体在内的系统动力学行为的技术。它是分析刚体运动的多体动力学和分析柔性体运动、应力和变形的有限元方法的结合。RecurDyn 的求解器将这两个组件组合成一个求解器,相比以往的联合仿真方法求解速度更快、更稳定。

RecurDyn 有几类产品线:基础产品、接口模块和各行业的专业产品。RecurDyn/ Professional 是 RecurDyn 的核心模块,包括前端和后端处理器建模器、解算器和辅助开发平台 ProcessNet。接口模块包括控制软件、液压软件和各种 CAD 软件的接口。工业专用产品是专门为履带式车辆、媒体传输和其他行业设计的分析工具。专业产品模块提供示例和集成参数建模。使用专业模块，创建系统模型非常方便。

7.2.4 MSC ADAMS

MSC ADAMS 软件是世界上应用广泛的多体动力学系统分析和仿真软件，该软件最初由密歇根大学在 1974 年开发，于 1981 年发布，由美国 MDI 公司经营和维护。目前该软件已经被全世界各行各业的数百家主要制造商采用，在航空航天、汽车工程、工程机械等行业均有广泛的应用（李剑峰 等，2010）。

MSC ADAMS 软件建模技术采用绝对坐标系统，求解器基于拉格朗日方程，可以方便地对机械系统进行静力学、运动学和动力学分析。另外，德国 VI 公司等合作伙伴在 MSC ADAMS 软件平台上研发了各种细分专业（包括汽车、航空、航天、铁路等）模块。这些专业化模块极大地提高了 MSC ADAMS 软件的产品竞争力，使其在细分专业领域的应用非常方便。另外，凭借其先进的"虚拟原型"概念和技术，MSC ADAMS 软件已成为计算机辅助工程（computer aided engineering，CAE）行业应用得最广泛的机械系统动态建模工具之一，占全球 CAE 分析市场的 53%。凭借 MSC ADAMS 软件超强的建模功能、卓越的分析能力和方便灵活的加工工具，用户可以创建复杂机械系统的"虚拟原型"，在模拟真实工作环境的虚拟环境中模拟其各种运动。MSC ADAMS 软件帮助用户有效地评估系统的各种动态特性，并快速比较多个设计概念，直到获得最佳设计；提高产品性能，从而减少昂贵和耗时的物理原型测试，提高产品设计水平，缩短产品开发周期，降低产品开发成本。

MSC ADAMS 软件由核心模块、扩展模块、接口模块、专业领域模块和 5 类工具包模块组成，这些模块不仅允许用户使用通用模块模拟通用机械系统，还允许用户模拟通用机械系统。特殊模块可用于快速有效地模拟特定工业应用领域的问题。核心模块包括用户界面模块、解决方案模块和后续处理模块。用户界面模块提供交互式图形建模环境和模拟计算预处理功能，具有方便的修改工具；解决方案模块是一个算法模块，用于解决动态问题，可以自动生成提供动态计算的机械系统动力学方程；后续处理模块可以为模拟结果绘制数据图，并支持数据文件的输出。

7.2.5 Chrono

Chrono 由 Alessandro Tasora 教授于 1998 年开发，旨在成为机器人和生物力学应用的多体仿真工具，是一个基于独立平台设计的开源多物理场建模和仿真引擎。该引擎应用并行计算和广泛的建模技术来解决具有实际意义的问题。Chrono 被来自学术界、工业界和政府的研究人员用于解决许多不同的科学和工程问题。它对地面车辆（包括轮式车辆和履带式车辆）模拟和车辆-地形交互具有较好的支持（Mazhar et al.，2013）。图 7.2 为不同场景下不同对象的模拟效果图。

Chrono 提供了一个车辆模块，该模块提供了多种不同的车辆模型、地形模型和土壤模型，用于高保真越野模拟。车辆模块为轮式和履带式车辆子系统的各种拓扑提供了模

图 7.2　不同场景下不同对象的模拟效果图

板集, 支持刚性、柔性和颗粒地形建模, 支持闭环和交互式驾驶员模型, 支持仿真结果的运行可视化和离线可视化。车辆系统的建模是以模块化的方式进行的, 车辆模板被定义为车辆子系统特定实现的参数化模型。模板定义了相关基本建模元素如悬架、防侧倾杆、传动系统、车轮、制动器, 采用这种基于模板的设计可以增加建模的灵活性; 另外, 车辆模块提供了几种不同保真度的地形模型、土壤模型及轮胎模型, 可以更准确地表达模拟不同通行对象在不同通行条件下的行动情况。

Chrono 依赖 5 个基础组件, 分别是运动方程组件、方程求解组件、碰撞检测组件、并行和高性能计算组件及预处理和后处理组件。用户可以通过应用程序编程接口与 Chrono 交互 (Tasora et al., 2015)。运动方程组件是方程公式, 支持大型刚体和柔性体系统及基本流固耦合 (fluid-structure-interaction, FSI) 问题的通用建模; 方程求解组件提供了数值求解最终运动方程所需的算法; 碰撞检测组件提供了对碰撞检测和计算短程相互作用力至关重要的邻近计算支持; 并行和高性能计算组件支持使用消息传递接口范式对超大动态问题进行分区和划分, 以便在超级计算机体系结构上并行执行; 预处理和后处理组件提供预处理和后处理支持。

7.2.6　NTVPM/NTWPM

NTVPM/NTWPM 由加拿大安大略省渥太华的车辆系统开发公司开发。该系统是在理解车辆-地形相互作用的物理性质和详细分析轨道-地形相互影响力学的基础上构建的。NTVPM/NTWPM 用于预测具有橡胶带轨道或相对较短轨道间距的分段金属轨道的单单元或双单元铰接车辆的越野性能。该系统最初用于评估大型重型履带车辆(如农业、工业和军用履带车辆)的越野性能 (Wong et al., 2015)。

NTVPM/NTWPM 考虑了影响车辆越野性能的所有主要车辆设计参数。除车辆重量和轨道尺寸外, 还考虑了履带车辆的以下设计特征。

(1) 车轮-轨道悬架配置。其特征在于车轮的数量、尺寸和间距、轨道几何结构、尺寸和纵向刚度及悬架特征, 它们影响车轮之间的载荷分布及轨道-地形界面处的法向应力和剪应力分布, 从而影响履带车辆的越野性能。

（2）初始轨道张力影响轨道的紧密性和相邻车轮之间轨道段可以支持的负载，从而影响轨道下沉、运动阻力和牵引力。在张力较小的情况下，轨道松散，车轮之间的轨道段无法承受很大的负载，履带式车辆的基本行为可能类似于多轮车辆。

（3）在高度可变形的地形（如深雪）上，由于车辆腹部与地形的相互作用，轨道下沉可能大于车辆离地间隙，并且车辆腹部可能与地形表面接触。车辆与腹壁之间的相互作用将产生额外阻力，通常称为腹壁阻力，将对车辆的机动性产生重大影响。

可以使用 NTVPM/NTWPM 模拟具有线性或非线性特性的独立车轮悬架，包括扭转弹簧或平移弹簧类型。NTVPM/NTWPM 还考虑了所有相关地形特征：地形的压力-沉降关系、剪切强度和剪切应力-剪切位移关系；橡胶-地形剪切特性（适用于带有橡胶带轨道或带有橡胶垫的分段金属轨道的车辆）；对重复法向和剪切载荷的地形响应。NTVPM/NTWPM 的输出包括轨道-地形界面上的法向应力和剪应力分布、轨道下沉、外部运动阻力、推力、牵引杆拉力和牵引效率，作为轨道滑动的函数。轨道下的平均最大压力（MMP）和平均最大剪切应力也构成输出的一部分。NTVPM/NTWPM 预测重型履带式车辆在不同类型地形上越野性能的能力已通过现场测试数据得到证实，它还被成功地应用于协助各个国家的行业开发高机动性履带式车辆。

7.2.7　Vortex Studio

Vortex Studio 是一个模拟和可视化的平台，由美国 CM 实验室开发，该平台允许用户在最少编码的情况下模拟陆地和海洋环境的真实场景。Vortex Studio 的优势是以逼真且经济高效的方式安全地模拟车辆或机械，而无须在现实世界中执行这些任务；可以用最少的专业知识快速创建场景和对象；可以轻松自定义和重复使用创建的内容；可以快速调试和优化仿真模型，以提高稳定性、速度和准确性（CM，2021）。

Vortex Studio 具有一个专门用于道路和越野车辆建模的车辆模块，可为履带式车辆和轮式车辆提供额外的车辆模拟服务和实用程序。其扩展功能包括发动机、变速箱、悬架和转向模拟组件。

（1）支持从预定义模板列表中选择车辆，包括标准汽车、卡车、拖车和建筑设备模型，或编辑模板以满足特定需求。

（2）支持通过将车辆控制直接集成到 Vortex Studio 车辆上，构建完整的驾驶员模拟。

（3）支持模拟整车动力学，包括底盘、车轮、悬架、动力传动系和任何其他组件之间的相互作用。

（4）支持设置车辆的车轴并创建其底盘，包括定义其质量和质心。

（5）支持设置轮式车辆的车轮尺寸、质量和惯性。

（6）支持设置履带式车辆的车轮、链轮和惰轮位置、尺寸和质量。

（7）支持访问动力传动系的所有车辆机械（如发动机、变矩器、变速器和差速器）特性。

此外，可以将土壤与轮胎或履带之间的相互作用参数化，以考虑不同土壤（如泥土、沙子或沥青）上的不同牵引性能。

7.3　陆地环境通行分析系统原型设计

陆地环境通行分析系统是中国地质大学（武汉）地理空间场景智能挖掘实验室设计并开发的通行环境分析原型系统，该系统基于 MapGIS 地理信息引擎设计实现，具备多源异构的通行环境要素数据集成与规范化处理功能，可为陆地环境通行分析提供一体化的框架支撑，提供机动装备建模与非道路环境全局路径规划的功能。

该系统主要具有以下三个特点。

（1）开发采用"框架+插件"软件开发模式，框架与插件相互独立，可同步进行开发，也可异步进行开发，各自维护自己的功能，达到了软件开发完全的松耦合。

（2）具备一体化框架，提供基础通行环境数据组织管理支撑功能，包括数据存储、数据查询、数据浏览、数据转换、数据分析、地图操作在内的 GIS 数据集成处理基础功能。

（3）提供通行环境数据集成处理、地质灾害敏感区域生成与判别、越野通行场景量化建模、全局越野路径规划等应用功能。

7.3.1　总体设计思路

陆地环境通行分析原型系统的总体设计依照"框架—建模—分析"的思路进行，首先构建通行环境分析建模框架，融合多源通行场景基础环境数据并集成基础 GIS 数据处理工具，将不同来源的通行环境数据按照统一的空间基准和标准规范进行管理，并针对通行环境要素特征，以插件的形式实现通行环境分析功能，构建陆地环境通行分析模型，支撑陆地通行环境中机动装备全局越野路径规划的功能实现，验证通行环境分析系统的应用服务能力。

7.3.2　层级结构划分

陆地环境通行分析原型系统的功能模块划分为三个层级（图 7.3）。

1. 基础数据层

陆地环境通行分析原型系统提供基础空间数据库管理功能，包括地形地貌、地表覆盖、基础地质、地质灾害、气象水文等重要通行环境要素数据的统一管理；提供面向多源异构通行环境数据的集成处理功能，包含格式转换、投影变换、坐标变换、栅格编辑与矢量编辑工具，能将不同来源的通行环境数据按照统一的空间基准和标准规范进行处理。陆地环境通行分析原型系统作为陆地环境通行分析集成框架设计基础，提供统一框架下的通行环境基础数据库，为陆地环境的通行因子提取及通行性分析提供基础数据管理分析与插件开发的支撑。

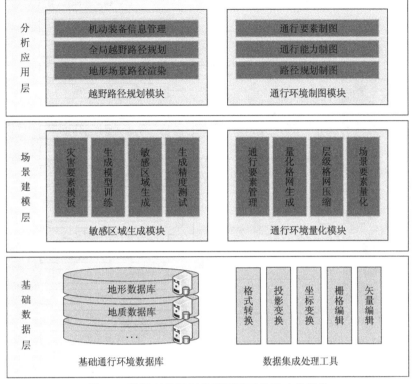

图 7.3　陆地环境通行分析原型系统的功能模块

2. 场景建模层

依赖通行环境基础数据层的支持，基于陆地环境通行分析软件框架针对通行环境要素特征，提供敏感区域生成模块、通行环境量化模块等陆地环境通行分析功能插件，实现陆地环境的通行分析建模与通行场景管理。

3. 分析应用层

围绕陆地环境中机动装备的全局越野路径规划需求，依赖通行环境基础数据层和陆地环境通行场景建模层的支持，实现基于格网通行环境量化的多装备、多路径数字陆战场机动装备越野路径自主规划，并提供陆战场通行环境的通行要素、通行能力、路径规划制图输出能力。

7.3.3　功能模块设计

陆地环境通行分析原型系统主要由通行环境数据集成处理工具集、地质灾害敏感区生成模块、通行环境量化分析模块、通行环境越野路径规划模块、通行环境制图输出模块组成，陆地环境通行分析原型系统架构如图 7.4 所示，系统主界面如图 7.5 所示。

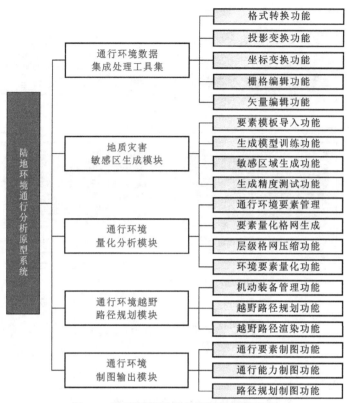

图 7.4　陆地环境通行分析原型系统架构

图 7.5　陆地环境通行分析原型系统主界面

1. 通行环境数据集成处理工具集

通行环境数据集成处理工具集（图 7.6）提供对原始地质地形数据的集成处理，包括格式转换、投影变换、坐标变换、栅格编辑与矢量编辑等功能，形成数据格式一致、空间基准统一的基础通行环境数据。

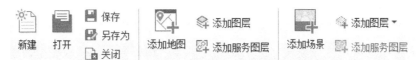

图 7.6　通行环境数据集成处理模块

（1）格式转换功能：实现对陆地环境通行中地形地貌、地表覆盖、基础地质、地质灾害、气象水文等陆地环境数据的导入、导出。

（2）投影变换、坐标变换功能：实现统一时空基准。其中坐标变换功能用于实现不同椭球体间的转换，投影变换功能界面如图 7.7 所示。

图 7.7　投影变换功能界面

（3）栅格编辑功能（图 7.8）：栅格编辑功能涵盖了栅格信息查询、栅格显示、栅格预处理、栅格分析的基础功能，具体细节的分析如下。①提供栅格数据信息查看、像元值和像元坐标查询的基本信息查询功能。②提供栅格数据的多种类显示调节增强功能。③对栅格数据进行前期基本处理的功能，例如自然色处理、薄云去除、噪声去除等。④影像裁剪、重采样、影像镶嵌等栅格数据的基础分析处理功能。

图 7.8　栅格编辑功能界面

（4）矢量编辑功能（图 7.9）：针对数据冗余、拓扑分析检查、空间要素几何检查等，矢量编辑功能为实现陆地环境通行分析提供可靠的数据基础。

图 7.9　矢量编辑功能界面

2. 地质灾害敏感区域生成模块

图 7.10 地质灾害敏感区域生成模块

地质灾害敏感区域生成模块（图 7.10）提供要素模板导入、生成模型训练、敏感区域生成、生成精度测试等功能，覆盖包括数据、训练、生成与测试在内的地质灾害敏感区域模型应用流程，使用经筛选得到的地质灾害影响要素训练地质灾害敏感区域生成模型，预测通行环境中的地质灾害敏感区域，并以历史地质灾害点数据对生成精度进行测试，验证通行环境地质灾害敏感区域提取方法的有效性。

（1）要素模板导入功能：将标准模板数据导入系统中，为生成地质灾害敏感分区图提供所需因子数据。

（2）生成模型训练功能（图 7.11）：根据筛选得到的地质灾害影响要素及历史地质灾害点分布构建数据集，合理划分数据集并调用模型训练，进行地质灾害敏感性评价分析，得到敏感区域生成模型并评价其结果精度。

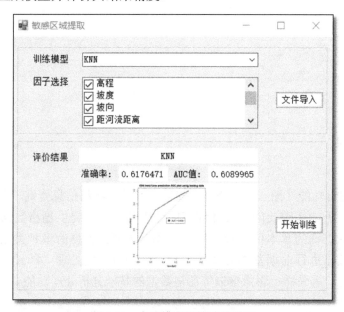

图 7.11 生成模型训练功能界面

（3）敏感区域生成功能（图 7.12）：主要是结合灾害要素数据，进行灾害易发性评价分析，获取灾害易发性分布区域数据，基于地图生成功能实现数字陆战场通行环境的智能生成。

（4）生成精度测试功能：通过使用历史灾害点数据，测试地质灾害敏感区域生成模型的生成精度，验证通行环境分析系统敏感区域生成功能的有效性。

3. 通行环境量化分析模块

通行环境量化分析模块（图 7.13）包括：通行要素管理、格网生成、格网压缩、环境要素量化功能。该模块根据通行区域内的基础通行环境数据对通行要素的覆盖程度，选择参与通行环境量化分析的因子指标，以选定的格网层级对通行区域的通行环境要

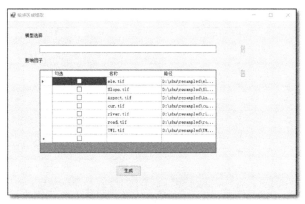

图 7.12   敏感区域生成功能界面

素进行量化，同时也支持对四角格网、六角格网等进行多层级的压缩处理，以支持多层级越野路径规划算法的应用。

通行要素管理   格网生成   格网压缩   通行环境要素量化

图 7.13   通行环境量化分析模块

（1）通行要素管理功能：主要是根据指定区域选取影响越野通行的各种具体要素因子数据集进行管理。

（2）要素量化格网生成功能（图 7.14）主要是根据现实需要对要素因子量化格网选择，如四角格网或六角格网等。

图 7.14   要素量化格网生成功能界面

（3）层级格网压缩功能：对于大范围的通行模型构建，六角格网数据规模是巨大的，应用相似格网压缩，邻接关系重构，减少格网数据规模。

（4）环境要素量化功能（图 7.15）：主要是参与指定区域本底数字场景的要素，在格网量化基础上，生成格网属性值。

图 7.15 环境要素量化功能界面

4. 通行环境越野路径规划模块

通行环境越野路径规划模块（图 7.16）是对通行环境分析的应用与实践，包括机动

图 7.16 通行环境越野路径规划模块

装备管理、越野路径规划、越野路径渲染等功能。该模块以经量化分析后的通行区域量化格网为基础，选定进行通行区域全局路径规划的机动装备并将其属性参数应用于路径规划的运算中，可以用多种路径规划算法输出通行区域内的备选越野机动路径，支持以地形三维模型为底座进行越野机动路径的可视化渲染。

（1）机动装备管理功能（图 7.17）：主要是对收集的各种用于越野路径通行模型数据集进行建库管理，模型具有统一的数据结构。

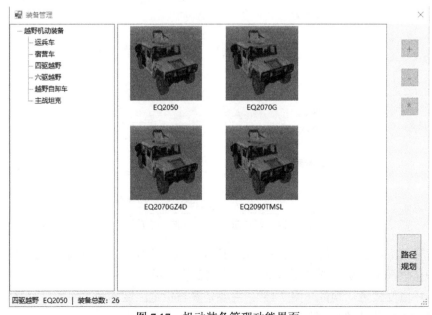

图 7.17 机动装备管理功能界面

（2）越野路径规划功能（图7.18）：对生成的本底场景基于某个具体装备模型采用合适的路径规划算法进行越野路径规划分析。

图7.18　越野路径规划功能界面

（3）越野路径渲染功能：基于三维场景实现路径规划，并进行漫游，实现装备模型自动沿着规划路径展示三维地形场景。

5. 通行环境制图输出模块

通行环境制图输出模块（图7.19）包括通行要素制图、通行能力制图、路径规划制图功能，是输出陆地环境通行性分析结果的工具。通行要素制图是针对传统地形图缺少通行环境分析要素的缺陷进行传统制图成果的补充。通行能力制图则是将陆地通行环境分析量化结果进行可视化的展示，以通行速度、可/不可通行与通行性能等指标为基础进行图件绘制，完整描述通行区域的通行分析成果，为后续的进一步分析提供数字化或图件基础。路径规划制图则依靠越野机动路径规划提供的备选路径方案进行图件绘制，同时以通行要素图、通行能力图为底图，为机动装备的实际越野机动提供参考，验证陆地环境通行分析的可用性。

图7.19　通行环境制图输出模块

（1）通行要素制图功能：基于数字本底地图的生成要素制图。

（2）通行能力制图功能：对通行要素因子格网量化后，体现格网通行能力属性的专题属性地图制图。

（3）路径规划制图功能：体现陆地环境通行要素的专题要素地图制图，不同颜色、不同线型表示路径规划线路。

7.4 陆地环境通行路径规划验证分析

陆地环境通行路径规划的验证分析以我国贵州亚热带温暖湿润气候区的某县作为示例区，该区最高点海拔为 1 679.3 m，最低点海拔为 760 m，平均海拔为 1 250 m；平均气温为 14.2 ℃；年降雨总量为 1 087.5 mm；地势起伏不平，四方山峦绵延，中部低洼，四周高耸，中部地势平坦开阔，滑坡发生较多。根据近三年该地区降雨数据统计分析可知：冬季月份降雨量较小，大都在 50 mm 以下，6 月降雨全年最盛，雨水最为充沛，5、6、7、9 四个月份降雨量均大于年平均降雨量。

7.4.1 通行环境分析关键过程

越野通行分析的关键过程主要有：六角格网通行模型结构设计，数据存储结构设计及模型整体设计；六角格网编码及通行影响因子量化，将各类通行因素信息与六角格网结合，研究不同属性的要素对通行的影响；通过一系列能够表达格网通行情况和通行能力的六角格网构建越野通行模型，综合分析多种影响因素条件下的越野环境格网通行情况。

影响越野通行的因素很多，这些因素可以分为两类：一类是受外界影响变化较小或者不受外界影响的静态因素；另一类是包括气象因素和地质灾害（如滑坡、泥石流等）因素在内的动态因素。其中，静态因素在越野通行中占有主导作用。验证示例区某地主要考虑地形（坡度、高程）、地表覆盖类型（硬质路面、土质路面、草地、灌木丛和森林）、地势起伏（相对高差）和陆地设施等静态因素和风力、降雨及滑坡等动态因素对越野通行的影响，对野外环境进行真实的模拟表达。

进行越野路径规划的基础是对野外自然环境进行量化表达。采用六角格网进行地形量化，将六角格网与量化后的通行影响因子结合，能形成可表达格网通行能力的六角格网，通过一系列具有通行能力属性的六角格网构建越野通行模型，研究不同情况下的路径规划。图 7.20 所示为构建越野通行模型的关键技术。

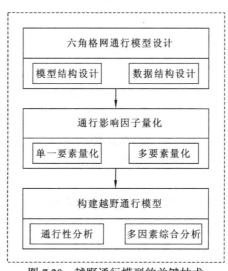

图 7.20 越野通行模型的关键技术

针对履带式车辆和轮式车辆分别构建越野通行模型，依据不同的越野通行模型应用传统遗传算法和改进后的遗传算法进行试验对比，验证改进后算法的实用性和优越性，并分别对履带式车辆和轮式车辆陆地环境通行分析进行试验对比，分析两者越野通行的差异。

试验的影响因素较为复杂，对数据进行有效的组织与管理显得尤为重要，因此需要对六角格网进行数据结构设计及对影响因素进行结构设计，如表7.1所示。

表 7.1　六角格元数据结构设计

格元属性	属性名	数据类型
格元编码	Index	整型（int）
格元列编号索引 A	ColIndex	整型（int）
格元行编号索引 B	RowIndex	整型（int）
格元 6 个顶点坐标	Point[6]	浮点型（float）
格元中心点坐标(x, y)	Center	浮点型（float）
格元 6 个顶点高程	Height[6]	浮点型（float）
格元中心点高程	CenterHeight	浮点型（float）
与相邻 6 个格元间的坡度	Grade[6]	浮点型（float）
静态因子下通行速度	StaticSpeed	浮点型（float）
动态因子下通行速度	DynamicSpeed	浮点型（float）
车辆格元通行速度	Speed	浮点型（float）

（1）地表覆盖类型。试验中地表覆盖类型主要有硬质路面、土质地面、草地、灌木丛和森林，将硬质路面和土质地面统称为路面类型，草地、灌木丛和森林称为植被类型，不同的地表覆盖类型对车辆通行的影响不同，其对应的数据结构设计也不同，因此根据不同因素的特性进行结构设计，路面和植被的数据结构设计分别如表 7.2 和表 7.3 所示。

表 7.2　路面数据结构设计

路面属性	属性名	数据类型
索引	ID	整型（int）
类别	RType	字符型（string）
轮式影响系数	mf_1	浮点型（float）
履带式影响系数	tf_1	浮点型（float）
格元占比	p_1	浮点型（float）
属性下的通行速度	v_1	浮点型（float）

表 7.3　植被数据结构设计

植被属性	属性名	数据类型
索引	ID	整型（int）
类别	VType	字符型（string）
轮式影响系数	mf_2	浮点型（float）
履带式影响系数	tf_2	浮点型（float）
格元占比	p_2	浮点型（float）
属性下的通行速度	v_2	浮点型（float）

（2）陆地水系。陆地水系主要有线状水系和面状水域，面状水域的面积占比主要影响格网的通行情况，线状水系主要限制格边的通行，不同的通行目标受水系的影响不同，履带式车辆有一定的涉水能力，一般水深低于 1.4 m 可低速通行，而轮式车辆通常情况下不可涉水通行。陆地水系的数据结构设计如表 7.4 所示。

表 7.4　陆地水系数据结构设计

水系属性	属性名	数据类型
索引	ID	整型（int）
类别	WType	字符型（string）
水深	Deep	浮点型（float）
格元占比	p_w	浮点型（float）
属性下的通行速度	v_w	浮点型（float）

（3）居民设施及陆地交通设施。房屋建筑等居民设施在越野通行中起到阻挡作用，但道路设施可以辅助通行，使车辆顺利通过，居民地密集区域的可通行情况主要依据道路设施的情况来判断。桥梁、涵洞等交通辅助设施也是影响通行的因素，但由于情况较为复杂，本小节不做考虑。陆地交通设施数据结构设计如表 7.5 所示。

表 7.5　陆地交通设施数据结构设计

交通设施属性	属性名	数据类型
索引	ID	整型（int）
宽度	Width	字符型（string）
承重	Weight	浮点型（float）
道路方向	Turn	浮点型（float）
格元占比	p_r	浮点型（float）
属性下的通行速度	v_r	浮点型（float）

在陆地环境通行分析中，进行路径规划时需根据六角格网的编码情况进行邻接点计算，六角格网的编码方式按照从上到下、从左到右的顺序先对奇数行进行编码，然后按照同样的规则对偶数行进行编码。编码之后，通过输入六角格网的编码可以输出邻近的编码矩阵。

对地形进行六角格网剖分，需要将陆地环境通行影响因子和六角格网进行叠加，使格网能够表达通行能力，通过计算格网的通行速度系数来表达格网通行能力。计算通行速度需要考虑的影响因素包括地表覆盖类型、高程等静态地形地质因素和气象、地质灾害（如滑坡、泥石流等）等动态因素。图 7.21 是根据六角格网的通行系数绘制的通行能力图。

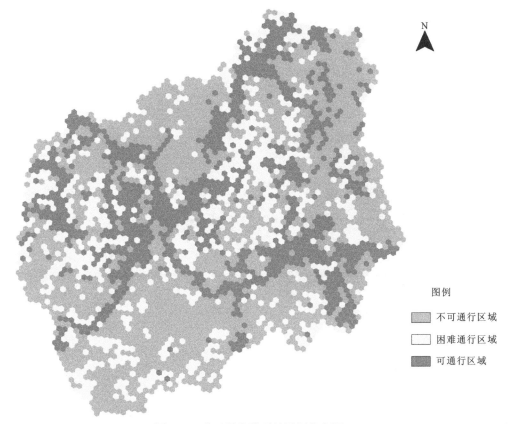

图 7.21　基于量化模型的通行能力图
扫描封底二维码看彩图

另外，针对不可通行区域，按照不可通行的原因绘制基于要素的不可通行原因图，如图 7.22 所示。图中，绿色六角格网表示受森林环境因子影响无法通行的区域，浅绿色六角格网表示受草地环境因子影响无法通行的区域，深绿色六角格网表示受灌木丛环境因子影响无法通行的区域，红色六角格网表示受滑坡环境因子影响无法通行的区域，紫色六角格网表示受人造地表环境因子影响无法通行的区域，蓝色六角格网表示受水体环境因子影响无法通行的区域，黑色六角格网表示受综合环境因子影响无法通行的区域，其他区域则代表可通行区域，这里不做详细描述。

由于履带式车辆和轮式车辆受到环境因素的影响不同，为此，构建两种越野通行模型能更加真实地表达现实情况。对于轮式车辆，将六角格网的边长设置为 50 m，以六角格网中心点高程表示格网高程，研究区域的高程差为 691 m。轮式车辆通行情况主要分为：可通行区域、硬质路面可通行区域、建筑不可通行区域、滑坡不可通行区域、水域不可通行区域和森林不可通行区域，如图 7.23 所示。对于履带式车辆，将六角格网的边长设置为 100 m，以六角格网中心点高程表示格网高程，研究区域的高程差为 689 m。

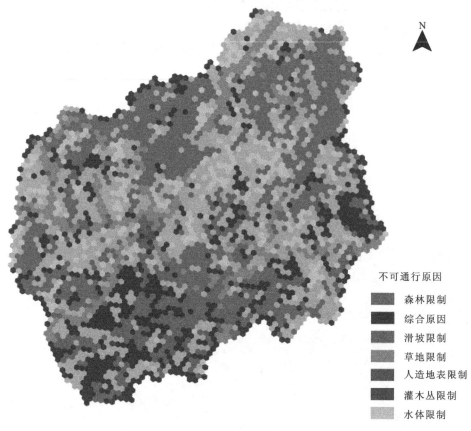

不可通行原因

■ 森林限制
■ 综合原因
■ 滑坡限制
■ 草地限制
■ 人造地表限制
■ 灌木丛限制
■ 水体限制

图 7.22 基于要素的不可通行原因图

扫描封底二维码看彩图

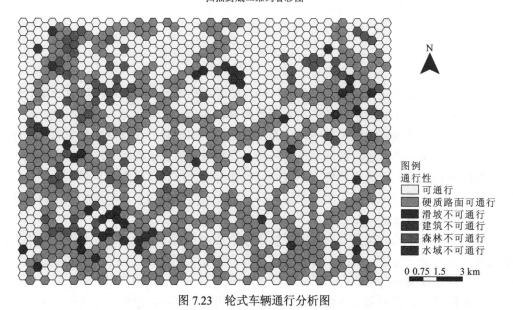

图例

通行性
□ 可通行
■ 硬质路面可通行
■ 滑坡不可通行
■ 建筑不可通行
■ 森林不可通行
■ 水域不可通行

0 0.75 1.5   3 km

图 7.23 轮式车辆通行分析图

扫描封底二维码看彩图

履带式车辆的通行情况主要分为：可通行区域、硬质路面可通行区域、建筑不可通行区域、滑坡不可通行区域、水域不可通行区域、线状水系不可通行区域、灌木丛不可通行区域和森林不可通行区域，如图7.24所示。

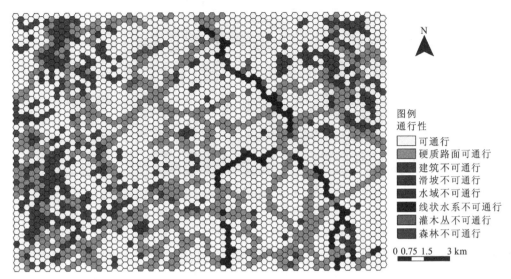

图7.24　履带式车辆通行分析图

扫描封底二维码看彩图

其中不可通行区域的速度系数设定为 0，该类格网不可通行，将硬质路面可通行格网速度系数设定为1，在模型应用时，还需要考虑动态因素对速度的影响。

履带式车辆和轮式车辆的速度系数分别如图 7.25 和图 7.26 所示。可以发现：履带式车辆对环境的适应性比较强，车辆速度系数多分布在 0.4～1.0；而轮式车辆对环境适应性较差，车辆速度系数多集中在 0.4～0.8。

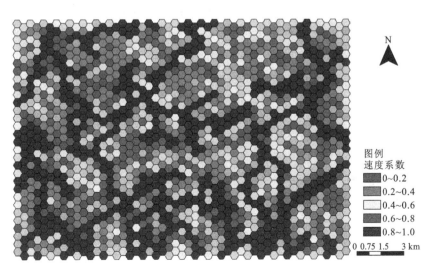

图7.25　履带式车辆速度系数分布图

扫描封底二维码看彩图

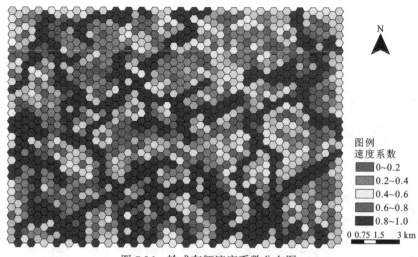

图 7.26 轮式车辆速度系数分布图
扫描封底二维码看彩图

另外，以轮式车辆为例绘制基于载具性能的通行速度图（图 7.27），该图描述了示例区各个六角格网单元通行速度。在进行越野通行分析时，通行速度快的格网优先级更高，速度受到环境影响损失较小，车辆可以较快速地通过复杂的自然环境。

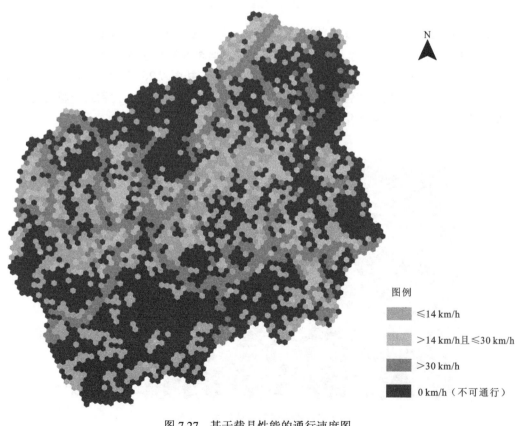

图 7.27 基于载具性能的通行速度图
扫描封底二维码看彩图

图 7.28 和图 7.29 分别是三维场景下的通行模拟图和基于全局分析的路径规划图。

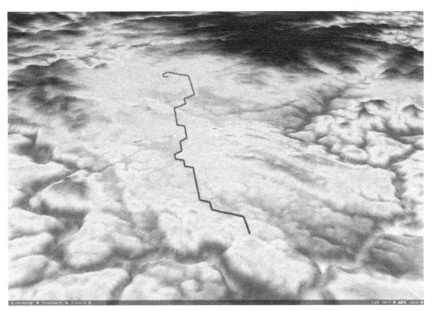

图 7.28　三维场景下的通行模拟图

扫描封底二维码看彩图

图例

⬜ 不可通行区域

⬜ 困难通行区域

⬛ 可通行区域

图 7.29　基于全局分析的路径规划图

扫描封底二维码看彩图

7.4.2　通行路径规划算法

1. 传统遗传算法和改进后的遗传算法对比

与传统遗传算法相比，改进后的遗传算法引入了地形因素，考虑地表覆盖类型、坡度、高程和滑坡等多种因素进行综合分析，规划从起始点到终止点路径。以履带式车辆为分析对象，在其通行分析图和通行速度系数图的基础上，以最短路径为约束条件，进行传统遗传算法和改进后的遗传算法的越野通行结果对比分析，结果如图 7.30 和图 7.31 所示。

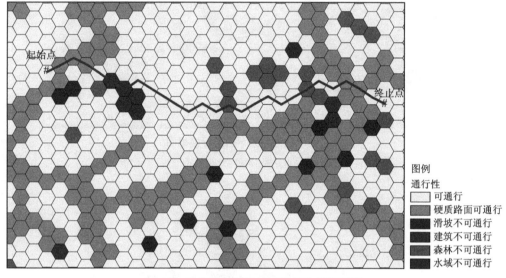

图 7.30　传统遗传算法越野通行路径规划图

扫描封底二维码看彩图

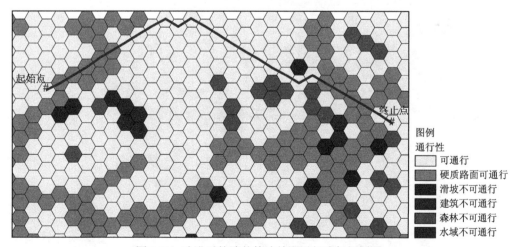

图 7.31　改进后的遗传算法越野通行路径规划图

扫描封底二维码看彩图

从图中可以看出，传统遗传算法越野通行路径规划有时出现履带式车辆通过不可通行区域，而采用改进后的遗传算法进行越野通行路径规划时，履带式车辆能够避开灌木丛、建筑、水系、水域、森林和滑坡等不可通行区域，具体试验参数对比如表7.6所示。

表7.6 改进前后遗传算法试验结果参数对比

参数	传统遗传算法	改进后的遗传算法
六角格网图层比例尺	1∶100	1∶100
路径格网总数	27	27
最优适应度/10^{-4}	2.126	2.119
运算时间/s	332	19 779
平均单个格元计算时间/s	12.3	732.6

从表7.6中可见，改进后的遗传算法与传统遗传算法的越野通行路径规划所通过的格网总数相等；改进后的遗传算法表现出明显优势，能够避开传统遗传算法不能避开的不可通行区域；传统遗传算法虽然运算时间短，但是其规划结果不准确，路径结果中包含不可通行的路径；改进后的遗传算法虽然运算时间长，但是其结果相对更准确，有实际参考应用价值。综上所述，改进后的遗传算法提高了准确性和实用性。

2. 履带式车辆和轮式车辆基于改进后的遗传算法的越野通行分析对比

由于履带式车辆和轮式车辆受到环境的影响不同，其越野通行模型也不一样。以履带式车辆和轮式车辆的通行模型图为基础，进行越野通行路径规划对比分析，结果分别如图7.32和图7.33所示。

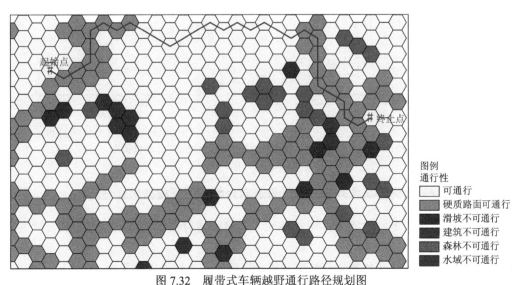

图7.32 履带式车辆越野通行路径规划图

扫描封底二维码看彩图

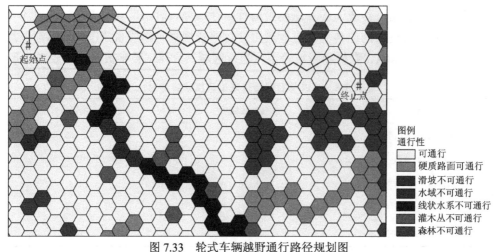

图 7.33 轮式车辆越野通行路径规划图

扫描封底二维码看彩图

根据履带式车辆和轮式车辆越野通行模型可知，轮式车辆受到环境的影响更大，通行速度系数较履带式车辆低。将规划路径整体的通行速度系数均值作为衡量通行条件好坏的参考，以获取最佳通行路径为约束条件，进行越野路径规划对比分析。通过对比分析履带式车辆和轮式车辆的路径规划结果图及适应度变化（图 7.34）可知：履带式车辆最优适应度高于轮式车辆，这与轮式车辆受环境影响较大有关，轮式车辆在通行中受到的阻碍较多，速度损失更多，因此在获取最佳通行路径为约束条件时对应的最优适应度更低。

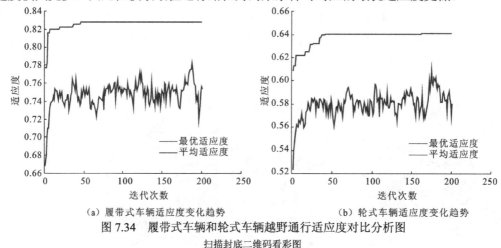

（a）履带式车辆适应度变化趋势　　　　　　（b）轮式车辆适应度变化趋势

图 7.34 履带式车辆和轮式车辆越野通行适应度对比分析图

扫描封底二维码看彩图

3. 基于 A*算法的多层次六角格网与普通六角格网通行模型对比分析

基于 A*算法的多层次六角格网与普通六角格网通行模型的启发因素一致，两种通行模型如图 7.35 所示。

为了比较多层次六角格网通行模型对越野通行路径规划结果的影响，以及基于该模型规划路径的合理性，进行 5 组试验（O_1、O_2、O_3、O_4、O_5 为起点，D_1、D_2、D_3、D_4、D_5 为终点）。O_1-D_1、O_2-D_2、O_3-D_3、O_4-D_4、O_5-D_5 5 组起点与终点的距离均较远，且地表覆盖复杂，其中 O_2-D_2 位于海拔较高且坡度多变的多山地带。图 7.36 展示了 O_3-D_3 组基于 A*算法的多层次六角格网与普通六角格网通行模型路径规划的结果。

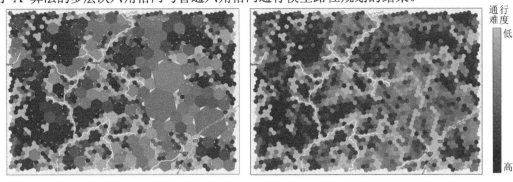

（a）多层次六角格网通行模型　　　　　　（b）普通六角格网通行模型

图 7.35　通行模型对比图

扫描封底二维码看彩图

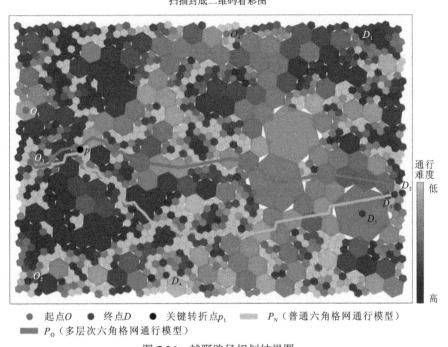

● 起点O　　● 终点D　　● 关键转折点p_1　　▨▨▨ P_N（普通六角格网通行模型）
▨▨▨ P_O（多层次六角格网通行模型）

图 7.36　越野路径规划结果图

扫描封底二维码看彩图

在图 7.36 中，O_3-D_3 两条基于 A*算法的多层次六角格网与普通六角格网通行模型的规划路径对比，分为三部分。第一部分位于起点处，P_N 与 P_O 在起点处路径基本一致，说明在没有格网层次压缩的区域，多层次通行模型与普通通行模型规划路径结果相同。第二部分在中间区域，该区域通行环境要素分布不均，多个格网被压缩，格网邻接关系发生变化，P_N 与 P_O 在 p_1 处产生了明显的变化，其中：P_N 路径折向右下方，以保证尽量沿着硬质路面前行，有较好的通行环境，但路径不够平滑，拐点较多，对于考虑转弯半径的通行对象，会影响其通行安全或行进速度；而 P_O 路径笔直，经过的格网通行难度较低且通过格网数少，因此路径平滑且长度较短。第三部分靠近终点处，P_N 与 P_O 所经过的区域通行难度相似，以路径最短前行，说明启发函数中的距离因素有效引导了通行对象的行动。

4. 基于 A*算法的多层次六角格网与普通六角格网通行模型算法效率对比

该算法以遍历格网数、路径格网数、算法执行时间指标对算法效率进行定量分析，结果如图 7.37 所示。格网层次压缩算法降低了通行模型格网数量的规模，极大地缩小了算法的搜索空间，使得基于多层次六角格网通行模型的路径规划算法相较于普通六角格网通行模型，遍历格网数平均减少了 47%。试验中提出的路径规划算法在搜索路径的过程中，按照在待遍历格网集合中选择通行能力值最大的格网规则，因此待遍历格网集合越小，路径规划算法的效率越高。试验结果表明，基于多层次六角格网通行模型的算法效率显著高于普通六角格网通行模型效率，其算法执行时间大大降低，平均减少了 57%。规划路径格网数量上，图 7.36 中的 O_2-D_2 和 O_4-D_4 两个小组，机动对象经过的区域格网通行能力的相似度较低，被层次压缩的格网数量较少，因此两种通行模型在路径格网数量上相差不大，但也有 16% 的数量缩减。

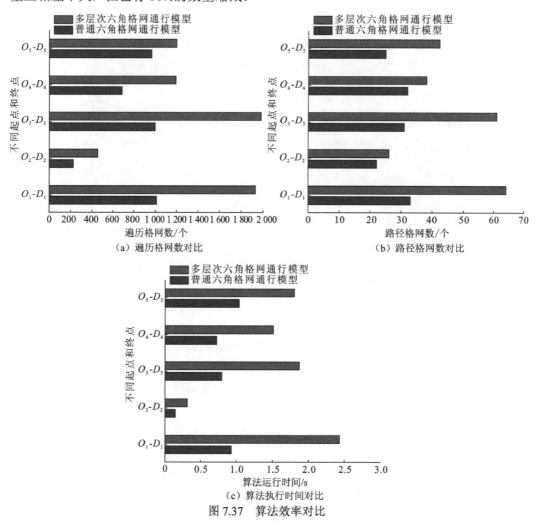

图 7.37　算法效率对比

5. 基于 A*算法的多层次六角格网与普通六角格网通行模型算法可靠性对比

试验中选择试验区的地表覆盖类型占比、路径长度、拐点数、坡度平均值与标准差作为定量指标，使用余弦距离量化两种通行模型在地表覆盖类型占比分布相似度，综合对比规划路径的优劣。从图 7.38 和图 7.39 可以看出，两种通行模型在通行环境上基本相似，地表覆盖类型占比分布相似度平均值高达 98.75%，路径长度平均相差 6%，但基于多层次六角格网通行模型的路径坡度的平均值与标准差更小，拐点更少，路径平坦顺滑，更易通行。

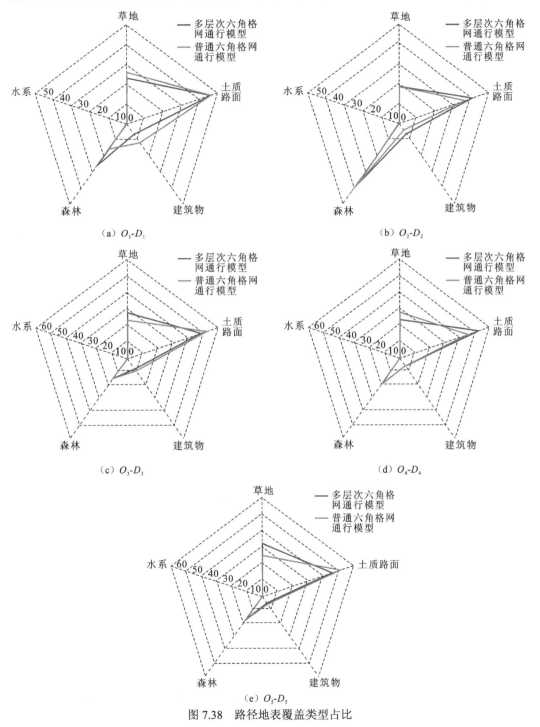

图 7.38　路径地表覆盖类型占比

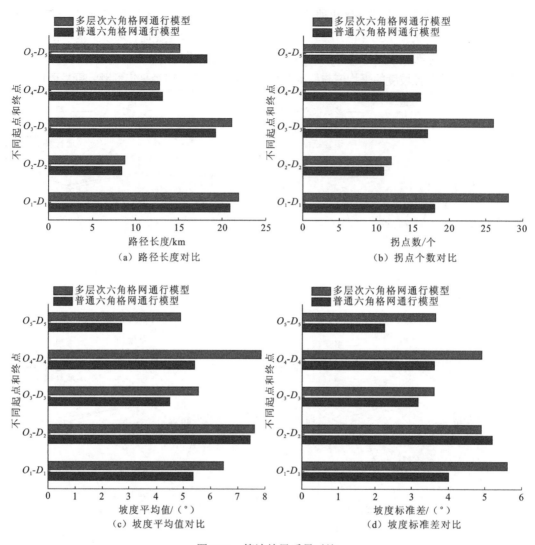

图 7.39　算法结果质量对比

参 考 文 献

白意东, 孙凌宇, 张明路, 等, 2020. 履带机器人地面力学研究进展. 机械设计, 37(10): 1-13.

冯世盛, 徐青, 朱新铭, 等, 2022. 基于地形数据的长距离越野路径快速规划方法研究. 地球信息科学学报, 24(9): 1742-1754.

华琛, 牛润新, 余彪, 2022. 地面车辆机动性评估方法与应用. 吉林大学学报(工学版), 52(6): 1229-1244.

黄柯棣, 刘宝宏, 黄健, 等, 2004. 作战仿真技术综述. 系统仿真学报(9): 1887-1895.

黄鲁峰, 2008. 基于 GIS 的战场自然环境因子综合分析研究. 郑州: 中国人民解放军战略支援部队信息工程大学.

姜文辉, 张利国, 2010. 多体动力学软件的发展趋势与展望//北京: 第四届中国航空学会青年科技论坛文集: 850-855.

李灏, 孟健, 2011. 基于圆锥指数评估车辆机动性能综述. 农业装备与车辆工程(7): 16-20.

李剑峰, 汪建兵, 林建军, 2010. 机电系统联合仿真与集成优化案例解析. 北京: 电子工业出版社.

李修贤, 孙敏, 黎晓东, 等, 2019. 面向空地协同应急的地表可通行性分析方法. 石河子大学学报(自然科学版), 37(1): 12-20.

刘爽, 2007. 基于地理信息系统的战术活动路径规划算法研究. 哈尔滨: 哈尔滨工程大学.

宁俊帅, 李军, 李灏, 等, 2009. 军用车辆机动性评估方法. 四川兵工学报, 30(5): 49-51.

孙国兵, 2009. 战场环境建模与环境数据评估方法. 哈尔滨: 哈尔滨工业大学.

孙玉泽, 2020. 无人轮式车辆越野路面全局路径规划与轨迹跟踪. 长春: 吉林大学.

王亮, 戴宪彪, 居鹤华, 2011. 一种基于单应的月球车车轮沉陷视觉测量方法. 宇航学报, 32(8): 1701-1707.

王伟懿, 2022. 基于剖分网格的复杂动态环境下的通行能力研究. 北京: 中国电子科技集团公司电子科学研究院.

吴重光, 2000. 仿真技术. 北京: 化学工业出版社.

闫星宇, 杜伟伟, 石昊, 2022. 基于通行性分析的分层越野路径规划方法. 火力与指挥控制, 47(5): 153-158.

张萌, 2020. 地形可通行性分析研究. 西安: 长安大学.

赵芊, 2016. 基于地理信息系统的全地形车路径规划技术研究. 北京: 中国航天科技集团公司第一研究院.

CM L, 2021. Vortex Studio | Real-time simulation software. https://www.cm-labs.com/vortex-studio.

FunctionBay I, 2021. RecurDyn multi-body dynamics CAE software. https://functionbay.com/en/page/single/2/recurdyn-overview.

Hegde G M, Ye C, Robinson C A, et al., 2013. Computer-vision-based wheel sinkage estimation for robot navigation on lunar terrain. IEEE/ASME Transactions on Mechatronics, 18(4): 1346-1356.

Letherwood M, Jayakumar P, 2021. Mobility assessment methods and tools for autonomous military ground systems. NATO AVT's Exploratory Team 194.

Mazhar H, Heyn T, Pazouki A, et al., 2013. Chrono: A parallel multi-physics library for rigid-body, flexible-body, and fluid dynamics. Mechanical Sciences, 4(1): 49-64.

Papadakis P, 2013. Terrain traversability analysis methods for unmanned ground vehicles: A survey. Engineering Applications of Artificial Intelligence, 26(4): 1373-1385.

Tasora A, Serban R, Mazhar H, et al., 2015. Chrono: An open source multi-physics dynamics engine. High Preformance Computing in Science and Engineering, 9611: 19-49.

Wong J Y, Senatore C, Jayakumar P, et al., 2015. Predicting mobility performance of a small, lightweight track system using the computer-aided method NTVPM. Journal of Terramechanics, 61: 23-32.

Wong J Y, Jayakumar P, Toma E, et al., 2020. A review of mobility metrics for next generation vehicle mobility models. Journal of Terramechanics, 87: 11-20.

第8章 陆地环境通行分析展望

8.1 发展趋势

陆地环境通行分析理论与方法研究涉及的相关应用范围正在不断拓展。无论是基于结构化道路环境下的智慧交通还是越野环境下的路径规划研究，目前仍是相关研究领域的热点问题。基于陆地环境通行分析研究，过去更多考虑地理地形要素信息数据，这种简单的基于二维静态的地图数据进行无人移动平台的研究应用已难以满足现实需求。随着相关理论、方法与技术发展，如引入三维地形建模相关技术，应用激光雷达车载三维环境建模技术（朱株，2014），采用视觉传感器和超声波雷达等传感器获取动态障碍物静态特性和动态特性进行环境建模，获取未来时刻动态障碍物分布情况，构建障碍物时空栅格图，最终结合所有的交通环境要素生成道路环境路权时空态势图。融合地面力学参数、气象、灾害等要素信息数据，加强一体化数据管理与服务，不断丰富可通行地图的要素信息与数据基础。

除丰富陆地环境通行分析数据以外，陆地环境通行分析研究还要注重通行路径规划研究。由于自主路径规划技术面对的环境越来越复杂，通行分析的可行性与精度要求越来越高，这就迫使通行路径规划算法具有迅速响应复杂环境变化的能力。传统简单的通行分析算法已难以胜任，因此，陆地环境通行分析理论与方法既要根据实际情况研发新的通行路径规划算法，还要针对现有算法进行不断优化。主要体现在以下4个方面。

一是局部与全局路径规划算法相结合。全局路径规划主要建立在已知环境信息的基础上，适应范围相对有限。局部路径规划能适应未知环境，对平台系统信息处理能力和计算能力要求高，但是其对环境误差和噪声有较高的鲁棒性，能对规划结果进行实时反馈和校正。因此，将两者结合可达到更好的规划效果。

二是传统路径规划方法与新的智能方法相结合，已成为当前陆地环境通行分析研究的一个重要方向。例如：人工势场法与神经网络（闫晓东 等，2022；杨凌耀 等，2021）、模糊控制的结合，以及模糊控制与人工神经网络（刘子辉，2007）、遗传算法（游尧 等，2015；浦定超，2010；温惠英 等，2008；周明 等，1999）及行为控制之间的结合等。

三是多传感器信息数据融合用于局部路径规划。这种研究方法主要是针对当前单一传感器或数据要素较少的条件，难以保证输入信息的准确性、可靠性与完备性。采用多传感器所获得的信息能够加强数据的互补性、实时性，实现现场环境的快速分析与应用。当前主要方法有：采用概率方法表示信息的加权平均法、贝叶斯估计法、卡尔曼滤波法、统计决策理论法、仿效生物神经网络的信息处理方法、人工神经网络法等。

四是多智能移动机器人协调规划。这个新的研究思路主要是针对当前可控制的移动机器人或平台的数目在不断增加，且移动机器人或平台之间可进行数据实时交换，极大地提高了陆地环境通行分析自主路径规划的难度，同时，也为该方面研究提供了新的研究方向，且更加贴近现实需求，现已成为移动机器人技术亟须拓展的领域。

此外，多目标陆地环境通行分析研究也越来越受关注。本书陆地环境通行分析研究对象主要为单目标车辆。但是，当前社会发展迅速，汽车不仅是人们出行的必要工具，在人类社会活动各个方面也发挥着重要作用。随着陆地环境通行分析研究的深入，不再仅仅围绕单个目标进行理论与方法研究，更多地已经深入各个应用领域，关注多目标的通行分析研究，如 Zheng 等（2020）、刘大瑞等（2014）、刘旭红等（2005）的研究，为车辆通行提供最优路径、减少拥堵、提高车辆通行效率等，优化城市交通系统；在物流管理领域，可以提高物流效率、降低成本等。

8.2 应 用 前 景

陆地环境通行分析主要以车辆装备应用为研究对象。近年来，车辆装备自主导航移动在军事、农业、应急救灾、探月工程等领域发挥重要作用，显示出广泛的应用前景。

8.2.1 军事领域

从军事用途上看，基于陆地环境通行分析的理论与方法可以为移动机器人、无人驾驶车辆装备等使用，涉及情报侦察、巷战、反坦克、巡逻守卫、布雷排雷、装弹运输、假目标诱饵、电子干扰、移动式通信中继站、爆破攻坚、物资装运、抢险救援及装备维修等各个方面。特别是将陆地环境通行分析系统与军事地理信息系统集成，能够在陌生地区对装备车辆或自主无人移动军事车辆进行通行环境下的路径规划，开展军事行动。移动机器人能适应更加险恶的作战环境，它能在毒气肆虐和炮火连天的恶劣环境中运行，并时刻保持冷静地完成各种作战任务，即使全军覆没。此外，这种自主移动机器人既可以单兵作战，也可以集团式出击，还可以通过远程协助的方法进行任务调配。针对一些特殊任务，使用自主移动机器人配备必要的传感器和智能系统将比人类士兵更为有效。对于阵地之中的巡逻勤务，机器人没有疲劳、厌倦的负面情绪，只要能源充足，便可以实现全天 24 小时防护，可以极大提升战场巡逻实效。以上这些场景用途中，基本都体现了陆地环境通行分析理论与方法的具体应用。具有完备陆地环境通行分析技术的移动机器人能够自主识别作业环境，自主实行复杂决策，对复杂环境因素反应灵敏的同时，兼具灵活的行动能力，能够随时根据战场环境变化动态调整移动机器人的通行状况，进而为完成任务选择合适的行动路径或运动方式。

8.2.2 农业领域

目前来说，移动机器人在农业领域一个主要的应用是巡检和监测。这类移动机器人的结构一般是在底盘的基础上搭载系列传感器来对农作物的生长情况进行监测，采集信息。机器人的"脚"可以 360° 旋转和移动，能够支持它在农业园区内任意走动，如果遇到障碍物可以自动绕行，支持自动巡检、定点采集、自动转弯、自动返航、自动充电。

因此，将陆地环境通行分析相关技术与该类机器人系统进行集成，就能进一步优化机器人在巡检和检测方面的路径规划，此外该类机器人还可以搭载其他传感器，使通行路径可以根据农业具体实际需求进行规划。如增加多组高分辨率像素摄像头，风速风力、二氧化碳、光合辐射等感应器，温度、湿度传感器，可实现对农业生产环境的智能感知、实时采集。在农业应用场景中，自主农业智能移动机器人还在设计试验阶段，从技术角度而言，室外自主导航、复杂且不平整的地面环境及底盘与搭载的各类设备配件之间的协同集成面临着很多技术难点。因此，将现有的陆地环境通行分析相关技术进行集成，能够有效地对自主农业智能移动机器人在农业场景环境中的通行路径进行规划，为机器人采集各种数据提供良好的支撑。

8.2.3 应急救灾

应急救灾是一种行动比较困难的组织活动。对人或设备的要求都比较高，且生产环境比较复杂和危险。当下应急救灾任务增加，仅仅依靠人力进行现场救援，投入大、危险高等问题一直是各国或组织比较关注的。采用自主移动救灾机器人应是今后一个重要的发展方向。自主移动救灾机器人应具有出色的救援侦察能力、越障能力与灾后搜救能力，能够深入人工难以进入的室内外复杂地形环境，如地震灾后废墟和易塌建筑室内，以及隧道交通事故、化学污染及火灾后的有毒、缺氧、浓烟等恶劣环境等。因此，将陆地环境通行分析相关技术与机器人系统进行深度集成，为自主移动救灾机器人在侦察或搜救过程中进行最佳通行路径规划，灵活开展无人侦察。特别是在有毒、缺氧或浓烟等危险灾害事故现场开展侦察、探测、搜救工作，采用陆地环境通行分析技术与机器人系统、远距离无人侦察系统进行高度集成，为现场救援指挥决策提供现场真实画面数据，尽可能减少救援人员的人身安全威胁等。目前，杭州云深处科技有限公司的全球四足机器人"绝影"已在应急救灾领域凸显优势：参加"应急使命·2022"高原高寒地区抗震救灾实战化演习时，它在演习现场侦察有害气体、辐射热强度、障碍物情况，并协同救援人员搜索埋压人员，表现出良好的效果。该机器人系统具有强劲算力，搭配深度相机、多线激光雷达，结合 AI 和智能算法，可实现精准自然导航、动态避障、地形识别、人机交互等功能，已成为陆地环境通行分析在应急救灾领域的一个典型代表。

8.2.4 探月工程

探索外层空间对人类自身的生存发展有着重大的意义。探索宇宙太空技术，是一个国家科学技术实力的体现和综合国力的象征。自 20 世纪 90 年代中期以来，新一轮月球探测活动被持续关注。世界各国针对月球资源的探测和开发开展科技与资源竞争，是人类迈向深空探测的前哨。登月探测中一个很重要的任务是月面巡视勘查，是对月球进行近距离探测最直接有效的方法。然而，月球表面是一个极其复杂未知的空间环境。为了更好地对月探测，世界各国及相关组织开发研制了各种月球探测车，主要以轮式为主。由于月球表面具有复杂松软的月壤和极端的气候，这就要求月球探测车在月球上能够具有自主的导航功能。为此，相关学者及组织已将陆地环境通行分析相关方法集成于月球探测车系统，使得月球探测车可以在月面进行通行路径规划，避免在月面发生碰撞。2004年，我国正式开展月球探测工程，直到 2020 年 12 月 17 日，嫦娥五号返回器携带月球样品安全着陆。我国探月工程发展快速，月球探测车也发挥了十分重要的作用，月球探测车是陆地环境通行分析在地球陆地环境以外空间中的一个新的应用方式。

参 考 文 献

刘大瑞, 钱程, 林涛, 2014. 基于多目标 A*算法的游戏 NPC 路径规划. 计算机应用研究, 31(8): 2279-2282.

刘旭红, 张国英, 刘玉树, 等, 2005. 基于多目标遗传算法的路径规划. 北京理工大学学报(7): 613-616.

刘子辉, 2007. 军用无人驾驶车辆非结构化道路识别方法研究. 长春: 吉林大学.

浦定超, 2010. 基于遗传算法的移动机器人路径规划的研究. 合肥: 合肥工业大学.

温惠英, 徐建闽, 邹亮, 2008. 基于遗传算法的离散时间动态网络最短路径求解(英文). 华南理工大学学报(自然科学版)(2): 13-16, 28.

闫晓东, 常天庆, 郭理彬, 2022. 越野战场环境下无人车路径规划研究. 兵器装备工程学报, 43(10): 288-293.

杨凌耀, 张爱华, 张洁, 等, 2021. 栅格地图环境下机器人速度势实时路径规划. 计算机工程与应用, 57(24): 290-295.

游尧, 林培群, 2015. 基于智能优化算法的动态路径诱导方法研究进展. 交通运输研究, 1(1): 20-26.

周明, 孙树栋, 1999. 遗传算法原理及应用. 北京: 国防工业出版社.

朱株, 2014. 基于三维数据面向无人车导航的非结构化场景理解. 杭州: 浙江大学.

Zheng Y C, Wang J, Guo D, et al., 2020. Study of multi-objective path planning method for vehicles. Environmental Science and Pollution Research, 27: 3257-3270.